Meccanica classica e caos

Libro 1 di Fisica dall'emanazione massima di informazione , una serie di fisica di sette libri.

Meccanica classica e caos

di

Stephen Winters-Hilt

ISBN 979-8-9888160-7-2

Golden Tao Publishing
Angel Fire, NM
USA

ISBN 979-8-9888160-7-2

Edizioni Tao d'Oro
Angelo Fuoco, Nuovo Messico
Stati Uniti d'America

Dedizione

Questo libro è dedicato alla mia famiglia che mi ha aiutato in questo lungo cammino di scoperta: Cindy, Nathaniel, Zachary, Sybil, Eric, Joshua, Teresa, Steffen, Hannah, Anders, Angelo, John e Susan.

Contenuti

Prefazione alla traduzione della serie di fisica su:
Fisica dall'emanazione massima di informazione

Per il Libro n. 1, su:
Meccanica classica e caos

Questo libro è stato tradotto dalla versione inglese utilizzando Google Translate dall'autore e dai suoi figli Nathaniel Winters-Hilt e Zachary Winters-Hilt. Gli sforzi per convalidare la traduzione sono consistiti principalmente nella ritraduzione in inglese e nella verifica della coerenza. Come vedrai, Google Translate fa un lavoro straordinariamente buono. Si noti che la traduzione sposta l'impaginazione, richiedendo che il sommario venga modificato di conseguenza, e ciò è stato fatto. Tuttavia, l'indice con i suoi riferimenti alle pagine non è stato corretto, quindi l'impaginazione ivi indicizzata (rispetto alla versione originale inglese) sarà errata di un piccolo numero di pagine nella versione tradotta.

Prefazione alla serie di fisica su:

Fisica dall'emanazione massima di informazione

"La strada va avanti e avanti
giù dalla porta da dove è iniziata. Ora la strada è andata
molto più avanti, e devo seguirla, se posso, perseguendola
con piedi impazienti, finché non si unisce a una strada più
ampia dove molti sentieri e commissioni si incontrano .E
dove allora? Non posso dire"

– JRR Tolkien, La Compagnia dell'Anello

Variazione, propagazione ed emanazione

Si tratta di una serie di sette libri di fisica che inizia con la meccanica
classica (libro 1 [46]), poi la teoria classica dei campi, come
l'elettromagnetismo (libro 2 [40]), poi la dinamica delle molteplici
varietà, come la relatività generale (libro 3 [41]). Il passaggio alla
descrizione della meccanica quantistica è dato nel Libro 4 [42], e alla
teoria quantistica dei campi, in particolare la QED, nel Libro 5 [43]. Una
"teoria delle varietà quantistiche" sarebbe l'ovvio passo successivo, tranne
per il fatto che non può essere realizzato (non esiste una teoria del campo
rinormalizzabile per la gravitazione). Invece una teoria delle varietà
quantistiche termiche è considerata, così come la termodinamica dei
buchi neri in generale, nel Libro 6 [44]. Il Libro 7 [45] descrive una
nuova teoria, la Teoria degli Emanatori, che fornisce un costrutto
matematico più profondo che è alla base della teoria quantistica, proprio
come si può dimostrare che la teoria quantistica fornisce un costrutto
matematico più profondo (complesso) basato sulla teoria classica.

Questa è un'esposizione moderna in cui le sottigliezze della teoria del
caos sono descritte nel Libro 1, dell'Invarianza di Lorentz nel Libro 2,
delle Derivate Covarianti (Relatività Generale) e delle Derivate
Covarianti di Gauge (Teoria dei Campi di Yang-Mills) nel Libro 3. Il
Libro 4 sulla Meccanica Quantistica fornisce un'ampia revisione della
meccanica quantistica, quindi considera un'analisi completa autoaggiunta
sulla soluzione relativistica generale completa al sistema di caduta del
guscio sferico (un risultato riportato dal Libro 3). Il libro 5 considera in
dettaglio le basi della QFT, insieme ai vuoti alternativi in scenari
specifici. Il libro 6 considera la termodinamica dalle basi alla
termodinamica hamiltoniana di alcuni sistemi di buchi neri. In tutto il

testo si nota la strana ricorrenza del parametro alfa. Nel Libro 7 esamineremo una formulazione matematica più profonda da cui risulterebbe la formulazione dell'Integrale del Percorso Quantico, oltre a spiegare i parametri e le strutture strani che sono stati scoperti (come l'invarianza alfa e di Lorentz).

La descrizione fisica inizia con le classiche formulazioni del moto delle particelle puntiformi. Il primo approccio per farlo è utilizzare le equazioni differenziali (1a ^{e} 2a $^{\text{legge di Newton}}$); il secondo utilizza una formulazione di funzione variazionale per selezionare l'equazione differenziale (variazione lagrangiana); il terzo utilizza una formulazione funzionale variazionale (formulazione dell'azione) per selezionare la formulazione della funzione variazionale. Storicamente, ci si è resi conto solo molto tempo dopo che in molti sistemi esistono due domini di movimento: non caotico; e caotico.

In una descrizione del movimento delle particelle, assumendo che non si trovi in un dominio parametrico con movimento caotico, si riscontra che esistono diversi limiti importanti. Gli esempi includono: le costanti universali del suddetto fenomeno del caos, che si incontrano ancora in regimi non caotici se portati "al limite del caos". I limiti si trovano dove la dispersione è definita nel limite asintotico e la teoria delle perturbazioni è ben definita nel senso che è convergente. Nel complesso, se l'evoluzione viene descritta come un "processo", spesso si tratta di un processo Martingala, che ha limiti ben definiti. Quindi, abbiamo descrizioni del movimento, tipicamente riducibili a un'equazione differenziale ordinaria (ODE), e per le quali si riscontra tipicamente che esistono soluzioni (che richiedono definizioni di limite).

La descrizione fisica poi si confronta con le dinamiche del campo in 2D, 3D e 4D (nel Libro 3 [41]). La dinamica del campo bidimensionale ("2D") può essere descritta come una funzione complessa (che mappa numeri complessi in numeri complessi). Una novità della funzione complessa 2D è che mostra anche come gestire molti tipi di singolarità (il teorema dei residui), fornendo quindi importanti informazioni sulle strutture fondamentali della fisica e sulle tecniche matematiche fondamentali per risolvere molti integrali. Per la dinamica del campo 3D eseguiamo un'analisi del campo elettromagnetico in 3D. Il livello di copertura inizia con una panoramica dell'elettrostatica a livello del testo di laurea di Jackson [123]. Alcuni problemi di Jackson Ch 1-3 vengono esaminati attentamente nello sviluppo della teoria stessa. Per alcuni questo materiale (nel Libro 2 [40]) potrebbe fornire un utile accompagnamento al testo di Jackson in un corso completo sull'EM (basato sul testo di Jackson). Viene quindi fornita una rapida panoramica dell'elettrodinamica e dei fenomeni delle onde elettromagnetiche. In sostanza, vediamo molti più esempi di problemi ODE con soluzioni, come per il laplaciano 3D, che di solito comportano la separazione delle variabili. Rivediamo poi la famosa trasformata, scoperta da Lorentz nel 1899 [1 24], che mette in relazione il campo EM visto da due osservatori che differiscono per una velocità relativa. Con l'esistenza di questa trasformazione, che introduce la dimensione temporale insieme alla velocità relativa, abbiamo effettivamente una teoria 4D.

Dall'invarianza di Lorentz abbiamo, come trasformazione puntuale, l'invarianza rotazionale sotto SO(3) o SU(2). Se l'invarianza di Lorentz è fondamentale, allora dovremmo vedere entrambe le forme di invarianza di rotazione, una di tipo vettoriale/tensore da SO(3), e una di tipo spinoriale da SU(2). Questo è il caso, poiché i campi di Gauge sono vettoriali e i campi di materia sono spinoriali. Dall'Invarianza di Lorenz come invarianza locale si ottiene la metrica dello spaziotempo di Minkowski (piatta), che poi si generalizza alla metrica Riemanniana (nella Relatività Generale).

Come per la dinamica delle particelle puntiformi, per la dinamica del campo abbiamo tre modi per formulare il comportamento: (1) equazione differenziale; (2) variazione di funzione (sulla Lagrangiana); e (3) funzionale variazione (sull'Azione). Vedremo fenomeni limite simili a quelli precedenti, ma anche nuovi fenomeni, tra cui (i) l'inevitabile formazione della singolarità BH (il teorema della singolarità di Penrose); (ii) Formazione dell'Universo FRW (da omogeneità e isotropia); (iii) la singolarità del collasso BH; (iv) la 'singolarità' radiativa del collasso atomico.

La dinamica classica, quindi, ha due formulazioni simili a campi per descrivere il mondo: campo e molteplice. Tali formulazioni possono essere correlate matematicamente, quindi ciò che sta accadendo è più una questione di enfasi e convenienza fisica. L'enfasi su questa differenza, che sembra non esserlo (matematicamente), è che sono in gioco diverse fenomenologie fisiche. Le descrizioni dei campi sembrano funzionare per la "materia", dove gli elementi fondamentali sono spinoriali. Le descrizioni molteplici sembrano funzionare meglio per la geometrodinamica (GR), dove gli elementi fondamentali sono vettoriali (o tensoriali, come la metrica). I campi di materia sono rinormalizzabili, quindi quantizzabili nella formulazione QFT standard (da descrivere nel Libro 5 [43]), mentre le varietà gravitazionali non sono rinormalizzabili e hanno vincoli (condizione di energia debole e condizione di energia positiva data l'esistenza di campi di spinore sulla collettore).

La presentazione nei Libri 1-3 [40,41,46], sulla fisica "classica", è in parte fatta per rendere la transizione alla fisica quantistica semplice, ovvia e, in alcuni casi, banale. Consideriamo la formulazione della variazione funzionale (Azione) del comportamento (sia esso punto-particella o campo), questo può essere catturato in forma integrale, come fece molto presto D'Alembert [7] (poi Laplace [6]). Da notare l'uso di una costante grande per effettuare un integrale 'altamente smorzato' ai fini della selezione (sull'estremo variazionale dell'azione). Per passare alla teoria quantistica abbiamo anche la grande costante da 1/h, e quindi l'unica differenza è l'introduzione di un fattore ' i ', per effettuare un integrale 'altamente oscillatorio' a fini di selezione.

Dopo il passaggio alla teoria quantistica, per le descrizioni delle particelle puntiformi, viene eliminato il classico problema del collasso dei nuclei atomici. Le previsioni spettrali hanno un eccellente accordo con la teoria, ma negli spettri è ancora presente una struttura fine non completamente spiegata. La teoria non è relativistica e sono possibili alcune correzioni iniziali (senza ricorrere a una teoria del campo) che indicano un accordo più stretto e spiegano la maggior parte della discrepanza costante della struttura fine (e rivelano l'alfa in un altro punto della teoria). È mostrato nel Libro 3 [41] e nel Libro 4 [42] che il problema della singolarità GR, tuttavia, rimane irrisolto (per il caso test del collasso del guscio di polvere sferico, eseguito in un'analisi GR completa, quindi quantizzato in un self completo -analisi di quantizzazione aggiunta [42]).

Nel Libro 5 [43], il passaggio alla teoria quantistica prosegue con le descrizioni della teoria dei campi. Una descrizione/accordo preciso dei nuclei atomici è ora possibile con la QED, e all'interno dei nuclei stessi (confinamento dei quark) con la QCD. Le teorie dei campi, tuttavia, presentano un piccolo insieme di infiniti fastidiosi, che alla fine vengono risolti mediante rinormalizzazione [43]. Come accennato, la quantizzazione di molteplici teorie, come la GR, non sembra essere possibile a causa della non rinormalizzabilità. Per non scoraggiarsi, nel Libro 6 [44] consideriamo una descrizione hamiltoniana di un sistema GR la cui quantizzazione implicherebbe uno spettro energetico basato su tale hamiltoniano, se poi utilizziamo la continuazione analitica per portarci alla teoria dell'insieme termico basata sulla partizione funzione che ne risulta, possiamo considerare la gravità quantistica termica (TQG) di tali sistemi.

Quest'ultimo esempio (dal Libro 6), che mostra una teoria TQG coerente se usiamo l'analiticità, è parte di una lunga sequenza di manovre di successo che coinvolgono continuazioni analitiche in contesti diversi. Ciò che viene indicato è la presenza di una struttura complessa effettiva rispetto alla teoria enunciata. C'è la banale estensione della struttura complessa menzionata sopra che ci ha portato dalla teoria fisica classica standard alla teoria quantistica integrale del percorso standard. Ma vediamo anche la struttura complessa effettiva a livello di componente con la complessazione temporale (che si lega alla versione termica della teoria definendo la funzione di partizione), e abbiamo una struttura complessa a livello di dimensione sotto forma di procedura di regolarizzazione dimensionale applicata con successo utilizzato nel programma di rinormalizzazione.

Oltre a coprire l'ampiezza degli argomenti fondamentali della fisica sia a livello universitario che universitario (per i corsi seguiti a Caltech e Oxford), inclusa un'ampia presentazione dei problemi e delle loro soluzioni, la serie esamina anche, in casi specifici, i confini del mondo fisico "dall'interno" (e poi "dall'esterno"). A tal fine, l'esplorazione del collasso della polvere sferica per formare una singolarità viene esaminata in un formalismo relativistico completamente generale, e poi trasferita all'analisi del minisuperspazio quantistico (gravità quantistica) (nei Libri 3 e 4 [41,42]). Vengono inoltre approfonditi i temi della termodinamica dei buchi neri e della teoria quantistica dei campi con vuoti alternati (parte dei Libri 5 e 6 [43,44]). Il materiale di approfondimento comprende gli argomenti trattati nella mia tesi di dottorato [81], parti dei quali sono pubblicate [82-85].

Nel recente lavoro sull'apprendimento automatico, che include l'apprendimento statistico sulle neurovarietà [24], troviamo una possibile nuova fonte per un elemento fondamentale per la meccanica statistica (entropia) attraverso la ricerca di un processo/percorso minimo di apprendimento su una neurovarietà [24]. Quando la Serie raggiunge la termodinamica nel Libro 6, quindi, gli elementi fondamentali della termodinamica sono stati tutti stabiliti dalle descrizioni fisiche scoperte nei Libri 1-5, semplicemente non sono stati messi insieme in un'analisi completa che ci fornisca i costrutti fondamentali. della termodinamica e della meccanica statistica. Detto questo, sembrerebbe che la termodinamica sia, quindi, interamente derivata da altre teorie veramente fondamentali. Non è così, nell'unione delle parti per fare la termodinamica abbiamo qualcosa di più grande della somma delle parti. Nelle descrizioni del "sistema" troviamo che esistono fenomeni emergenti. Questo, almeno, è esclusivo della termodinamica, quindi è fondamentale in questo "aspetto della somma maggiore delle parti".

Nel Libro 7 (l'ultimo) della Serie, consideriamo il mondo fisico standard, descritto dalla fisica moderna, "dall'esterno". Facendo ciò abbiamo già eliminato parte del mistero dell'entropia attraverso la descrizione geometrica della "neurovarietà". Se riuscissimo a comprendere altre stranezze della teoria standard e ad arrivarci in modo naturale, allora potremmo immergerci ancora più profondamente nella fisica moderna, testare i limiti di ciò che è possibile e vedere possibili sviluppi futuri e unificazioni della teoria. Questo è ciò che è descritto negli articoli [70,87-90] e organizzato insieme ai risultati attuali nel Libro finale della serie.

Gli sforzi nell'ultimo libro della serie coinvolgono scelte e concetti identificati nei sei libri precedenti della serie e manovre teoriche raccolte dai corsi più avanzati di fisica e fisica matematica seguiti al Caltech (come studente universitario e poi come laureato). e l'Oxford Mathematics Institute (come laureato) e l'Università del Wisconsin a Milwaukee (come laureato).

L'ampia gamma di argomenti trattati nella serie è, inizialmente, simile alla serie di libri di testo per laureati di Landau & Lifshitz (vedi [27]), con un'esposizione simile sulla meccanica classica all'inizio del libro 1. Anche con la meccanica classica ben consolidata , tuttavia, ci sono aggiornamenti significativi e moderni, come la (moderna) teoria del caos. Negli ultimi due libri della serie (Libri 6 e 7 [44,45]) arriviamo alla meccanica statistica e alla termodinamica, insieme ad argomenti moderni come la termodinamica del buco nero, la gravità quantistica termica e la teoria degli emanatori.

Le costanti e le strutture chiave della fisica, la loro scoperta dai dati sperimentali e la loro collocazione teorica nel "Grande Schema" sono enfatizzate in tutta la serie. La costante alfa, ovvero la costante della struttura fine, appare in numerose impostazioni, quindi in ogni capitolo verrà fatta una nota speciale sulla presenza di alfa. Questo è il caso anche all'inizio del Libro 1, a causa delle costanti numeriche fondamentali che emergono dalla teoria del caos. Nel Libro 7 vediamo che l'origine di alfa, come quantità massima di perturbazione, appare naturalmente in un formalismo per la massima "emanazione" di informazione. Ma massima perturbazione in quale spazio e in che modo? Nel Libro 7 della serie [45] vedremo una possibile rappresentazione di tale entità informativa, e del suo spazio di esistenza, in termini di trigintaduoni chirali.

Quindi, alla fine, si tratta di un tentativo di raccontare un viaggio in un luogo speciale "dove molti sentieri e commissioni si incontrano", dando origine alla teoria dell'emanatore e una risposta al mistero dell'alfa. Parte di questo viaggio equivale a "trovare l' arkenstone " (alfa) nel più improbabile dei luoghi, la matematica dell'emanazione del trigintaduonion che sostiene il formalismo dell'emanatore (ad esempio, la Tana di Smaug, descritta nel Libro 7 [45]). Il motivo per cui avrei dovuto vagare in un posto così strano (matematicamente parlando), e perché avrei dovuto postulare una forma più profonda di propagazione quantistica utilizzando trigintaduoni ipercomplessi, qui chiamati emanazione, è il motivo per cui esiste un background così ampio su argomenti standard. Questo vasto background ha un impatto anche sulla descrizione della meccanica classica attraverso il suo moderno materiale sulla teoria del caos (a causa di una possibile relazione tra C_∞ e alfa). Il ruolo critico dei fenomeni emergenti viene compreso solo alla fine, anche per le varietà in geometria e le neurovarietà in meccanica statistica, e porta a un Libro 6 che va da molto basilare (termodinamica iniziale) a molto avanzato (fenomeni emergenti). Molto viene chiarito con la teoria degli emanatori, compreso il modo in cui la realtà è sia frattale che emergente. A questo punto del viaggio, come nel caso di Tolkien, posso dire questo: "La strada continua sempre e ancora… E dove allora? Non posso dire".

I sette libri della serie sono i seguenti:
    Libro 1. Meccanica classica e caos
    Libro 2. Teoria dei campi classica
    Libro 3. Teoria classica delle varietà
    Libro 4. La meccanica quantistica e il fondamento integrale del percorso
    Libro 5. Teoria quantistica dei campi e modello standard
    Libro 6. Meccanica termica e statistica e termodinamica dei buchi neri

Libro 7. Massima Emanazione di Informazioni e Teoria degli Emanatori

Panoramica del libro 1

Il Libro 1 è un'esposizione moderna della meccanica classica, inclusa la teoria del caos, e include anche collegamenti con sviluppi teorici successivi. L'esposizione consiste, in tutto, nella presentazione di problemi interessanti, molti dei quali risolti, gli altri lasciati al lettore. I problemi sono tratti dai corsi di meccanica classica (CM) e di matematica seguiti al Caltech, a Oxford e all'Università del Wisconsin. I corsi vanno dal livello universitario al livello universitario avanzato. I corsi avevano una selezione ricca e sofisticata di libri di testo e materiale di riferimento, come ci si potrebbe aspettare, e quei testi di riferimento sono, allo stesso modo, richiamati qui. I testi di meccanica classica, elencati per autore, includono: Landau e Lifshitz [27]; Goldstein [25]; Fetter & Walecka [29]; Percival e Richards [28]; Arnold (ODE) [32]; Arnold (CM) [37]; Woodhouse [38]; e Bender & Orszag [39]. Si noti come il primo riferimento ad Arnold e il riferimento a Bender e Orszag coinvolgano libri di testo incentrati sulle equazioni differenziali ordinarie (ODE). Allo stesso modo, un'analisi dell'eccellente e rapida esposizione di Landau e Lifshitz, rivela che in parte procede attraverso il materiale passando attraverso ODE di complessità crescente (corrispondenti, ad esempio, al movimento del pendolo più complicato, come aggiungendo una forza di attrito). Questo forte allineamento con la matematica di base delle ODE continua in questa esposizione, tanto che viene fornita un'appendice per una rapida revisione delle ODE dal punto di vista della matematica applicata.

Viene descritta la dinamica delle particelle, con e senza forze, arrivando tutte a descrizioni con movimento caotico, con il caos descritto nella seconda metà del Libro 1 [46]. Si trova universalmente che i sistemi che passano al comportamento caotico lo fanno con un notevole processo di raddoppio del periodo e questo sarà descritto sia matematicamente che con risultati computerizzati. Nell'analisi di tali sistemi dinamici troveremo che i sistemi fisici periodici possono essere descritti in termini di "mappature" ripetute, ad esempio, mappature dinamiche classiche [91], e quando descritti in questo modo la transizione al caos è resa molto più matematicamente evidente (come verrà mostrato). Il familiare insieme di Mandelbrot è generato da tale mappatura ripetuta, dove il suo "confine del caos" è definito dal confine frattale della classica immagine di Mandelbrot.

Le proprietà del classico insieme di Mandelbrot saranno rilevanti per la fisica discussa nel Libro 1 e nel Libro 7, inclusa la proprietà che il confine frattale ha una dimensione frattale pari a 2 (la dimensione frattale del confine può essere compresa tra 1 e 2, per ottenere a 2 è speciale). Con l'insieme di Mandelbrot recuperiamo anche le costanti ben studiate associate alle costanti universali di Feigenbaum [19]. Nell'insieme di Mandelbrot possiamo vedere chiaramente la costante fondamentale per la massima perturbazione che è alla massima antifase (negativa) con magnitudo C_∞, dove gli stessi risultati valgono per una famiglia di formulazioni di base (per una varietà di formulazioni lagrangiane, per esempio).

Dalla formulazione variazionale lagrangiana dell'"azione" per il movimento delle particelle definiremo infine il percorso integrale della formulazione variazionale funzionale che coinvolge quella stessa lagrangiana per arrivare a una descrizione quantistica per il movimento quantistico delle particelle non relativistico (descritto in dettaglio nel Libro 4 [42] , e relativistico nel Libro 5 [43]). Dalla descrizione quantistica si arriva al formalismo del propagatore per descrivere la dinamica (questo esiste anche nella formulazione classica, ma tipicamente non è molto utilizzato in quel contesto). Si scoprirà quindi che i propagatori complessi hanno legami con la meccanica statistica e le proprietà termodinamiche (Libro 6 [44]). I legami con la meccanica statistica sono ulteriormente enfatizzati quando ci si trova sull'orlo del caos, ma con il movimento dell'orbita ancora confinato. Questo può essere associato ad un regime ergodico, quindi ad un regime di equilibrio e martingala, la cui esistenza può poi essere utilizzata all'inizio del Libro VI [44] derivazioni della meccanica statistica e della termodinamica con l'esistenza di equilibri stabiliti in partenza. L'esistenza delle misure entropiche familiari è già indicata nella descrizione della neurovarietà (Libro 3 [41]), quindi, insieme agli equilibri, la descrizione della termodinamica del Libro 6 può iniziare con un fondamento ben stabilito che non è rivendicato dal fiat, piuttosto rivendicato come diretta conseguenza di quanto già accertato nella teoria/esperimento descritta nei libri precedenti della Collana.

Panoramica dei libri 2 e 3
Quando si passa da una teoria delle particelle puntiformi a una teoria dei campi, non c'è molta discussione nei libri di fisica fondamentali sui campi in senso generale, di solito si salta direttamente al campo di rilevanza

principale, l'elettromagnetismo (EM). Se avanzata, potrebbe coprire anche la Relatività Generale (GR), come nel caso di [125]. In quanto segue tratteremo questi argomenti, ma copriremo anche i campi più basilari in 1, 2 e 3D (inclusa la fluidodinamica), nonché le formulazioni del Campo Lorentziano 4D (per la Relatività Speciale), la formulazione del Campo di Gauge (quindi Yang Mills trattato in un contesto classico), e le formulazioni geometriche e di Gauge della GR. Ciò stabilisce le basi per le forze standard e, dopo la quantizzazione (libri 4 e 5 della serie), pone le basi per le forze rinormalizzabili standard (tutte tranne la gravitazione).

La costante di accoppiamento gravitazionale "G" è un accoppiamento dimensionale (non come con alfa in EM), e la gravitazione con costrutto molteplice può essere descritta come un costrutto di campo di Gauge, sebbene non rinormalizzabile. La gravitazione, e la geometria/varietà associata, sembra correlarsi alla sua stessa struttura emergente, come verrà discusso nel Libro 6. Dalla geometria lorentziana locale e dalle descrizioni dei campi lorentziani vediamo anche il primo di molti esempi in cui sono presenti informazioni di sistema nella complessificazione di qualche parametro, qui la componente temporale. Se il Lorentziano viene spostato al tempo complesso, questo lo sposta ad essere un campo euclideo, con proprietà di convergenza formalmente ben definite (come avviene nella meccanica statistica). Il tempo complesso mostra anche profonde connessioni tra il movimento classico e il movimento browniano associato (dove la camminata casuale rivela pi greco). Pertanto, non dovrebbe sorprendere che una varietà emergente possa avere una struttura complessa tale che esista anche una varietà "termica" emergente, possibilmente la neurovarietà descritta nel Libro 3 e le relative funzioni di partizione esaminate nel Libro 6. Proprio come lo spazio localmente piatto: il tempo è un costrutto naturale nella RG, così come lo sono anche i passaggi di "apprendimento" dell'ottimizzazione su una neurovarietà in modo tale che l'entropia relativa sia selezionata come misura preferita, e da essa l'entropia di Shannon e l'entropia statistica di Boltzmann. Pertanto, il costrutto molteplice che appare nel Libro 3 ha un impatto di vasta portata sui fondamenti della teoria termodinamica e meccanica statistica descritta nel Libro 6.

Prima ancora di arrivare alle complessità della varietà/geometria della GR, tuttavia, abbiamo già stabilito molto con la parte della teoria relativa al campo EM: (i) dall'EM "libero" senza materia otteniamo la velocità della luce c, invarianza di Lorentz, e da quella relatività speciale e dallo spazio-tempo localmente piatto; (ii) dall'EM con la materia si ottiene la costante di accoppiamento adimensionale alfa.

Nell'esaminare le teorie del campo per descrivere la materia, i campi di forza e la radiazione, descriviamo innanzitutto le teorie classiche del campo (CFT) della meccanica dei fluidi, EM e della Relatività Generale, con molti esempi mostrati. Questo viene poi riportato nella descrizione della teoria quantistica dei campi (QFT) nel Libro 5. Una revisione dei principali costrutti matematici utilizzati in CFT e QFT è fornita nell'Appendice. Anche se l'approccio della fisica matematica diventa sempre più sofisticato, otteniamo ancora soluzioni tramite estremi variazionali. Pertanto, determinare l'evoluzione del sistema dal suo ottimo variazionale diventa ora il focus dello sforzo. La "propagazione" del sistema da un momento all'altro può essere descritta da un propagatore. Sebbene una formulazione "propagatrice" sia matematicamente possibile nella meccanica classica (CM) e nella teoria dei campi classica (CF), che vengono mostrate, ciò di solito non viene fatto, a favore di rappresentazioni più semplici per l'applicazione sperimentale in questione. Passando alle descrizioni nel regno quantistico, tuttavia, l'uso del formalismo del propagatore diventa tipico e, quando utilizzato nelle formulazioni degli integrali del percorso, arriviamo a una formulazione compatta che descrive contemporaneamente sia l'evoluzione che la soluzione della fase stazionaria.

Nel Libro 2 l'attenzione è focalizzata sulla teoria classica dei campi in una geometria fissa, l'esempio fisico principale è EM. In questo contesto alfa appare, ad esempio, nella descrizione di una coppia elettrone-positrone: $F = e^2/(4\pi\varepsilon a^2)$ per la distanza elettrone-positrone 'a', dove alfa appare come costante di accoppiamento. Successivamente, nella meccanica quantistica (MQ), sia moderna che nel primo modello di Bohr, abbiamo che alpha = $[e^2/(4\pi\varepsilon)]/(c\hbar)$. La comparsa dell'alfa in queste situazioni si verifica nei sistemi legati. Se invece esaminiamo le interazioni EM non legate, come con la forza di Lorentz $F = q(E \times v)$, qui non emerge alcun parametro alfa, né con le prime analisi quantomeccaniche di tali sistemi come con lo scattering Compton. Pertanto, vediamo un ruolo iniziale per alfa, ma solo nei sistemi vincolati, quindi solo nei sistemi con espansioni perturbative (convergenti) nelle variabili di sistema.

Nel Libro 3, teoria classica dei campi con geometria *dinamica* , cioè GR, non vediamo affatto l'alfa. Vediamo invece molteplici costrutti e la matematica della geometria differenziale (e in una certa misura la topologia differenziale e la topologia algebrica). I molteplici costrutti sono interamente incapsulati nel background matematico fornito nel Libro 3 e nella sua Appendice. Un'applicazione nell'area delle neurovarietà (vedi [24]), mostra che l'equivalente di un percorso geodetico in questo contesto è l'evoluzione che coinvolge passi minimi di entropia relativa. Similmente alla descrizione di uno spazio-tempo localmente piatto, ora abbiamo una descrizione dell'"entropia" che aumenta/evolve secondo un'entropia relativa minima.

La relatività generale (GR) si distingue dagli altri campi di forza. Tutti gli altri campi di forza fanno parte di una rappresentazione aggiuntiva del modello standard rispetto al sottogruppo di stabilità $U(1) \times SU(2)_L \times SU(3)$. La cui forma è derivabile dai prodotti chirali T unilaterali descritti nel Libro 7. Il modello standard è ottenuto unicamente in questo processo e senza menzione di GR. Tieni presente, tuttavia, che la rappresentazione aggiunta ha operazione su uno spazio (iperspinoriale nel caso di semplici prodotti giusti di ottoni, per esempio). La "forza" dovuta alla gravità è quella dovuta alla curvatura molteplice, dove il costrutto molteplice è possibilmente emergente nello spazio operativo. Pertanto, l'origine della forza GR è completamente diversa e non consentirà la quantizzazione come le altre forze, né le sue soluzioni singolari saranno risolvibili solo tramite la fisica quantistica, come con EM nei libri 4 e 5, ma richiederà anche la fisica termica (come sarà descritto nel Libro 6).

L'esistenza di soluzioni GR singolari, al di fuori di casi particolarmente simmetrici (le classiche soluzioni dei buchi neri), non è stata stabilita saldamente fino al teorema della singolarità di Penrose [93] (per questo premiato con il premio Nobel per la fisica nel 2020). Parte di questo materiale è trattato nel Libro 3 per mostrare come il formalismo matematico si sposta verso metodi di topologia differenziale per descrivere le singolarità, con esempi che fanno riferimento al classico di Hawking ed Ellis [94] e utilizzano i diagrammi di Penrose. Ciò, a sua volta, tornerà utile quando si descrivono le classiche cosmologie FRW con fasi dominate dalla radiazione e dalla materia (utilizzando le note di Peebles [95], Peebles ha vinto il Nobel per la fisica nel 2019).

Lo sviluppo della GR sarebbe negligente se non approfondisse brevemente i modelli cosmologici, in particolare le classiche cosmologie FRW. Con gli strumenti GR sviluppati, vengono esaminati i risultati cosmologici, a partire dall'ingresso della costante cosmologica nel formalismo (un candidato per l'energia oscura). Vari dati osservativi sulle rotazioni delle galassie e simulazioni nell'universo della formazione di ammassi di galassie indicano entrambi l'esistenza della materia oscura. Ciò, quindi, significa che abbiamo nuova materia, che non interagisce tranne che gravitazionalmente, e questo è in realtà coerente con gli ultimi dati osservativi sul valore g-2 del muone [96], dove la discrepanza tra teoria ed esperimento è cresciuta fino a 4,2 deviazioni standard. , per il quale sembra essere in cantiere un'estensione del modello standard. Ciò è conveniente poiché la teoria degli Emanatori (Libro 7 [45]), prevede tale estensione.

Possiamo così arrivare alle equazioni di campo per i campi EM, GR e Yang-Mills Gauge (forte e debole). Possiamo ottenere fenomeni ondulatori e vorticosi (come accennato nella fluidodinamica). Mostriamo l'instabilità classica della materia atomica (instabilità EM classica) e l'instabilità gravitazionale classica (che porta alla formazione di buchi neri con singolarità). Dalle formulazioni lagrangiane si può poi arrivare alla formulazione QFT (Libro 5). La formulazione della QFT completa la cura della MQ (Libro 4) dell'"instabilità atomica non relativistica" con la cura della descrizione atomica pienamente relativistica dell'instabilità da collasso radiativo. L'introduzione della QFT porta anche a nuove instabilità o infiniti, ma questi possono essere eliminati mediante rinormalizzazione per le formulazioni EM ed elettrodeboli e la formulazione forte di Yang-Mills, ma non la formulazione GR (gauge). L'attuale formulazione teorica della fisica moderna presenta quindi una lacuna evidente: una teoria quantistica della gravitazione. Forse questo non è un elemento mancante, tuttavia, se la geometria/GR è un fenomeno derivato, come il campo della meccanica statistica e della termodinamica è apparso come fenomeno derivato quando il propagatore quantistico complessificato dà origine a una funzione di partizione reale (quantistica). L'accenno a una teoria dell'emanatore più profonda suggerisce che le strutture emergenti della geometria e della termodinamica si ottengono nel processo di emanazione, con l'informazione emanata che è quella dei campi di materia quantistica rinormalizzabili. Nel Libro 7 [45] si troverà un preciso significato matematico per descrivere la massima emanazione di informazione.

Panoramica del libro 4
Nel 1834, con il Principio di Hamilton, furono gettate solide basi per quella che oggi viene chiamata meccanica classica. Nel 1905, con la pubblicazione di Einstein sull'effetto fotoelettrico [97], le regole della meccanica classica furono sostituite dalle nuove regole della meccanica

quantistica. La prima apparizione della meccanica quantistica, tuttavia, ebbe inizio con le varie osservazioni sulla quantizzazione della luce, a cominciare dalla strana comparsa di linee spettrali per l'idrogeno. Lo spettro dell'idrogeno fu reso ancora più strano grazie all'adattamento preciso di Balmer a una formula empirica succinta nel 1885 [98]. Questo è l'inizio di uno straordinario periodo di scoperte. Gli sviluppi della MQ da introduttivo ad avanzato seguono più o meno quella storia.

La prima fase della scoperta della meccanica quantistica si è spostata nel formalismo moderno della meccanica quantistica con la scoperta di Heisenberg dell'applicazione riuscita della meccanica delle matrici e del principio di indeterminazione risultante (1925) [16]. Nel 1926, Schrodinger dimostrò che il problema di trovare una matrice hamiltoniana diagonale nella meccanica di Heisenberg equivale a trovare soluzioni di funzione d'onda alla sua equazione d'onda [17]. Un'interpretazione della funzione d'onda fu poi chiarita nel 1927 da Born [107]. Dirac sviluppò un formalismo manifestamente relativistico per la funzione d'onda e l'equazione d'onda per la materia fermionica (1928) [108]. Una riformulazione assiomatica della meccanica quantistica fu poi data da Dirac (1930) [18], ponendo le basi per gran parte della moderna notazione quantistica e per questioni critiche come l' autoaggiungere . Dirac descrisse poi la formulazione di un percorso di propagazione quantistica, con il propagatore quantistico avente il familiare fattore di fase che coinvolge l'azione, nel suo articolo "The Lagrangian in Quantum Mechanics" nel 1933 [109]. In sostanza, Dirac aveva ottenuto un unico percorso, in quello che sarebbe stato poi generalizzato da Feynman a tutti i percorsi con l'invenzione del formalismo integrale del percorso (1942 e 1948) [110,111]. L'equivalenza di una formulazione quantomeccanica in termini di integrali di percorso e il formalismo di Schrodinger fu dimostrata da Feynman nel 1948 [111].

In una descrizione integrale del percorso, lo stato della miscela quantistica, la fisica semiclassica e le traiettorie classiche sono tutte date dalla componente dominata dalla fase stazionaria. Una soluzione di fase stazionaria dominata da un unico percorso è tipica di un sistema classico. Pertanto, i metodi variazionali sono fondamentali per l'analisi dei sistemi fisici, sia sotto forma di analisi lagrangiana e hamiltoniana, sia in varie formulazioni integrali equivalenti.

La scoperta di Feynman del formalismo integrale del percorso non si basò esclusivamente sul lavoro precedente di Dirac (1933) [109], anche se allegando quell'articolo alla sua tesi di dottorato (1946) la sua importanza fu chiaramente sottolineata. Feynman ha anche beneficiato del lavoro che risale a Laplace [6] per il processo di selezione basato su costruzioni integrali altamente oscillatorie che si autoselezionano per la loro componente di fase stazionaria. Questo ramo della matematica venne infine associato al metodo delle discese più ripide di Laplace, poi al lavoro di Stokes e Lord Kelvin, quindi al lavoro di Erdelyi (1953) [112-114].

Feynman e altri inventarono poi la teoria quantistica dei campi per l'elettromagnetismo (QED) nel periodo 1946-1949 (ne parleremo più avanti). L'estensione all'elettrodebole avvenne nel 1959, alla QCD nel 1973, e al "Modello Standard" nel 1973-1975. Pertanto, l'impatto della rivoluzione integrale del percorso nella fisica quantistica si fece sentire fino agli anni '70, ma questo fu solo l'inizio. All'inizio gli integrali del percorso furono esaminati da Norbert Wiener, con l'introduzione dell'integrale di Wiener, per risolvere problemi di meccanica statistica nella diffusione e nel moto browniano. Negli anni '70 ciò portò a quella che oggi è conosciuta come "la grande sintesi" che unificò la teoria quantistica dei campi (QFT) e la teoria dei campi statistici (SFT) di un campo fluttuante vicino a una transizione di fase del secondo ordine e dove l'uso di metodi del gruppo di rinormalizzazione ha consentito di trasferire i progressi significativi ottenuti dal QFT all'SFT.

La grande sintesi è uno dei tanti casi a venire in cui vediamo la continuazione analitica di una costante o di un parametro che dà origine alla fisica familiare nei domini della termodinamica e della meccanica statistica, mostrando una connessione più profonda (ancora non completamente compresa, vedere il Libro 7). L'equazione di Schrödinger, ad esempio, può essere vista come un'equazione di diffusione con una costante di diffusione immaginaria. Allo stesso modo, l'integrale del percorso può essere visto come una continuazione analitica del metodo per riassumere tutte le possibili passeggiate casuali.

Nel Libro 4 esaminiamo attentamente anche l'equivalente gravitazionale più vicino all'atomo idrogeno (collasso del guscio di polvere). Ciò che risulta è una formulazione incompleta a causa delle condizioni al contorno, dove per ottenere la scelta dell'ora è necessario inserire quella scelta dell'ora. Non è indicata alcuna scelta temporale specifica per evitare il collasso in caduta. I risultati, tuttavia, possono mostrare stabilità e coerenza in una descrizione "completa" della gravità quantistica termica in cui viene impiegata l'analiticità. Il successo in questo modo, e non in altri, suggerisce un possibile ruolo fondamentale dell'analiticità e della termicità (Libri 6 e 7) e suggerisce anche che la gravità quantistica termica TQG può "esistere" o essere ben formulabile, mentre la gravità quantistica QG generalmente potrebbe non "esistere". '. Questi risultati, mostrati nel Libro 6, forniscono l'introduzione alla discussione del Libro 7 sulla teoria dell'emanatore, dove i concetti fondamentali dei libri 1-6 che si collegano alla teoria dell'emanatore sono riuniti in una nuova sintesi teorica.

Panoramica del libro 5

Nel Libro 5 mostriamo le QFT nella rappresentazione del campo di Gauge, che collega chiaramente la scelta della teoria dei campi a una scelta dell'algebra di Lie, che, a sua volta, può essere correlata a una scelta della teoria dei gruppi (come U(1) e SU (3)). Da ciò possiamo vedere che i costrutti algebrici non classici sono onnipresenti in QM e QFT, quindi nell'Appendice viene fornita una revisione della teoria dei gruppi e delle algebre di Lie, così come una revisione delle algebre di Grassman e di altre algebre speciali necessarie in QM e QFT. QFT. Allo stesso modo, per quanto riguarda la scelta dell'approccio, troviamo che le formulazioni di Schrodinger e Heisenberg spesso forniscono l'unico modo praticabile per ottenere una soluzione per i sistemi legati. Nelle considerazioni teoriche critiche, tuttavia, l'approccio integrale del percorso è il migliore (come verrà mostrato). Nella ricerca di una teoria più profonda, l'approccio più unificato del percorso integrale (PI) fornisce importanti suggerimenti per una teoria più profonda (vedi Libro 7).

Nel Libro 5 otteniamo il risultato di massima precisione per il valore di alfa, nel suo ruolo di parametro di perturbazione. Se si esegue un calcolo del parametro momento magnetico dell'elettrone g-2, con tutti i diagrammi di Feynman adatti ad espansioni fino al 5 °ordine, si ottiene una determinazione di alfa fino a 14 cifre, dove 1/alfa=137.05999...... . Questo ci dà una delle misurazioni più precise di alfa conosciute. Quando un'analisi simile viene eseguita per il muone g-2, data la massa del muone molto più grande, le coppie di altre particelle che producono particelle hanno un effetto misurabile e siamo in grado di sondare le masse inferiori del modello standard che sono presenti. Facendo ciò, negli esperimenti preliminari, c'è una discrepanza che indica più particelle, ad esempio il Modello Standard dovrà essere esteso (possibilmente con un tipo di neutrino 'sterile'). Queste particelle mancanti potrebbero essere la "materia oscura" mancante. La previsione di ciò nella Teoria degli

Emanatori e il motivo per cui dovrebbe esserci uno squilibrio tra i neutrini sinistro e destro (suggerimento: massima trasmissione di informazioni) è descritta nel Libro 7.

Parte della descrizione della teoria quantistica dei campi implica l'uso dell'analiticità e di altre strutture complesse per incapsulare una parte maggiore della fisica in una complessa estensione allo spazio (o dimensione). Ciò porta spesso a formulazioni in termini di integrazione complessa, con la scelta del contorno complesso specificato, come con il propagatore di Feynman. Uno dei principali metodi di rinormalizzazione, ad esempio, consiste nell'utilizzare la regolarizzazione dimensionale, che implica la continuazione analitica delle espressioni con dimensionalità in dimensionalità come parametro complesso. C'è anche il già citato passaggio dalle espressioni complesse e "Wick rotate" con tempo reale alle espressioni con tempo puro e complesso. Facendo ciò si ottiene la funzione di partizione meccanica statistica del sistema, con somma ben definita. Viene così indicata una connessione tra 'termalità' e struttura complessa, almeno nella dimensione temporale.

La seconda parte del Libro 5 descrive la QFT sullo spazio-tempo curvo (CST), dove arriviamo ad una prima analisi della termodinamica dei buchi neri. Qui troviamo che la curvatura dello spazio-tempo dà origine a effetti di termicità e di produzione di particelle. La termicità del buco nero è stata rivelata nella radiazione di Hawking [118], a causa del confine causale all'orizzonte. Tale termicità si osserva anche nello spazio-tempo piatto (Libro 5) se vengono indotti confini causali, come nel caso di un osservatore accelerato [143].

La QFT sulla CST ha un ulteriore dono, fondamentale per il formalismo della meccanica statistica che seguirà nel Libro 6, e questa è la relazione spin-statistica. Questa relazione viene solitamente assunta, insieme ad altre nozioni critiche, come l'entropia e la relazione tra entropia e densità degli stati. Tutti questi sono mostrati, con il percorso di presentazione scelto in questa serie di Fisica, come fondamentali o derivati dal formalismo già stabilito nei Libri 1-5 (per preparare il Libro 6).

La scelta del tempo è legata alla scelta del vuoto, che è legata alla scelta della geometria del campo o del movimento dell'osservatore (come l'accelerazione o l'espansione costante). Se hai una QFT dello spaziotempo piatto con un confine, allora hai effetti termodinamici (ad esempio, l'osservatore di Rindler). In questo contesto possiamo confrontare la derivazione di Hawking della Radiazione di Hawking utilizzando il "trucco" dell'euclideanizzazione rispetto alle trasformazioni di Bogoliubov del campo con la geometria di Rindler dalla geometria di Minkowski (se scelto come riferimento del vuoto asintotico). Con la QFT su CST arriviamo anche alle statistiche di spin come menzionato, e otteniamo l'estensione finale della teoria tramite le algebre di Grassman, per arrivare a descrizioni statistiche di Bose e Fermi termodinamicamente coerenti sulla materia quantistica.

Panoramica del libro 6

La termodinamica è la più antica delle discipline fisiche (fuoco), con un uso impenitente di argomenti fenomenologici e misteriosi potenziali termodinamici (entropia). Ovviamente, la termodinamica è ancora prevalente oggi, anche nella sua forma più quantificata attraverso la meccanica statistica. Come mai questo non è un fallimento della descrizione meccanicistica dell'universo indicata da CM e perfino da QM? Concetti apparsi nella meccanica quantistica, come la probabilità, ora si ripresentano. Appaiono anche altri nuovi concetti, tra cui: leggi statistiche approssimative; equazioni di stato; il calore come forma di energia; entropia come variabile di stato; esistenza di equilibri; ensemble/distribuzioni; ed esistenza della funzione di partizione. Molti di questi concetti compaiono nelle descrizioni integrali del percorso con i metodi/estensioni dell'analiticità menzionati in precedenza, quindi ci sono accenni a una teoria più profonda che arriva a gran parte dei fondamenti della termodinamica/meccanica statistica dalla teoria quantistica esistente.

Il libro 6 è stato posizionato dopo gli altri capitoli in attesa dell'identificazione dell'entropia come fondamentale in quanto può essere identificata come una funzione intrinseca del sistema ancor prima di arrivare alla termodinamica. Abbiamo anche già esperienza con molti sistemi di particelle, tramite QFT (specialmente in CST dove la creazione di particelle è quasi inevitabile), senza affrontare direttamente quello scenario (poiché QFT è già effettivamente a molte particelle, con determinazione analitica delle funzioni del sistema a molte particelle, come l'entropia). Con l'entropia presentata fin dall'inizio come un'importante variabile di sistema, la derivazione dei potenziali termodinamici diventa quindi un processo semplice, come verrà mostrato. È quindi possibile fornire le connessioni SM standard alla termodinamica. Quindi, nel trattare la Termodinamica e la Meccanica Statistica si parte dai fondamenti della teoria per lo più consolidati, come l'entropia (anche con equipartizione equivalente alla somma su cammini senza pesi, ecc.), senza ipotesi. Tutto segue direttamente dalle scoperte teoriche delineate nei libri precedenti della Serie. Non vediamo nuove connessioni con alfa, ma vediamo nuove strutture/effetti, in particolare molteplici costrutti (come con GR, dove non abbiamo visto alcun ruolo per alfa).

Gli stretti legami tra QM Complexificato che dà origine a una funzione di partizione di insieme di particelle, e QFT complessificato e funzione di partizione di insieme di campi, è ora semplicemente un aspetto derivato della complessazione fondamentale postulata. Questa complessazione sarà posta nel Libro 7 con emanazione in uno spazio perturbativo complessificato.

Dalla Fisica Atomica, descritta nel Libro 4, ricaviamo anche le regole standard sul completamento del guscio elettronico (che è codificato nella tavola periodica). Allo stesso modo, possiamo anche comprendere le origini delle regole della chimica quantistica intermolecolare. Se portato all'estremo della meccanica statistica (SM), abbiamo un equilibrio termodinamico emergente dalla Legge dei Grandi Numeri (LLN) e dalla convergenza della Martingala inversa. Con il completamento dell'applicazione ai processi chimici abbiamo chiari effetti di transizione di fase, così come equilibrio e effetti di quasi equilibrio. I risultati della chimica familiare, con fasi della materia.

Dall'equilibrio chimico e dal quasi equilibrio, con 10^{23} elementi che interagiscono debolmente o per niente, abbiamo due generalizzazioni. Il primo è considerare il quasi equilibrio chimico e ottenere direttamente un processo emergente a questo livello, questo è il ramo che ci dà la biologia/vita al suo livello più primitivo. Il secondo è considerare l'equilibrio e il quasi equilibrio in generale quando gli elementi interagiscono fortemente (con 10^{10} elementi, diciamo), questo è il ramo che descrive la biologia/vita al suo livello sociale ed economico più avanzato. Nel rumore di ripresa classico, la granularità del flusso a bassa corrente (dovuta alla discrezione della carica elettronica) porta a un effetto di rumore. Pertanto, se consideriamo situazioni con meno elementi, ci sono più complicazioni, non meno, dovute agli effetti del rumore di granularità, ed entriamo nel regno dell'apprendimento automatico con dati sparsi. Gli effetti del rumore possono essere significativi nei sistemi complessi, soprattutto in biologia dove fa parte di ciò che viene selezionato (come nell'udito, per la cancellazione del rumore di fondo).

La seconda parte del Libro 6 esplora il ruolo della termodinamica negli sforzi per estenderla a TQFT e TQG. Questo viene fatto esplorando le impostazioni di Black Hole. Il riconoscimento di un ruolo per la struttura complessa sulle variabili di sistema diventa evidente in questo processo (oltre alla generalizzazione ad algebre non banali come già rivelato).

Nel Libro 6, parte 2, esaminiamo la termodinamica hamiltoniana di alcune geometrie di buchi neri con condizioni al contorno stabilizzanti. In questa incursione nell'esplorazione diretta di una soluzione di gravità quantistica termica (TQG), assumiamo una forma integrale del percorso per il problema GR e passiamo direttamente a una funzione di partizione (tramite la "rotazione di Wick" menzionata sopra). Vediamo che TQG è possibile, dove la capacità termica positiva mostra stabilità. Un altro risultato incoraggiante per quanto riguarda un'eventuale teoria unificante viene dalla teoria delle stringhe attraverso la sua spiegazione della termodinamica BH e degli effetti dell'orizzonte BH con la soluzione fuzz BH (tramite l'uso dell'ipotesi olografica e della relativa relazione AdS - CFT [120,121]).

Nel Libro 6, parte 2, esaminiamo anche il propagatore alla trasformazione della funzione di partizione in seguito alla complessazione, che porta a una teoria termodinamica per alcune formulazioni di equilibrio, con determinate impostazioni dei parametri richieste per la stabilità (capacità termica positiva). Ciò è fattibile in una varietà di contesti, suggerendo come tali condizioni al contorno termodinamicamente coerenti possano essere ciò che vincola il movimento classico e la formulazione della singolarità BH mediante l'effetto di questa stabilizzazione che si manifesta per determinate geometrie interne. Formulazioni di successo del TQG (Thermal Quantum Gravity), come per RNadS e gli spaziotempi di Lovelock mostrati nel Libro 6, tramite riformulazione utilizzando l'analiticità, e non tramite approcci non analitici, suggeriscono ancora una volta un possibile ruolo fondamentale dell'analiticità e suggeriscono anche che TQG può ' esistere" o essere ben formulabile, mentre la QG generalmente potrebbe non "esistere". Questi risultati, insieme ai concetti fondamentali dei Libri 1-6 che si collegano alla teoria degli emanatori, sono riuniti in una nuova sintesi teorica nel Libro 7.

Panoramica del libro 7
Nei libri 4,5 e 6 della serie, abbiamo esplorato esempi di QM con tempo immaginario, QFT in CST, QFT termico, QG minisuperspaziale e QG

termico. In questo sforzo troviamo l'integrale sul percorso e il propagatore PI per fornire la rappresentazione più generale. Nella ricerca di una teoria più profonda nel Libro 7, ci basiamo sulla formulazione della somma sui percorsi con il propagatore per arrivare a una formulazione della somma sulle emanazioni con l'emanatore.

La propagazione in uno spazio di Hilbert complesso, in una formulazione QM o QFT standard, richiede che la funzione propagatrice sia un numero complesso (non reale o quaternionico, ecc., [122]). Ciò vieta quella che altrimenti sarebbe un'ovvia generalizzazione alle algebre ipercomplesse. Per raggiungere questa generalizzazione, dobbiamo introdurre un nuovo livello nella teoria, uno con emanazione universale che coinvolge algebre ipercomplesse (trigintaduoni) che si ipotizza proietti al complesso familiare della propagazione spaziale di Hilbert con elementi fissi associati (ad esempio, il formalismo dell'emanatore proietta le costanti osservate e la struttura del gruppo del modello standard). La 'proiezione' è un costrutto matematico indotto, come avere SU(3) sui prodotti di ottonioni, ma qui siamo il modello standard U(1) xSU (2) xSU (3) sui prodotti di trigintaduoni emanatori. Pertanto, nel Libro 7 viene posta una formulazione variazionale unificata, che arriva all'alfa come elemento strutturale naturale, tra le altre cose, specificato in modo univoco dalla condizione di massima emanazione di informazioni.

Nel Libro 7 prendiamo nota anche delle implicazioni di un'operazione matematica fondamentale su uno spazio che si ripete o si aggiunge. Le forze non GR sono date dalla forma dell'operazione (la sequenza che forma un'algebra associativa), le forze GR sono date indirettamente dalla forma dello spazio, questo lascia da considerare con attenzione l'aspetto "ripetuto o aggiunto". Se si verifica un'operazione puramente "ripetuta", o mappatura, possiamo tornare alla discussione sulla mappatura dinamica del Libro 1, dove il caos può verificarsi ed è onnipresente. Lì è evidente la "transizione di fase" primordiale, la transizione al caos. Se si tratta di un'operazione con addizione (nel senso statistico di più elementi), insieme a passaggi complessivi ripetuti, arriviamo al quadro generale della meccanica statistica con effetti della Legge dei Grandi Numeri (LLN) e della convergenza della Martingala inversa, tra gli altri cose (Libro 6). La cosa più notevole, tuttavia, è la prevalenza di un nuovo effetto, quello delle transizioni di fase e l'emergere di nuove strutture (ordine dal disordine), comprese le notevoli strutture della chimica e della biologia.

Perché la ricorrente 'formula cabalistica'? era una questione già ai tempi di Sommerfeld [58]. Ora, il parallelo numerologico è più esatto di quanto realizzato a quel tempo, quindi è troppo una coincidenza per essere un caso. La non coincidenza sembra essere dovuta alla natura massima della trasmissione delle informazioni in una varietà di circostanze (in fisica, biologia e persino nella comunicazione umana con sufficiente ottimizzazione) così come con la ripetizione frattale di insiemi di parametri chiave che si verifica in queste diverse impostazioni $\{10,22,78,137 \cong 1/\text{alfa}\}$. Vediamo che 10 esprime la dimensionalità della propagazione (o nodi di connettività), mentre 22 corrisponde al numero di parametri fissi nella propagazione (nel Libro 7 esploriamo la propagazione in un sottospazio a 10 dimensioni dello spazio trigintaduionion a 32 dimensioni, lasciando 22 dimensioni a valori fissi che compaiono come parametri nella teoria). Vedremo che il numero 78 si riferisce ai generatori del movimento e che esistono 4 chiralità di movimento ("doppiamente chirali"). Vedremo anche che 137 è semplicemente il numero di termini di prodotto tri-ottonionici indipendenti nella generale 'emanazione' chirale del trigintaduionione.

Sinossi – *Frodo vive*

Tolkien scrisse di eucatastrofi [127], forse anticipò il ruolo costruttivo dei fenomeni emergenti nella massima trasmissione dell'informazione.

Meccanica classica e caos

Questo libro fornisce una descrizione della meccanica classica, partendo dalle formulazioni classiche del moto delle particelle puntiformi. Il primo approccio per raggiungere questo obiettivo è stato l'utilizzo di equazioni differenziali (1a e 2a legge di Newton [)]; il secondo utilizzava una formulazione di funzione variazionale per selezionare le equazioni differenziali (variazione lagrangiana); il terzo utilizzava una formulazione funzionale variazionale (formulazione dell'azione) per selezionare la formulazione della funzione variazionale. Questo libro descriverà le tre formulazioni e risolverà i problemi in ciascuna.

Fu solo quando la meccanica classica era già ben consolidata che ci si rese conto che esistono due domini di movimento in molti sistemi: non caotico; e caotico. Questa è un'esposizione moderna della meccanica classica, che include quindi la teoria del caos e include anche collegamenti con sviluppi teorici successivi. L'esposizione consiste, in tutto, nella presentazione di problemi interessanti, molti dei quali risolti, gli altri lasciati al lettore. I problemi sono tratti dai corsi di meccanica classica e matematica seguiti al Caltech, a Oxford e all'Università del Wisconsin. I corsi vanno dal livello universitario al livello universitario avanzato. I corsi avevano una selezione ricca e sofisticata di libri di testo e materiale di riferimento, come ci si potrebbe aspettare, e quei testi di riferimento sono, allo stesso modo, richiamati qui. Man mano che avanziamo nel materiale vedremo che stiamo effettivamente studiando equazioni differenziali ordinarie (ODE) di complessità crescente (corrispondenti, ad esempio, a movimenti del pendolo più complicati, come l'aggiunta di una forza di attrito). Questo forte allineamento con la matematica di base delle ODE motiva la collocazione di un'appendice per una rapida revisione delle ODE dal punto di vista della matematica applicata.

Oltre a un'esposizione moderna della sottostante teoria ODE, compreso il caos, gli altri principali elementi moderni devono indicare dove la teoria della meccanica classica può collegarsi alle teorie ancora a venire, come la meccanica quantistica e la Relatività Speciale. Esistono cinque aree teoriche di implementazione della Meccanica Classica in cui la Meccanica Quantistica è banalmente indicata (per estensione/continuazione analitica, o per modifica algebrica da abeliano a non abeliano), e tali aree sono descritte in dettaglio. Allo stesso modo, ci sono tre aree di applicazione sperimentale in cui è indicata la Relatività Speciale, che vengono anche descritte.

Capitolo 1 introduzione

Questo libro fornisce una descrizione della meccanica classica, partendo dalle formulazioni classiche del moto delle particelle puntiformi. Il primo approccio per raggiungere questo obiettivo è stato l'utilizzo di equazioni differenziali (1a e 2a legge di Newton) ; il secondo utilizzava una formulazione di funzione variazionale per selezionare le equazioni differenziali (variazione lagrangiana); il terzo utilizzava una formulazione funzionale variazionale (formulazione dell'azione) per selezionare la formulazione della funzione variazionale. Questo libro descriverà le tre formulazioni e risolverà i problemi in ciascuna.

In una descrizione del movimento delle particelle, assumendo che non si trovi in un dominio parametrico con movimento caotico, si riscontra che esistono diversi limiti importanti. Gli esempi includono: le costanti universali del suddetto fenomeno del caos, che si incontrano ancora in regimi non caotici se portati "al limite del caos". Lo scatting è definito nel limite asintotico e la teoria delle perturbazioni è ben definita nel senso che è convergente. Nel complesso, se l'evoluzione viene descritta come un "processo", spesso si tratta di un processo Martingala, che ha limiti ben definiti. Quindi, abbiamo descrizioni del movimento, tipicamente riducibili a un'equazione differenziale ordinaria, e per le quali si riscontra tipicamente che esistono soluzioni (che richiedono definizioni di limite).

Lo sviluppo della meccanica classica avvenne principalmente negli anni che vanno dal 1687 al 1834 [1-13]. Si verificò poi un divario considerevole mentre furono fatte altre scoperte, che spaziavano dai quaternioni [14,15] all'elettromagnetismo, alla meccanica quantistica [16-18]. Infine, nel 1976, l'ultimo elemento chiave della teoria classica fu rivelato con la scoperta dell'universalità del caos [19]. Inoltre, durante questo periodo, approcci matematici più sofisticati divennero più comuni [20,21].

Un importante allontanamento della teoria dalla meccanica classica si verificò con la relatività ristretta, che fu rivelata dalla scoperta della trasformata di Lorentz nel 1899 (ci furono i primi indizi negli studi di Fizeau [22] nel 1851, ma questo non fu compreso fino a Einstein decenni dopo [23]). Lo sviluppo dei metodi della meccanica classica è ancora molto rilevante ai giorni nostri, in parte a causa dei relativi sviluppi nell'intelligenza artificiale moderna. Uno dei metodi di classificazione più forti conosciuti, la Support Vector Machine (SVM), ad esempio, si basa su una formulazione della meccanica classica (Lagrangiana) in un'applicazione della teoria del controllo (con vincoli di disuguaglianza) [24].

Una moderna descrizione da manuale della meccanica classica senza la teoria del caos può essere trovata in Goldstein [25]. Uno sviluppo chiave nella teoria, in termini di invarianti variazionali, fu apportato da Noether nel 1918 [26]. Altri libri di testo moderni utilizzati in questo libro includono i classici di Landau e Lifshitz [27], Percival & Richards [28] e Fetter & Walecka [29]. In questo lavoro sono incluse anche l'analisi a due tempi [30] e l'analisi della stabilità [31,32], seguite dai già citati sviluppi critici nella teoria del caos [19,33,34] e dall'aspetto critico dei frattali [35,36]

Si tratta di un'esposizione moderna della meccanica classica che consiste, in tutto, nella presentazione di soluzioni a problemi interessanti da una serie di testi di meccanica classica, tra cui: Landau e Lifshitz [27]; Goldstein [25]; Fetter & Walecka [29]; Percival e Richards [28]; Arnold (ODE) [32]; Arnold (CM) [37]; Woodhouse [38]; e Bender & Orszag [39]. Si noti come il primo riferimento ad Arnold e il riferimento a Bender e Orszag coinvolgano libri di testo incentrati sulle equazioni differenziali ordinarie (equazioni differenziali ordinarie). Allo stesso modo, un'analisi dell'eccellente, e rapida, esposizione di Landau e Lifshitz, rivela che essa in parte procede attraverso il materiale passando per Equazioni Differenziali Ordinarie di complessità crescente. Questo forte allineamento con la matematica sottostante delle equazioni differenziali ordinarie è continuato in questa esposizione, così tanto (tanto che viene fornita un'appendice per una rapida revisione delle equazioni differenziali ordinarie dalla prospettiva della matematica applicata).

A partire dall'equazione differenziale F=ma di Newton, incontriamo progressivamente equazioni differenziali più complesse. Ridurre un sistema dinamico a un insieme di equazioni differenziali non è una questione semplice, e l'apprendimento dell'analisi lagrangiana per fare questo sarà inizialmente il focus, ma il risultato finale può sempre essere considerato una forma in termini di un'equazione differenziale ordinaria, o un insieme di tale. Quindi possiamo ridurre il problema di descrivere il moto di un sistema a quello di risolvere un'equazione differenziale ordinaria, significa che abbiamo finito? Per le equazioni differenziali ordinarie più semplici sì, analiticamente in effetti (nell'Appendice vediamo, ad esempio, che le equazioni differenziali lineari del secondo ordine a coefficienti costanti possono sempre essere risolte). Per le equazioni differenziali ordinarie più complesse, ancora sì, ma sono necessari strumenti computazionali (soluzione non in forma chiusa). A volte, tuttavia, le equazioni differenziali ordinarie dimostrano instabilità e per queste è necessaria un'analisi più sofisticata e potrebbero non esserci risposte semplici (come l'esistenza dello strano fenomeno dell'attrattore) [37]. Più rivoluzionaria della semplice instabilità è la scoperta del caos. Un'equazione differenziale ordinaria potrebbe comportarsi bene in un regime ma potrebbe trasformarsi in un "movimento caotico" in un altro regime. Il "limite del caos" è contrassegnato da un comportamento universale di raddoppio del periodo ed è descritto nel capitolo 7. Tutto ciò che uno specialista di equazioni differenziali ordinarie avrebbe potuto temere potesse verificarsi, per quanto riguarda la complessità, si è verificato (con instabilità e strane attrattori, ecc.), per poi raddoppiare con la scoperta del nuovo fenomeno del Caos tramite l'Universalità. Per gli esempi di equazioni differenziali ordinarie qui descritti, l'attenzione è rivolta ai problemi di fisica, quindi le soluzioni caotiche sono direttamente correlate al movimento caotico.

Oltre a un'esposizione moderna della sottostante teoria dell'Equazione Differenziale Ordinaria, con il caos incluso, gli altri principali elementi moderni devono indicare dove la teoria della Meccanica Classica può collegarsi alle teorie ancora a venire, come la meccanica quantistica [42] e la Relatività Speciale. [40]. Per la teoria delle perturbazioni che coinvolge soluzioni di un'equazione differenziale ordinaria, vengono mostrate una varietà di tecniche. Se si utilizza l'analisi complessa, si ottengono soluzioni, ad esempio, ma si intravedono anche i problemi generali delle equazioni differenziali ordinarie incontrati nella meccanica quantistica. Le equazioni differenziali ordinarie generali descritte nell'Appendice arrivano, ad esempio, alla forma di Sturm-Liouville, che ha una formulazione autoaggiunta rilevante per la Meccanica Quantistica. Ancora più generale è l'equazione di Navier-Stokes (rilevante per la dinamica dei fluidi), e ancora più generale è l'equazione NS senza conservazione delle specie (come in un semiconduttore dove può esserci generazione di portatori, quindi nessuna conservazione, con un'equazione di continuità modificata, eccetera.). Gli accoppiamenti richiesti nella formulazione relativistica, a loro volta, creano un pasticcio piuttosto complicato che non viene quasi mai risolto direttamente senza

3

approssimazione. In pratica, l'"equazione principale di Navier-Stokes" viene approssimata all'interno di un ambito operativo rilevante.

Di seguito vengono individuate cinque aree teoriche di attuazione della Meccanica Classica, in cui viene banalmente indicata la Meccanica Quantistica (per estensione/continuazione analitica), e tali aree vengono descritte in dettaglio. Allo stesso modo, ci sono tre aree di applicazione sperimentale, in cui è indicata la Relatività Speciale, e anche queste vengono descritte.

1.1 La *conditio sine qua non* del caos e dei fenomeni emergenti

Si vedrà che la meccanica classica è un caso speciale di una teoria meccanica quantistica più ampia, quindi potrebbe sembrare che abbiamo declassato la meccanica classica a teoria derivata da un'altra... *ma per* l'esistenza della teoria del caos. Il caos è un aspetto dinamico fondamentalmente nuovo (di tutte le teorie classiche, quantistiche, statistiche, con un'appropriata forma differenziale), ma è il più semplice (pur essendo ancora familiare) nel regime della meccanica classica. Il movimento caotico si manifesta ovunque, ma può anche essere evitato in molti problemi di meccanica classica, come i piccoli problemi di oscillazione. Il caos, in quanto fenomeno universale, ha anche costanti universali, che verranno esplorate. Un modo semplice per trovare il caos è utilizzare la rappresentazione hamiltoniana ed esaminare qualsiasi movimento periodico che coinvolga non linearità. Se visti come una mappa iterativa, i domini del caos vengono quindi mostrati chiaramente (come verrà mostrato nel Capitolo 7). Allo stesso modo, la meccanica statistica potrebbe essere vista come una teoria derivata della meccanica classica, *ma per* il verificarsi della misura entropica e dei fenomeni emergenti (transizione di fase) (che saranno discussi in altri libri di questa serie [40-46], in particolare [41] e [44]).

1.2 Il ruolo delle equazioni differenziali ordinarie, fenomenologia e analisi dimensionale

Una lettura del sommario rivelerà molte sottosezioni relative all'applicazione delle equazioni differenziali ordinarie. Questa attenzione alle equazioni differenziali ordinarie non è casuale, così come non lo è l'inclusione di un'ampia appendice (Appendice A) sulle equazioni differenziali ordinarie. (L'Appendice A descriverà i metodi generali delle equazioni differenziali ordinarie e i metodi avanzati, con numerose soluzioni elaborate.) Quasi sempre, il problema della meccanica classica può essere ridotto alla risoluzione di un'equazione differenziale ordinaria.

Poiché questo è ciò da cui abbiamo iniziato, con Newton (un'equazione differenziale ordinaria di 2° ordine), questo potrebbe non sembrare un progresso, tuttavia, arrivare alla corretta equazione differenziale ordinaria per un sistema è spesso difficile se non quasi impossibile senza il tecniche di intervento (Lagrangiana e Hamiltoniana). Quindi, tali metodi sono ovviamente necessari, è solo che è necessaria anche una profonda conoscenza delle equazioni differenziali ordinarie. Sapendo che avremo un'equazione differenziale e limitandoci alle equazioni coerenti con l'analisi dimensionale, possiamo spesso arrivare direttamente alla base di una serie di argomenti fenomenologici per le equazioni del moto e le loro soluzioni tramite equazioni differenziali ordinarie (e suggerimenti o spiegazioni su come nuovi fenomeni). L'analisi dimensionale e la fenomenologia sono descritte nel Capitolo 9.

1.3 Fonti dei problemi; Livello di copertura; Soluzioni dettagliate; Metodi avanzati

Alcuni dei problemi (con e senza soluzioni) sono a livello di domande d'esame di candidatura al dottorato (un esame, o "esame preliminare", che si sostiene alla fine del secondo anno di un corso di dottorato in Fisica per avanzare alla candidatura, presso alcune istituzioni, come UWM e U. Chicago). Tali problemi tendono ad essere i più difficili. Alcuni dei problemi, quasi altrettanto difficili, sono legati a problemi che mi sono stati assegnati nei corsi universitari e di specializzazione seguiti mentre ero studente al Caltech. In molti casi le mie soluzioni attentamente elaborate sono state utilizzate nei "set di soluzioni" forniti successivamente alla classe. Tali problemi e le mie soluzioni sono mostrati per i problemi dei seguenti corsi Caltech (ca 1987): Topics in Classical Physics; Dinamica Avanzata; e Metodi di Matematica Applicata (in Appendice A). Spesso i problemi, o gli esempi, presenti nei corsi derivavano da problemi tratti dai principali libri di testo disponibili in Meccanica Classica. Pertanto, tali fonti sono state attinte direttamente anche per alcuni dei problemi qui risolti, e includono soluzioni per problemi dai seguenti testi classici: Goldstein [25]; Landau&Lifschitz [27]; Percival&Richards [28]; e Fetter&Walecka [29]. Le soluzioni sono fornite in ampi dettagli matematici, come quello che potrebbe essere fornito in una lezione in classe, al fine di insegnare in dettaglio la tecnica delle soluzioni (indice "ginnastica").

1.4 Sinossi dei capitoli successivi

Per iniziare, consideriamo la teoria classica del movimento delle particelle puntiformi e la meccanica classica. Si inizia, nella Sezione 2.1, con una breve descrizione della formulazione del calcolo infinitesimale di Newton (1687) [1], dove la forza newtoniana è uguale alla massa per l'accelerazione (una derivata seconda della posizione nella notazione di Leibnitz). Leibnitz fu l'altro grande inventore del calcolo infinitesimale, con l'uso del calcolo integrale in note inedite nel 1675 [2] e pubblicate nel 1684 (per la traduzione vedere Struik [3]). Leibnitz descrisse anche il teorema fondamentale del calcolo (moderno) (la relazione inversa tra integrazione e differenziazione) nel 1693 [4]. Il ruolo iniziale degli studiosi eclettici orientati alla matematica nello sviluppo dei fondamenti matematici della meccanica classica continuò con Eulero e Laplace. Eulero diede presto il suo contributo, con Mechanica (1736) [5], ma continuò con gli sviluppi della matematica e della fisica matematica di base per diversi decenni, influenzando Lagrange più di cinquant'anni dopo, nel 1788 (con la sintesi nota come equazioni di Eulero-Lagrange).). Allo stesso modo, il metodo di Laplace descritto in (1774) [6], ha avuto un impatto importante sulla riformulazione di Hamilton nel 1834 (che dà origine al propagatore classico associato a $\int e^{Mf(x)}\, dx$, for $M \gg 1$) [6] , nonché sui metodi integrali sul percorso negli anni '40 (propagatore quantistico associato a $\int e^{iMf(x)}\, dx, M \gg 1$) [48] .

Dopo Newton, la successiva importante formulazione della teoria classica fu con la descrizione della forza di D'Alembert nel contesto del lavoro virtuale (1743) [7]. Il lavoro virtuale, bilanciando a zero il lavoro effettivamente svolto, è equivalente a una forma delle equazioni di Eulero-Lagrange [8,9], che riacquisiscono le equazioni del moto come prima ma ora con una descrizione molto più semplice dei vincoli olonomi (come per i vincoli rigidi corpi, dove l'equazione del vincolo non è un'equazione differenziale). Nella Sezione 3.3.1 esaminiamo i tipi di vincoli, come quello olonomico. In molte situazioni abbiamo vincoli anolonomi (come per un oggetto che rotola). La complicazione dei vincoli anolonomi è facilmente gestita nella riformulazione di Hamilton in termini del Principio di Minima Azione (1833,1834) [10-13], descritto nel Capitolo 3. Hamilton sposta il fondamento matematico della formulazione teorica in una variazione estremo di un funzionale d'azione definito come integrale di una funzione lagrangiana per un punto particella nel tempo (lungo una traiettoria o percorso). Il minimo variazionale, ad esempio il principio di minima azione, recupera quindi le equazioni di Eulero-Lagrange per descrivere le stesse equazioni del moto di D'Alembert, tranne che ora abbiamo i mezzi per gestire vincoli anolonomi tramite moltiplicatori di Lagrange (brevemente descritti nella Sezione 3.3.1, e poi utilizzato in alcuni esempi nella Sezione 3.3.2).

Hamilton scoprì anche i quaternioni (1843-1850) [14], insieme a Olinde Rodrigues (1840) [15], che sarebbero stati usati per esprimere il primo elettromagnetismo di Maxwell (da discutere in [40]), e per indicare più algebre complesse (un preludio alla meccanica quantistica – che sarà discussa in [42]).

La formulazione variazionale mostrata nel Capitolo 3 'unifica' anche la teoria classica in altri modi [7-14], oltre a gettare un ponte verso la "nuova" teoria quantistica (dettagli in [42]). Questo perché la teoria quantistica può essere espressa in termini di una formulazione integrale oscillatoria, dove il vincolo di avere un'azione minima non è raggiunto come una regola variazionale fondamentale, ma come conseguenza della somma di tutti i percorsi di movimento le cui azioni entrano come termini di fase in un integrale altamente oscillatorio (sviluppo matematico iniziale dal metodo di Laplace [6]), che a sua volta seleziona le equazioni classiche del moto come approssimazione di ordine zero all'integrale oscillatorio (fase stazionaria). Al primo ordine abbiamo effetti semi-classici, e la somma della descrizione quantistica completa fornisce la teoria quantistica completa (vedere [42] per ulteriori dettagli).

Il capitolo 3 esplora specificamente l'applicazione della formulazione dell'azione minima in termini di un funzionale (l'azione) sulla funzione lagrangiana integrata lungo un percorso specificato. Una vasta gamma di sistemi classici può essere descritta con tale applicazione della metodologia variazionale. Esistono due modi principali per formulare il funzionale dell'azione legati dalla trasformazione di Legendre: (i) il suddetto metodo lagrangiano e (ii) il metodo hamiltoniano. L'Hamiltoniana, che sarà descritta (con applicazioni) nel Capitolo 6, è associata alle quantità conservate del sistema, se esistono, come l'energia. In quest'ultimo senso, di descrivere le quantità conservate del sistema, nel Capitolo 3 viene introdotta l'Hamiltoniana, per esprimere tali quantità conservate nelle soluzioni. L'analisi dalla prospettiva di un'analisi variazionale hamiltoniana completa, tuttavia, non viene eseguita fino al Capitolo 6. Le sezioni molto brevi intermedie includono il Capitolo 4 Misurazione classica; e capitolo 5 Movimento collettivo.

I capitoli 3, 6 e 8 descrivono la formulazione hamiltoniana del primo ordine in termini di coordinate canoniche. La rappresentazione nello spazio delle fasi della dinamica del sistema in termini di coordinate canoniche consente quindi di esplorare le proprietà dell'Hamiltoniana vista come una funzione di mappatura su uno spazio delle fasi. Troviamo che tali mappature conservano l'area e ci permettono di descrivere il comportamento del sistema asintotico con facilità in molte situazioni, comprese situazioni che dimostrano chiaramente un fenomeno radicalmente nuovo: il "caos". L'onnipresenza del caos, e dei sistemi classici "al limite del caos", viene poi descritta nel capitolo 7.

L'"universalità" del caos è stata dimostrata nell'articolo di Feigenbaum del 1976 [19]. Questa universalità si verifica presupponendo che la funzione di mappatura abbia un massimo locale quadratico (parabolico). Feigenbaum indica che questa è una relazione normale ma non la elabora ulteriormente. Risulta che avere una forma quadratica per il massimo locale (vicino a un punto critico) è una proprietà generale del calcolo delle variazioni e degli spazi di Hilbert nota come lemma di Morse-Palais [20,21]. L'assunto alla base dell'universalità del caos è valido se esiste una funzione sufficientemente regolare vicino a punti critici di interesse, ad esempio, che esista una descrizione molteplice (con una funzione regolare). Supponiamo di capovolgere la situazione (come verrà fatto in [47]) e supponiamo che il caos sia un limite fondamentale, sempre presente. Se questo è vero, allora Morse-Palais deve essere sempre applicabile, quindi abbiamo una varietà (geometria). Ciò è interessante perché prima ancora di arrivare ai campi/geometrie dinamici (varietà) in [41] vediamo la prova di un tale costrutto matematico esistente come conseguenza dell'universalità, beh, dell'Universalità [19].

Il capitolo 8 approfondisce le proprietà più esplicite delle coordinate canoniche e delle trasformazioni tra di esse. Ciò consente di scegliere coordinate canoniche che semplificano notevolmente l'analisi disaccoppiando le equazioni del moto e rendendole costanti del moto, o coordinate del moto, in molti casi. Il caso più disaccoppiato è descritto da quella che è nota come equazione di Hamilton-Jacobi, che, quando spostata nel formalismo degli operatori per la teoria quantistica, descritta in [42], diventa la familiare equazione di Schrödinger. Un'altra formulazione, in termini di variabili canoniche opportunamente scelte, dà origine alla formulazione della parentesi di Poisson. Anche questo viene discusso, non per la sua applicazione nella fisica classica *di per sé* , ma a causa del suo banale passaggio a una formulazione con operatore commutatore per arrivare all'altra (la prima) riformulazione quantistica della teoria classica (la formulazione di Heisenberg). Il capitolo 9 continua con un altro vantaggio della formulazione hamiltoniana, una quantità conservata in molti sistemi, attraverso la sua applicazione alla teoria delle perturbazioni. Viene discusso l'uso delle hamiltoniane sia nel contesto classico che in quello *della perturbazione quantistica*. Il capitolo 9 descrive anche l'analisi dimensionale, che se presa insieme all'analisi delle quantità conservate, può dare origine a soluzioni sorprendenti basate solo sull'autosimilarità – con alcuni esempi classici forniti. Esercizi extra sono inseriti nel capitolo 10.

La meccanica classica descritta in questo libro tocca solo brevemente le correzioni relativistiche speciali, cioè si concentra sulla materia particellare che si muove a velocità non relativistiche. Pertanto, in questo libro c'è l' approssimazione del tempo assoluto, una nozione di simultaneità e di trasmissione istantanea della forza con il cambiamento della posizione della sorgente. Si noti che questa separazione della relatività speciale dalla fisica classica di questo libro è anche ragionevole, fisicamente, in quanto al livello della materia particellare, non relativistica, esaminata ci sono poche opportunità di vedere effetti relativistici speciali. Vedere la Sezione 3.3.2 per una prima indicazione sperimentale dell'esistenza di una grandezza a 4 vettori per l'energia-impulso nella formula di scattering Compton. Un altro esempio in cui furono osservati effetti relativistici, sebbene non realizzati all'epoca, furono gli esperimenti di Fizeau sulla propagazione della luce attraverso l'acqua corrente (1851) [22]. (Einstein osservò che " i risultati sperimentali che lo influenzarono maggiormente furono le osservazioni dell'aberrazione stellare e le misurazioni di Fizeau sulla velocità della luce nell'acqua in movimento " [23].) L'esperimento di Fizeau (Sezione 4.3) dà origine ad una velocità relativistica 4 -calcolo della somma vettoriale (per l'effetto Doppler relativistico). Una volta rivelato l'effetto Doppler relativistico, tutta la relatività speciale può essere recuperata mediante il Bondi K-calcolo (descritto in [40]).

Una volta arrivati ai concetti di campo di forza dinamico in [40], viene rivelata la trasformazione di Lorentz sulle equazioni di Maxwell (come 4 vettori) (1899), e l'estensione di queste trasformazioni a tutta la materia *alla* Einstein segue poi nel 1905. Per questo ragione, la teoria della relatività ristretta, il contesto e le soluzioni dei problemi si trovano in [40] su Fields.

Pertanto, i campi descritti in questo libro, se non del tutto, sono statici o stazionari, dove la discussione del loro ruolo dinamico generale è rinviata a [40]. Anche i sistemi meccanici classici considerati sono semplici in quanto solo pochi elementi interagiscono e sono in movimento in un dato momento. I collegamenti ai sistemi con molti elementi sono lasciati principalmente a [44] sulla Meccanica Statistica. Anche a livello della meccanica classica, tuttavia, possiamo ancora vedere segni preliminari di nuovi fenomeni (a causa dei fenomeni emergenti della Martingala e del comportamento della Legge dei Grandi Numeri, LLN). Da ciò possiamo cominciare a vedere che ci sono nuovi parametri fondamentali, come l'entropia (discussa in [41], per quanto riguarda la geometria dell'informazione, e nel Libro 6 sulla Meccanica Statistica).

Si noti che prima di arrivare a [44] sulla Meccanica Statistica, dove viene esplorato principalmente il ruolo fondamentale dell'entropia, avremo già "scoperto" l'entropia nel contesto della teoria dell'apprendimento statistico su una *varietà neuro* (presentata in [41]. Quando l'apprendimento statistico viene eseguito su una costruzione di rete neurale (NN) con apprendimento NN tramite Aspettativa/Massimizzazione, il processo di apprendimento può essere descritto utilizzando la geometria dell'informazione. La geometria dell'informazione è un formalismo di geometria differenziale applicato a famiglie di distribuzioni nei processi di apprendimento statistico Nell'apprendimento statistico ottimale si può dimostrare che l'entropia viene selezionata per nozioni 'locali' di distanza distribuzionale in un processo simile alla distanza euclidea (spazio-tempo piatto) selezionata come nozione geometrica locale di distanza molteplice. In questo modo, l'entropia viene individuata come misura locale, proprio come viene selezionato lo spazio-tempo localmente piatto (con la metrica Minkowski locale), l'implementazione diretta dell'apprendimento statistico, sotto forma di apprendimento SVM basato sull'intelligenza artificiale [24], è in realtà un esercizio. nell'ottimizzazione lagrangiana con vincoli di disuguaglianza anolonomica (vedi [24]), quindi sarà direttamente accessibile a coloro che hanno padroneggiato il materiale di questo libro.

Ora cominciamo... con Newton.

Capitolo 2. Newton, Leibnitz e D'Alembert

Le descrizioni matematiche della fisica devono tentare di giustificare il motivo per cui la loro descrizione dovrebbe essere in un certo modo o evolversi in un certo modo, tra tutte le possibilità matematicamente esprimibili. La risposta, soprattutto all'indomani della filosofia sposata da Maupertus e Leibnitz [2], è tipicamente una qualche forma di ottimo selezionato sullo stato o sul percorso del movimento (percorso più breve, per esempio). Data l'idea di cercare un estremo variazionale, è logico che ci sia l'invenzione (o la scoperta) del calcolo variazionale.

Prima del 1660, la fisica pre-calcolo aveva acquisito un corpo di dati osservativi, ma non aveva ancora inventato la matematica per affrontare la descrizione di traiettorie e percorsi estremi (quali si dimostrerà essere quelle traiettorie). Questo non vuol dire che non si fosse già verificato uno sviluppo critico della matematica, risalente all'invenzione della trigonometria primitiva con il concetto del seno dell'angolo (il seno era usato nell'inseguimento delle stelle dagli astronomi indiani, nel periodo Gupta, ma l'uso del metodo potrebbe risalire agli antichi Babilonesi con future scoperte [75]).

Il calcolo flussionale di Newton fu inventato nel 1665-1666 (durante la peste londinese), ma evitò l'uso diretto degli infinitesimi nell'esprimere le sue conclusioni. Il calcolo di Leibniz accetta fin dall'inizio l'uso e la validità degli infinitesimi e nel 1675 iniziò lo sviluppo della notazione per gli infinitesimi che è ancora in uso oggi. La validità matematica formale dell'uso degli infinitesimi dovette attendere fino al 1963 per l'"Analisi non standard" di Abraham Robinson [76,77].

La descrizione fisico-matematica della realtà si affermò quindi con lo sviluppo del calcolo infinitesimale intorno al 1660 [1,2]. Il calcolo variazionale, in particolare, fornisce soluzioni fisiche e descrizioni della realtà conformi all'osservazione, dove la descrizione fisica della realtà è sotto forma di un estremo variazionale [6,10,11]. Questo è descritto in dettaglio in Meccanica Classica e Teoria dei Campi Classica. Avere un processo variazionale per selezionare l'ottimo spesso comporta la risoluzione di qualche forma di equazione differenziale (rivista in dettaglio nell'Appendice). Questo va bene se riesci a risolvere l'equazione

11

differenziale, ma se non ci riesci è utile avere qualche altra metodologia di analisi per selezionare le equazioni del moto. Pertanto, è stato riconosciuto molto presto che si poteva avere un processo di selezione basato su costruzioni integrali altamente oscillatorie che si autoselezionano per la loro componente di fase stazionaria [6]. Quest'ultimo percorso getterà infine le basi per l'approccio Path Integral alla fisica quantistica (vedi [42]) e a tutta la fisica classica che è venuta prima come caso speciale.

L'introduzione di concetti di fisica matematica prima della validazione matematica formale è un tema ricorrente in fisica. Un altro esempio simile è l'introduzione della funzione delta da parte di Dirac, formalizzata tramite la teoria della distribuzione L ^{2} [78] (questo è ciò che è fondamentale nella formulazione quantistica sottostante, autoaggiunta).

2.1 Legge della forza di Newton e, con Leibnitz, invenzione del calcolo infinitesimale

Cominciamo con una riaffermazione delle tre leggi di Newton:

1a ^{Legge} : $\frac{dp}{dt} = 0$ se $F = 0$, dove $p = mv$ e m è la massa, ed v è la velocità.

2a ^{Legge} : $\frac{dp}{dt} = F \rightarrow F = ma$.

3a ^{Legge} : La forza esercitata tra due oggetti è uguale e contraria.

$$(2\text{-}1)$$

E, quando c'è più di una particella, abbiamo per l'equazione del moto per l' i- ^{esima} particella:

$$\sum_j \vec{F}_{ji} + \vec{F}_i = \dot{\vec{p}}_\iota ,$$

$$(2\text{-}2)$$

dove $\vec{F}_{ji}$ è la forza della j $^{\text{-esima}}$ particella sull'i $^{\text{-esima}}$ particella ($\vec{F}_{ii} = 0$), $\vec{F}_i$ è la forza esterna netta sull'i - esima ^{particella}, ed $\dot{\vec{p}}_i$ è la derivata temporale della quantità di moto dell'i - esima particella. Ricordiamo la 3a legge di Newton , dove la forza esercitata tra due oggetti è uguale e opposta, cioè $\vec{F}_{ji} = -\vec{F}_{ij}$. Questa è chiamata legge debole di azione e reazione [25].

Nel Capitolo 1 Problema 6 (pag 31) di Goldstein [25], delineato di seguito, troviamo che le equazioni standard del moto per la posizione del centro di massa e la quantità di moto, prese come punto di partenza, non solo indicano la legge debole dell'azione e reazione, ma anche la legge forte, *dove le forze giacciono strettamente lungo la linea che congiunge gli oggetti* . Questo risultato conveniente si verifica perché le equazioni del moto del sistema si riferiscono implicitamente alle leggi di conservazione a livello di sistema, quindi, viste al contrario, vediamo leggi di conservazione globali che vincolano le dinamiche locali e le descrizioni delle forze locali in modo tale che le forze tra gli oggetti giacciono strettamente lungo la linea che unisce gli oggetti. Questo verrà sviluppato più estesamente nel contesto del Teorema di Noether [26] in una sezione successiva. Per ora, consideriamo il sistema del centro di massa in dettaglio, iniziando con una descrizione della coordinata del centro di massa che ha equazione del moto:

$$\vec{R} = \frac{\sum m_i \vec{r}_i}{\sum m_i}; \quad M = \sum m_i; \quad M \frac{d^2 \vec{R}}{dt^2} = \sum_i \vec{F}_i = \vec{F}^{(ext)},$$

dove questo si riferisce alle equazioni del moto dei singoli oggetti dopo l'eliminazione delle coordinate del centro di massa:

$$\sum m_i \frac{d^2 \vec{r}_i}{dt^2} = \sum_i \vec{F}_i.$$

Un confronto diretto con la singola equazione del moto sopra, quando viene sommata sugli oggetti, mostra che dobbiamo avere:

$$\sum_{i,j} \vec{F}_{ji} = 0 \rightarrow \vec{F}_{12} = -\vec{F}_{21},$$

(2-3)

Nel caso fondamentale di due oggetti, quindi, otteniamo la legge debole di azione e reazione (finora). Rivolgiamo ora la nostra attenzione alla descrizione del sistema di movimento angolare (intorno al centro), che si riferisce alla conservazione del momento angolare. A partire dal momento angolare del sistema e dalla variazione del momento angolare con la coppia esterna:

$$L = \sum_i \vec{r}_i \times \vec{p}_i; \quad \frac{dL}{dt} = \sum_i \vec{r}_i \times \vec{F}_i,$$

per prima cosa prendiamo direttamente la derivata temporale:

$$\frac{dL}{dt} = \sum_i \dot{\vec{r}}_i \times \vec{p}_i + \vec{r}_i \times \dot{\vec{p}}_i = \sum_i \vec{r}_i \times \dot{\vec{p}}_i$$

Un confronto diretto delle derivate temporali del momento angolare indica quindi che dobbiamo avere:

13

$$\sum_{i,j} \vec{r}_i \times \vec{F}_{ji} = 0.$$

(2-4)

Ancora una volta, concentriamoci su due oggetti che interagiscono (etichettati 1 e 2): $\vec{r}_1 \times \vec{F}_{21} + \vec{r}_2 \times \vec{F}_{12} = 0$,e poiché $\vec{F}_{ji} = -\vec{F}_{ij}$già, dobbiamo avere: $(\vec{r}_1 - \vec{r}_2) \times \vec{F}_{12} = 0$,completando la legge forte della prova di azione-reazione -- le forze giacciono strettamente lungo la linea che congiunge gli oggetti (permettendo una potenziale descrizione della funzione in un'analisi successiva).

2.2 Principio dei lavori virtuali di D'Alembert

Questa sezione riassume l'argomentazione di D'Alembert in notazione moderna secondo [25,37]. Supponiamo che il sistema sia in equilibrio, cioè $\vec{F}_i = 0$, allora chiaramente $\vec{F}_i \cdot \delta \vec{r}_i = 0$. Quindi, $\sum \vec{F}_i \cdot \delta \vec{r}_i = 0$, che ora scomponiamo come:

$$\vec{F}_i = \vec{F}_i^{(a)} + f_i,$$

(2-5)

dove $\vec{F}_i^{(a)}$ è la forza applicata e f_iè la forza di vincolo. Così,

$$\Sigma_i^{\square} \vec{F}_i^{(a)} \cdot \delta \vec{r}_i + \Sigma_i^{\square} \vec{f}_i \cdot \delta \vec{r}_i = 0,$$

dove $\delta \vec{r}_i$possono essere spostamenti arbitrari. Ci limitiamo ora alla situazione in cui il lavoro virtuale netto dovuto alle forze di vincolo è zero, $\Sigma_i^{\square} \vec{f}_i \cdot \delta \vec{r}_i = 0$per ottenere quindi:

$$\Sigma_i^{\square} \vec{F}_i^{(a)} \cdot \delta \vec{r}_i = 0.$$

Supponiamo che il sistema sia ora in un contesto generale, $\vec{F}_i = \dot{\vec{p}}_i$se dividiamo la forza di vincolo come prima:

$$\Sigma_i^{\square} \left(\vec{F}_i^{(a)} - \dot{\vec{p}}_i \right) \cdot \delta \vec{r}_i + \Sigma \vec{f}_i \cdot \delta \vec{r}_i = 0$$

e, con la stessa ipotesi di lavoro virtuale netto pari a zero a causa dei vincoli, otteniamo:

$$\Sigma_i^{\square} \left(\vec{F}_i^{(a)} - \dot{\vec{p}}_i \right) \cdot \delta \vec{r}_i = 0, \qquad D'Alembert's\ principle$$

(2-6)

Dalla forma precedente dobbiamo trasformare in coordinate generalizzate indipendenti l'una dall'altra, in modo tale che i coefficienti degli spostamenti possano essere impostati a zero separatamente:

$$\vec{r}_i = \vec{r}_i(q_1, q_2, \dots q_n, t) \rightarrow \delta \vec{r}_i = \Sigma_j^{\square} \frac{d\vec{r}_i}{\partial q_j} \delta q_j.$$

14

Consideriamo innanzitutto la trasformazione della $\vec{F}_i^{(a)} \cdot \delta\vec{r}_i$ parte (eliminando l'apice 'applicato'):

$$\Sigma_i^{\square}\vec{F}_i \cdot \delta\vec{r}_i = \Sigma_{i,j}^{\square}\vec{F}_i \cdot \frac{\partial\vec{r}_i}{\partial q_j}\delta q_j = \Sigma_j^{\square}Q_j\delta q_j$$

$$\rightarrow \quad Q_j = \Sigma_i^{\square}\vec{F}_i \cdot \frac{\partial\vec{r}_i}{\partial q_j}$$

(2-7)

dove non è necessario che la dimensione di Q sia la dimensione della forza, né le coordinate generalizzate le dimensioni della lunghezza, ma il loro prodotto deve comunque essere la dimensione del lavoro.

Consideriamo ora la trasformazione del $\Sigma_i^{\square}\dot{p}_i \cdot \delta\vec{r}_i$ termine:

$$\Sigma_i^{\square}\dot{p}_i \cdot \delta\vec{r}_i = \Sigma_i^{\square}m_i\ddot{\vec{r}}_i \cdot \delta\vec{r}_i = \Sigma_{i,j}^{\square}m_i\ddot{\vec{r}}_i \cdot \frac{\partial\vec{r}_i}{\partial q_j}\delta q_j$$

$$= \Sigma_{i,j}^{\square}\left\{\frac{d}{dt}\left(m_i\dot{\vec{r}}_i \cdot \frac{\partial\vec{r}_i}{\partial q_j}\right) - m_i\dot{\vec{r}}_i\frac{d}{dt}\left(\frac{\partial\vec{r}_i}{\partial q_j}\right)\right\}\delta q_j$$

Ora,

$$\frac{d}{dt}\left(\frac{\partial\vec{r}_i}{\partial q_j}\right) = \Sigma_k^{\square}\frac{\partial^2\vec{r}_i}{\partial q_j\partial q_k}\dot{q}_k + \frac{\partial^2\vec{r}_i}{\partial q_j\partial t} = \frac{\partial}{\partial q_j}\frac{d\vec{r}_i}{dt} = \frac{\partial\dot{\vec{r}}_i}{\partial q_j}.$$

Inoltre, passando a $\dot{\vec{r}}_i = \vec{v}_i$:

$$\frac{\partial\vec{v}_i}{\partial\dot{q}_j} = \frac{\partial}{\partial\dot{q}_j}\left\{\Sigma_k^{\square}\frac{\partial r_i}{\partial q_k}\dot{q}_k + \frac{\partial r_i}{\partial t}\right\} = \frac{\partial r_i}{\partial q_j}$$

Ora possiamo scrivere

$$\Sigma_i^{\square}\dot{p}_i \cdot \delta\vec{r}_i = \Sigma_i^{\square}\left\{\frac{d}{dt}\left(m_i\vec{v}_i \cdot \frac{\partial\vec{v}_i}{\partial\dot{q}_j}\right) - m_i\vec{v}_i \cdot \frac{\partial\vec{v}_i}{\partial q_j}\right\}$$

$$= \Sigma_i^{\square}\left\{\frac{d}{dt}\left(\frac{\partial}{\partial\dot{q}_j}\left(\Sigma_i^{\square}\frac{1}{2}m_i\vec{v}_i^2\right)\right) - \frac{\partial}{\partial q_j}\left(\Sigma_i^{\square}\frac{1}{2}m_i\vec{v}_i^2\right)\right\}$$

e scrivendo il termine energia cinetica $\Sigma_i^{\square}\frac{1}{2}m_i\vec{v}_i^2 = T$, otteniamo il Principio di D'Alembert nella forma:

$$\Sigma_j^{\square}\left[\left\{\frac{d}{dt}\left(\frac{\partial T}{\partial\dot{q}_j}\right) - \frac{\partial T}{\partial q_j}\right\} - Q_j\right]\partial q_j = 0.$$

(2-8)

Usando la Forza scritta in termini di una funzione potenziale $\vec{F}_i = -\nabla_i V$ (dove le superfici equipotenziali sono ben definite in relazione alle "linee di campo"), abbiamo:

$$Q_j = \Sigma_i^{\square}\vec{F}_i \cdot \frac{\partial\vec{r}_i}{\partial q_j} = -\Sigma\nabla_i V \cdot \frac{\partial\vec{r}_i}{\partial q_j} = -\frac{\partial V}{\partial q_j}$$

15

Se ora introduciamo la Lagrangiana standard $L = T - V$, troviamo che il principio di D'Alembert dà origine alle equazioni del moto espresse in termini della Lagrangiana:

$$\frac{d}{dt}\left(\frac{\partial L}{\partial \dot{q}_j}\right) - \frac{\partial L}{\partial \dot{q}_j} = 0,$$

(2-10)

dove quest'ultima forma succinta delle equazioni del moto è nota come equazioni di Eulero-Lagrange (EL). Ciò completa la derivazione delle equazioni EL mediante il principio di D'Alembert; nel prossimo capitolo eseguiremo una diversa derivazione dell'equazione EL nel contesto del Principio di Minima Azione di Hamilton.

Consideriamo ora alcuni dei campi di forza o fenomenologia più semplici. Supponiamo che la forza agisca in un'unica direzione (uniformemente) e sia costante, questo sarebbe un esempio della Forza dovuta alla gravità sulla superficie terrestre, dove $F = -mg$. Se presi con il pendolo semplice abbiamo una descrizione completa poiché tutti gli altri parametri del "sistema" coinvolgono il pendolo (lunghezza del braccio, che è priva di massa, e massa del peso del pendolo):

Esempio 2.1. Il pendolo semplice

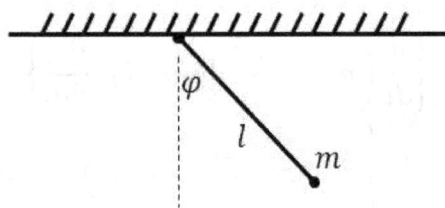

Figura 2.1 Pendolo semplice.

La Lagrangiana è data da $L = KE - PE$ Dove:

$$KE = \frac{1}{2}m(l\dot{\varphi})^2 \quad and \quad PE = -lgm\cos\varphi, \quad thus \ L$$

$$= \frac{1}{2}m(l\dot{\varphi})^2 + lgm\cos\varphi$$

Esercizio 2.1. Quali sono le equazioni del moto del pendolo semplice?

16

Esempio 2.2. La primavera semplice
Consideriamo ora dove la forza non è costante, ma lineare in qualche spostamento, come sarebbe il caso di una molla semplice dove $F = -kx$. Qui k entra come parametro fenomenologico, non come semplice parametro dimensionale, ed è dipendente dal materiale. Le equazioni del moto sono quindi:

$$m\ddot{x} = -kx \rightarrow x = \cos(\omega t) + B sin(\omega t), \quad where\ \omega = \sqrt{\frac{k}{m}}.$$

Esercizio 2.2. *Cos'è la Lagrangiana?*

Esempio 2.3. Il problema delle molle dei tavoli.
Consideriamo una molla con un'estremità attaccata alla superficie di un tavolo e l'altra estremità attaccata ad una massa m. Per il moto planare in coordinate polari abbiamo per l'energia cinetica: $T = \left(\frac{1}{2}\right) m(\dot{r}^2 + r^2\dot{\theta}^2)$. Per l'energia potenziale, dalla legge di Hooke: $\delta W = -kr\delta r$. Le equazioni del moto danno quindi: $m\ddot{r} - mr\dot{\theta}^2 = -kre\ \frac{d}{dt}\left(mr^2\dot{\theta}\right) = 0$.

Esercizio 2.3. Rifare in coordinate rettilinee.

L'ultimo esempio mostra come la familiarità con la manipolazione delle equazioni differenziali sarà utile in quanto segue. Per questo motivo nell'appendice (Appendice A) viene fornita una rassegna delle equazioni differenziali ordinarie, con una breve panoramica in quanto segue immediatamente per comodità. Poi, nella Sezione 3.3.2 verranno forniti molti altri esempi EOM e Lagrangiani, una volta che avremo imparato come gestire i vincoli.

2.3 Panoramica delle equazioni differenziali ordinarie basate su traiettorie semplici
Vengono ora forniti alcuni brevi commenti sul ruolo delle equazioni differenziali ordinarie in questo primo frangente, con ulteriori informazioni di base e numerosi esempi forniti nell'Appendice A. Per quanto segue siamo interessati a forze che sono polinomiali nello spostamento e di ordine basso, quindi ma= F diventa: ma=0; ma=costante; oppure ma= -kx ; come già detto. Poiché $a = \ddot{x}$, vediamo che stiamo descrivendo la famiglia delle equazioni differenziali ordinarie che coinvolgono le derivate del secondo ordine. In una forma più

generale di tale equazione differenziale ordinaria mancherebbero i termini di derivata del primo ordine, e nell'aggiungerli abbiamo ora incluso le forze di attrito standard (se lineari in derivata prima e negative).

Troviamo così, quasi senza sforzo, come i termini aggiunti nell'equazione differenziale ordinaria si riferiscano alla cinematica fisica e alla fenomenologia, e possano anche essere usati da questi (al contrario) per identificare nuovi effetti fisici, come fatto da Landau e Lifshits nella scoperta dell'equazione differenziale ordinaria. Equazione LL [49] e nella categorizzazione di vari fenomeni di accoppiamento [50]. Un'ulteriore analisi dell'interazione tra equazioni differenziali ordinarie e fenomenologia, insieme all'analisi dimensionale, è fornita nel capitolo 9.

Capitolo 3. Principio di minima azione di Hamilton

Otteniamo ora le equazioni di Eulero-Lagrange in un modo diverso, come risultato di un minimo variazionale dato dal Principio di Minima Azione di Hamilton [10-13]. Questo approccio è più di una riformulazione newtoniana poiché è la formulazione radice per la teoria quantistica completa che sarà descritta in [42] e discussa brevemente nella Sezione 3.2. Pertanto, questa sezione è di particolare rilievo in quanto parte dei fondamenti concettuali della teoria quantistica (del propagatore) completamente generalizzata ([42-44]) e della teoria dell'emanatore ([47]).

3.1 Lagrangiana per punto-particella

Consideriamo un oggetto puntiforme e definiamo la sua posizione mediante le coordinate generalizzate $\{q_k\}$, dove per le dimensioni K abbiamo le coordinate: $q_1 \dots q_k \dots q_K$. Introduciamo ora una parametrizzazione temporale (coordinate) t e definiamo i cambiamenti associati delle coordinate generalizzate (posizione) nel tempo, ad esempio le velocità. Quindi, per coordinate $\{q_k\}$ e velocità $\{v_k\}$ abbiamo:

$$v_k = \frac{dq_k}{dt} = \dot{q}_k,$$

(3-1)

per tempo t. All'inizio della fisica si sosteneva [2-13] che i costrutti variazionali minimizzati (come i percorsi) o massimizzati (come l'entropia), dovrebbero determinare il modo in cui i sistemi si evolvono, si propagano o si equilibrano. In quelle discussioni vediamo come la prima descrizione dinamica di Newton, $F = ma$, sia una formulazione di derivata seconda.

Il nome della funzione variazionale di coordinate e velocità, come prima, è "Lagrangiana", ed è indicato con L:

$$L = L(\{q_k\}, \{\dot{q}_k\}) = L(\{q_k\}, \{v_k\}),$$

dove $L = L(\{q_k\}, \{\dot{q}_k\})$ è la forma del preambolo che verrà spesso utilizzato per indicare le variabili indipendenti (variazionalmente rilevanti) nella definizione della funzione, qui le coordinate e le loro velocità. Considera la $2^{a\,legge}$ di Newton senza alcuna forza presente, la lagrangiana per questo è:

19

$$L = L(\{q_k\}, \{v_k\}) = \sum_k \frac{1}{2}m(v_k)^2,$$

oppure, per 1 dimensione, avere L= $(1/2)mv^2$, l'espressione classica dell'energia cinetica. Per recuperare [la 2a legge] di Newton, impostiamo quindi a zero la derivata temporale di ciascuna delle derivate lagrangiane della velocità (*non la derivata temporale della funzione lagrangiana stessa*):

$$\frac{d}{dt}\frac{dL}{dv} = \frac{d}{dt}\frac{d}{dv}\left(\frac{1}{2}mv^2\right) = m\frac{dv}{dt} = ma = 0,$$

recuperando così l'equazione del moto quando non è presente la Forza (ma=F=0). Pertanto, un'espressione diretta di una variazione di una funzione, tale che impostando tale variazione a zero si ottengono le equazioni del moto, è ciò che si ottiene nella "formulazione dell'azione" (espressa per la prima volta da Hamilton nel 1834 con il principio di minima azione [10 -13]). L'azione S viene introdotta in funzione di una funzione (un funzionale) definita dalla seguente relazione integrale lungo percorsi parametrizzati dal parametro temporale t (vedi Figura 2.1):

$$S = \int_{t_1}^{t_2} L(q, \dot{q}, t)dt$$

(3-2)

dove gli indici dei componenti vengono eliminati (o caso unidimensionale). Assumeremo che questo sia un punto di partenza valido per derivare le equazioni del moto e dimostreremo che questo è il caso più avanti nell'analisi (dove questa nozione di azione viene ri-derivata nella formulazione di Hamilton-Jacobi nel Capitolo 8).

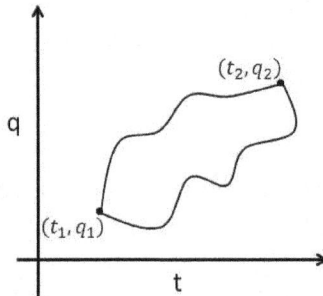

Figura 3.1. L'Azione consiste nell'integrazione della Lagrangiana lungo un percorso specificato. La stazionarietà nella variazione dell'azione, con punti finali fissi, dà luogo alle consuete equazioni di

Eulero Lagrange. Nella figura sono mostrati
due percorsi di integrazione per la
Lagrangiana, con punti finali condivisi
(fissi) tali che $q_1 = q(t_1)$ e $q_2 = q(t_2)$.

Nella formulazione di Hamilton, il movimento è dato dal percorso
parametrizzato nel tempo $q(t)$ che fornisce un valore stazionario per
l'azione (la variazione funzionale è zero) e dove la tipica condizione al
contorno è che i punti finali sui percorsi di movimento siano fissi
all'inizio t_1 e alla fine t_2, cioè $\delta q(t_1) = \delta q(t_1) = 0$. Supponendo che non
vi sia dipendenza diretta dal tempo nella Lagrangiana, abbiamo allora per
la derivata funzionale:

$$0 = \delta S = \delta \int_{t_1}^{t_2} L(q, \dot{q}) dt$$

$$= \int_{t_1}^{t_2} \delta L(q, \dot{q}) dt = \int_{t_1}^{t_2} \left[\left(\frac{\partial L}{\partial q}\right) \delta q + \left(\frac{\partial L}{\partial \dot{q}}\right) \delta \dot{q} \right] dt$$

$$\delta S = \int_{t_1}^{t_2} \left[\left(\frac{\partial L}{\partial q}\right) \delta q + \left(\frac{\partial L}{\partial \dot{q}}\right) \frac{d\delta q}{dt} \right] dt$$

$$= \int_{t_1}^{t_2} \left[\left(\frac{\partial L}{\partial q}\right) \delta q - \frac{d}{dt} \left(\frac{\partial L}{\partial \dot{q}}\right) \delta q + \frac{d}{dt} \left(\frac{\partial L}{\partial \dot{q}} \delta q\right) \right] dt$$

$$\delta S = \left[\frac{\partial L}{\partial \dot{q}} \delta q \right]_{t_1}^{t_2} + \int_{t_1}^{t_2} \left[\left(\frac{\partial L}{\partial q}\right) - \frac{d}{dt} \left(\frac{\partial L}{\partial \dot{q}}\right) \right] \delta q dt$$

Il termine al contorno dell'integrazione per parti è zero poiché i confini
sono fissi per le variazioni considerate. Questo è il caso standard per la
maggior parte dei problemi variazionali che verranno descritti. Esistono
formulazioni alternative, più complesse, con fini non fissi che verranno
discusse secondo necessità. Quindi, ora abbiamo che il principio di
minima azione di Hamilton (forma standard) recupera le equazioni di
Eulero-Lagrange [8], menzionate in precedenza:

$$\delta S = 0 \Rightarrow \left(\frac{\partial L}{\partial q}\right) - \frac{d}{dt} \left(\frac{\partial L}{\partial \dot{q}}\right) = 0.$$

(3-3)

Le equazioni di Eulero-Lagrange verranno utilizzate nelle sezioni che
seguono per ottenere le equazioni del moto in una grande varietà di

21

applicazioni. Prima di passare a questi esempi, tuttavia, c'è molto di più che si può ricavare dalla formulazione dell'azione oltre al semplice recupero delle equazioni del moto: è ora possibile estrarre una varietà di proprietà del movimento e leggi di conservazione.

3.1.1 Proprietà meccaniche indicate dalla formulazione dell'azione

Le sezioni precedenti facevano riferimento al libro di testo di Goldstein [25] numerose volte, e parte dello sviluppo (legge forte di azione-reazione) proveniva dalla risoluzione dei problemi da lì. Andando avanti risolveremo in dettaglio molti dei problemi presentati nel libro di testo di Meccanica di Landau e Lifshitz [27], e seguiremo il loro sviluppo matematico in parte poiché si tratta di un'esposizione delle possibili equazioni differenziali del secondo ordine che possono verificarsi. L'approccio incentrato sull'equazione differenziale ordinaria è utilizzato anche nel testo di Percival [28], quindi questo è un approccio popolare. Il ruolo delle equazioni differenziali ordinarie nello sviluppo della meccanica è reso ancora più esplicito nel lavoro qui presentato, tuttavia, con un'ampia appendice sulle equazioni differenziali ordinarie e problemi/soluzioni per tali (tratto da appunti presi al Caltech in AMa101, un corso di matematica di livello universitario sulle equazioni differenziali ordinarie). Parte dello sviluppo qui presentato accoppia classi di equazioni differenziali ordinarie con classi di movimento, e da lì mostra come arrivare a sistemi generali, compresi quelli con caos. La parte caotica della discussione viene svolta principalmente nella formulazione hamiltoniana simile al libro di testo di Percival [28]. Le sezioni sulla dinamica avanzata attingono dalle soluzioni dei problemi forniti nei libri di testo di Goldstein [25], Landau e Lifshitz [27] e Fetter & Walecka [29]; e dagli appunti dei corsi di Dinamica (Ph 106) e Dinamica Avanzata (Aph107) tenuti al Caltech (ca. 1986).

Seguendo la descrizione data da Landau e Lifschitz, in Meccanica [27], consideriamo innanzitutto un sistema composto da due parti con interazione trascurabile. Scriviamo la Lagrangiana del sistema totale come la semplice somma delle sue due parti:

$$L = L_1 + L_2.$$

La proprietà additiva implica un disaccoppiamento di sistemi non interagenti ma con costante condivisa comune (ad esempio, scelta delle unità). Per dimostrarlo, si consideri la moltiplicazione della Lagrangiana per una costante, le equazioni del moto risultanti rimangono inalterate e i termini separati condividono tutti lo stesso moltiplicatore. Proseguendo in questo senso, considera l'aggiunta di una derivata temporale totale di una funzione (dipendente dalle coordinate e dal tempo) alla definizione data di lagrangiana:

$$\tilde{L} = L + \frac{d}{dt}f(q,t)$$

Il nuovo funzionale dell'azione ottenuto è:

$$\tilde{S} = S + f(q(t_2),t_2) - f(q(t_1),t_1)$$

per cui la variazione è la stessa quando gli endpoint sono fissi:

$$\delta\tilde{S} = \delta S.$$

Pertanto, una lagrangiana definisce la stessa equazione del moto per qualsiasi variazione se differisce per una derivata temporale totale. (Se ci sono condizioni al contorno non fisse o non banali, allora non c'è più invarianza dopo l'aggiunta di una derivata temporale totale.)

Se la Lagrangiana non dipende dalle coordinate spaziali, diciamo che c'è omogeneità nello spazio, lo stesso per il tempo. Se la Lagrangiana non dipende dalla direzione nello spazio, diciamo che esiste isotropia spaziale, mentre per il tempo, parametro unidimensionale, ciò equivale a dire invarianza per inversione temporale. Quindi, se diciamo che non c'è nulla di speciale nella posizione o nel tempo nel descrivere il libero movimento di una particella, allora stiamo dicendo che la lagrangiana per il suo movimento non dovrebbe avere alcuna q, t dipendenza da { }. Inoltre, la dipendenza dalla velocità deve dipendere solo dalla grandezza (per l'isotropia) che può essere convenientemente scritta come dipendenza dalla grandezza della velocità al quadrato:

$$L = L(v^2).$$

Se questa è una forma funzionale valida per la Lagrangiana allora non ci aspettiamo alcun cambiamento sotto lo spostamento di velocità (vero per riferimento temporale assoluto non relativistico, cioè galileiano). Proviamo $\vec{v}' = \vec{v} + \vec{\varepsilon}$:

$$L' = L(v'^2) = L(v^2 + 2\vec{v}\cdot\vec{\varepsilon} + \varepsilon^2) = L(v^2) + \frac{\partial L}{\partial v^2}2\vec{v}\cdot\vec{\varepsilon} + O(\varepsilon^2),$$

è esplicitamente mostrata la derivazione al primo ordine . $\vec{\varepsilon}$ Affinché questo rimanga inalterato al primo ordine, il termine del primo ordine deve essere una derivata temporale totale. Poiché ha già una derivata temporale nella velocità, questo è possibile solo se $\frac{\partial L}{\partial v^2}$ è indipendente dalla velocità (ma diverso da zero), quindi abbiamo $L \propto v^2$, e per convenzione con la specificazione di massa e inerzia di Newton abbiamo:

$$L = \frac{1}{2}mv^2,$$

$$(3\text{-}4)$$

per la particella libera, da cui l'applicazione dell'equazione di Eulero-Lagrange dà equazione del moto $v=$ costante, recuperando la Legge d'Inerzia. Si noti inoltre che $v^2 = \left(\frac{dl}{dt}\right)^2 = \frac{(dl)^2}{(dt)^2}$, dove le espressioni per la metrica, $(dl)^2$, in vari sistemi di coordinate sono:

Cartesiano: $\qquad (dl)^2 = (dx)^2 + (dy)^2 + (dz)^2 \qquad\qquad \Rightarrow$
$L = \frac{1}{2}m(\dot{x}^2 + \dot{y}^2 + \dot{z}^2)$
Cilindrico: $(dl)^2 = (dr)^2 + (r\,d\varphi)^2 + (dz)^2 \qquad\qquad \Rightarrow L =$
$\frac{1}{2}m(\dot{r}^2 + r^2\dot{\varphi}^2 + \dot{z}^2)$
Sferico: $\qquad (dl)^2 = (dr)^2 + (r\,d\theta)^2 + (r\,\sin\theta\,d\varphi)^2 \Rightarrow L =$
$\frac{1}{2}m(\dot{r}^2 + r^2\dot{\theta}^2 + r^2\sin^2\theta\,\dot{\varphi}^2)$

$$(3\text{-}5abc)$$

3.1.2 L'Azione per la libera circolazione
Esempio 3.1. L'azione per la libera circolazione – minimo utilizzo pratico, massima implicazione teorica
Per una particella libera con moto unidimensionale abbiamo $L = T = \frac{1}{2}\dot{x}^2$, per la quale l'azione è:

$$S = \int_{t_A}^{t_B} L\,dt = \int_{t_A}^{t_B} \frac{1}{2}v^2\,dt,$$

dove $v = \frac{x_B - x_A}{t_B - t_A}$ dall'equazione EL. Così,

$$S = \frac{1}{2}\frac{(x_B - x_A)^2}{(t_B - t_A)} \quad\rightarrow\quad S = \frac{1}{2}\frac{(\Delta x)^2}{(\Delta t)} \quad\rightarrow\quad (\Delta x)^2 \cong (\Delta t)\; if\; S$$
$$= constant.$$

Se si $\Delta t = N$ procede a passi temporali, allora $|\Delta x| \approx \sqrt{\Delta t}$, come con una passeggiata casuale (ulteriori dettagli in [45]).

Esercizio 3.1. Ripeti con $L = \cosh v$.

Si noti che l'azione per il movimento libero è come la soluzione dell'equazione di diffusione (soluzione dell'equazione del calore 1D), che è il nostro primo accenno alla possibilità dell'equazione di Schrodinger, e il primo accenno alle formulazioni dell'Integrale di Ito (Integrale di Weiner), visto ancora più tardi con la forma quantistica euclidea attraverso il tempo analitico (tramite la rotazione di Wick, vedere

24

[43,44]). La relazione con la relazione di diffusione in una dimensione è anche un primo indizio delle profonde connessioni tra dinamica e termodinamica in generale - attraverso la meccanica (quantistica) con tempo complesso o analiticità (da discutere in [43,44]). La reificazione delle associazioni o proiezioni di emanazione analitica del trigintaduone, con l'emergere della termicità (termodinamica della martingala), della geometria (cosmologia standard) e della geometria di gauge (il modello standard), è discussa ulteriormente in [45].

Esempio 3.2. Lagrangiana con derivate temporali di ordine superiore
Consideriamo un sistema con la seguente Lagrangiana:

$$L = A\ddot{x}^2 + \frac{1}{2}m\dot{x}^2.$$

L'equazione del moto per un tale sistema può essere ottenuta, univocamente, se richiediamo che l'azione sia un estremo per tutti i cammini con gli stessi valori di x, e tutte le sue derivate temporali, agli estremi dei cammini:

$$S = \int_{t_1}^{t_2} \left(A\ddot{x}^2 + \frac{1}{2}m\dot{x}^2 \right) dt = \int_{t_1}^{t_2} L(\dot{x}, \ddot{x}) dt$$

$$0 = \delta S = \int_{t_1}^{t_2} \left(\frac{\partial L}{\partial \dot{x}} \delta \dot{x} + \frac{\partial L}{\partial \ddot{x}} \delta \ddot{x} \right) dt$$

$$= \int_{t_1}^{t_2} \left(-\frac{d}{dt}\left(\frac{\partial L}{\partial \dot{x}}\right) \delta x - \frac{d}{dt}\left(\frac{\partial L}{\partial \ddot{x}}\right) \delta \dot{x} \right) dt$$

e un'altra integrazione per parti (con i termini al contorno eliminati, quindi le derivate totali eliminate):

$$\delta S = \int_{t_1}^{t_2} \left(-\frac{d}{dt}\left(\frac{\partial L}{\partial \dot{x}}\right) + \frac{d^2}{dt^2}\left(\frac{\partial L}{\partial \ddot{x}}\right) \right) \delta x \, dt = 0 \rightarrow \frac{d^2}{dt^2}\left(\frac{\partial L}{\partial \ddot{x}}\right) - \frac{d}{dt}\left(\frac{\partial L}{\partial \dot{x}}\right)$$

$$= 0$$

L'equazione del moto è quindi:

$$2Ax^{(4)} - m\ddot{x} = 0,$$

dove (4) denota una derivata temporale del quarto ordine.

Esercizio 3.2. Ripeti con $L = A\ddot{x}^3 + \frac{1}{2}m\dot{x}^2 + B\ddot{x}$

3.2 Azione minima da integrali fortemente oscillatori e fase stazionaria

L'estremo variazionale indicato nel principio di minima azione di Hamilton può anche essere ottenuto tramite un integrale funzionale esponenziale di grande grandezza [6], dove l'azione viene valutata lungo

25

ogni percorso, ciascuno dei quali contribuisce con un termine esponenziato con un grande fattore costante (tale che un minimo variazionale domini , secondo la convenzione sul segno negativo riportata di seguito). Questo è utilizzato anche nella formulazione dell'integrale del percorso quantistico [48] (e [42]) dove c'è ancora una grande costante (l'inverso della costante di Planck) ma il termine esponenziale è reso immaginario, cioè ogni percorso ora contribuisce con la sua azione come un termine di fase, dove la fase stazionaria seleziona quindi l'estremo variazionale. Pertanto, la forma integrale classica può essere analiticamente continuata in una forma integrale quantistica che è direttamente rilevante:

$$\int e^{-Mf(x)}\, dx \quad \rightarrow \quad \int e^{iMf(x)}\, dx, \quad M \gg 1.$$

(3-6)

Si noti che la forma integrale classica era una rappresentazione strana, non molto utilizzata poiché si riduceva comunque alla minima azione di Hamilton. Nella sua forma complessa, tuttavia, quando ridotta alla forma differenziale coerente con l'azione minima, otteniamo l'equazione di Schròdinger e recuperiamo la teoria classica all'ordine più basso, con correzioni quantistiche all'ordine superiore (vedere [42] per i dettagli).

La nozione di percorsi multipli, da cui viene selezionato il percorso che conferisce la stazionarietà, è fondamentale per l'approccio PI quantistico alla meccanica quantistica. La quantizzazione PI è equivalente in vari domini alle formulazioni operatore/funzione d'onda (Schrodinger) o operatore autoaggiunto/spazio di Hilbert (Heisenberg), come verrà mostrato in [42], dove la scelta della formulazione per risolvere un problema può essere fondamentale per la sua soluzione. I costrutti classici definiti variazionalmente, in particolare quelli delineati nel Capitolo 8, finiranno per generalizzarsi fino alla formulazione completa della meccanica quantistica (in termini di percorsi di propagazione multipli e di un'azione stazionaria funzionale su tali percorsi). In pratica, la teoria quantistica completa, specialmente per i sistemi legati, è molto più facile da analizzare se passiamo dalla rappresentazione integrale del percorso a una delle formulazioni equivalenti di Heisenberg [16], Schrodinger [17], o Dirac [18], come sarà mostrato in [42]. La formulazione del calcolo degli operatori di Heisenberg si basa su una riformulazione degli operatori dell'Hamiltoniano classico (Capitolo 6); L'equazione di Schrodinger si basa su una riformulazione operatore- funzionale d'onda delle equazioni di Hamilton-Jacobi (Capitolo 8); e la riformulazione assiomatica di Dirac [42] si sposta verso sistemi generali senza

26

necessariamente avere un analogo classico (e si collega anche all'equazione d'onda relativistica per fermioni con spin ½ in ulteriori sviluppi [18]).

Si noti che la rappresentazione integrale classica prevedeva una semplice somma sui cammini (senza ponderazione) e successivamente, con la continuazione analitica verso una formulazione quantistica, avevamo ancora una somma sui cammini non ponderata. Questa caratteristica viene trasferita alla meccanica statistica per diventare il teorema di equipartizione e può essere trovata tramite la continuazione analitica (rotazione di Wick) dal propagatore quantistico alla funzione di partizione meccanica statistica (descritta nei libri 7 e 8 della serie). Pertanto, vi è un numero crescente di prove che le teorie sottostanti, o rappresentazioni teoriche, sono analitiche, e forse in molteplici modi, indicando forse che sono fondamentalmente ipercomplesse (discusse più avanti nel Libro 9).

3.3 Lagrangiana per sistemi di particelle

Consideriamo ora un gruppo di particelle che si muovono liberamente, la Lagrangiana consiste in termini di energia cinetica:

$$L = T = \sum_a \frac{1}{2} m_a \, v_a{}^2,$$

(3-7)

dove l'indice "a" spazia tra le diverse particelle, con esplicita la lagrangiana per il movimento unidimensionale. Il movimento multidimensionale (tipicamente tridimensionale) è implicito laddove gli indici dei componenti sulle quantità vettoriali vengono soppressi. Consideriamo ora le particelle in interazione ed esprimiamo questo come un termine di "energia potenziale" come indicato dalla precedente formulazione D'Alembert/Newtoniana:

$$L = \sum_{a=1} \frac{1}{2} m_a \, v_a{}^2 - U(\vec{r}_1, \vec{r}_2, \dots) = T - U,$$

(3-8)

dove è stata introdotta la notazione standard "T" per l'energia cinetica e "U" per l'energia potenziale. Le equazioni di Eulero-Lagrange, utilizzando esplicitamente la notazione vettoriale standard sulle velocità, producono quindi:

$$m_a \frac{d\vec{v}_a}{dt} = -\frac{\partial U}{\partial \vec{r}_a} = \vec{F},$$

(3-9)

dove F è la familiare forza newtoniana. Notate che per arrivare a questo dalla Lagrangiana vediamo ancora una volta l'introduzione di una funzione potenziale senza riferimento al tempo o alla trasmissione di informazioni, ad esempio fa riferimento ad un tempo assoluto galileiano implicito, con propagazione istantanea delle interazioni. Ovviamente questo inizierà a errare in modo significativo quando le velocità diventeranno relativistiche, ma in questa fase, in cui esaminiamo le proprietà meccaniche classiche in contesti classici (come il movimento del pendolo), questo è un errore trascurabile. Ricordiamo che la lagrangiana rimane invariata all'interno di una costante additiva o di una derivata temporale totale. Finora non stiamo considerando potenziali con dipendenza dal tempo, quindi concentrarci su "immutato entro una costante additiva" significa che siamo liberi di spostare la nostra formulazione lagrangiana nel modo più conveniente per far scendere il potenziale a zero man mano che la distanza tra le particelle aumenta

Consideriamo ora un sistema di due particelle visto dal punto di vista di un sistema definito in termini della prima particella (ora vista come un sistema aperto). Innanzitutto, la Lagrangiana per sole due particelle è:
$$L = T_1(q_1, \dot{q}_1) + T_2(q_2, \dot{q}_2) - U(q_1, q_2).$$

Supponiamo di avere una soluzione per la seconda particella in funzione del tempo: $q_2 = q_2(t)$, e di sostituire questa soluzione nella nostra lagrangiana. Ciò che risulta è un termine cinetico in cui l'unica variabile indipendente è ora il tempo, quindi può essere visto come una derivata temporale totale e quindi eliminato dalla Lagrangiana senza alterare le sue equazioni del moto. La Lagrangiana equivalente, dove ora la prima particella è descritta in un sistema "aperto" è quindi:
$$L = T_1(q_1, \dot{q}_1) - U(q_1, q_2(t)).$$

La Lagrangiana è ora arrivata alla sua forma principale $L = T - U$, energia cinetica meno energia potenziale. Potrebbe sembrare strano a questo punto avere un'entità fondamentale $T - U$ nel formalismo variazionale, quando governa la conservazione dell'energia complessiva $T + U$. (Si scopre che quest'ultimo funziona come base anche per un formalismo variazionale, hamiltoniano, a cui parleremo nei capitoli successivi.) Per ora, rimaniamo con la formulazione lagrangiana e passiamo al tipo di "potenziale" implicito in un sistema attraverso vincoli.

3.3.1 Vincoli

I sistemi meccanici spesso gestiscono il movimento vincolato mediante aste, corde, cerniere. Sorgono quindi due nuove questioni: (1) determinare l'effetto del vincolo sui gradi di libertà (le particelle N in 3D hanno 3N gradi di libertà mentre non sono vincolate, se forzate su una superficie, ad esempio, quindi ridotte a 2N gradi di libertà, ecc. .); e (2) attrito. Nei seguenti problemi di esempio assumiamo che l'attrito sia trascurabile, ma torniamo alla discussione dell'attrito e di altre forze fenomenologiche nel capitolo 9.

Se un vincolo è anolonomo le equazioni che esprimono il vincolo non possono essere utilizzate per eliminare le coordinate dipendenti. Consideriamo le equazioni differenziali lineari generali di vincolo della forma:

$$\sum_{i=1}^{n} g_i(x_1, \dots, x_n) dx_i = 0.$$

I vincoli possono spesso essere posti in questa forma ma è integrabile (e olonomica) solo se esiste una funzione integratrice $f(x_1, \dots, x_n)$:

$$\frac{\partial(f g_i)}{\partial x_j} = \frac{\partial(f g_j)}{\partial x_i}.$$

Pertanto, le derivate miste del secondo ordine di una funzione integrabile non dovrebbero dipendere dall'ordine di differenziazione. Come esempio, si consideri un disco che rotola su un piano, con vincolo governato da una coppia di equazioni differenziali (con fattori zero espliciti mostrati):

$$0 d\theta + dx - a \sin\theta \, d\varphi = 0 \quad and \quad 0 d\theta + dy + a \cos\theta \, d\varphi = 0.$$

Per questo abbiamo:

$$\frac{\partial(f(1))}{\partial\theta} = \frac{\partial(f(0))}{\partial x} = 0 \quad \rightarrow \quad \frac{\partial f}{\partial\theta} = 0,$$

Quindi f non ha θ dipendenza. Ma questo non è coerente con:

$$\frac{\partial(f(1))}{\partial\varphi} = \frac{\partial(f(-a \sin\theta))}{\partial x},$$

dove f ha θ dipendenza. Pertanto, gli oggetti rotolanti sono un esempio familiare di un sistema con vincoli anolonomi.

3.3.2 Lagrangiane per sistemi semplici

Se sono presenti vincoli o accoppiamenti semplici, è possibile la valutazione diretta dei termini cinetici. Consideriamo ad esempio il pendolo doppio più semplice (mostrato nella Figura 3.2, costituito da aste prive di massa che uniscono le masse puntiformi). Si noti che i sistemi generali multi-elemento saranno quasi interamente trattati in [44] sulla Meccanica Statistica.

Esempio 3.3 *Il doppio pendolo*

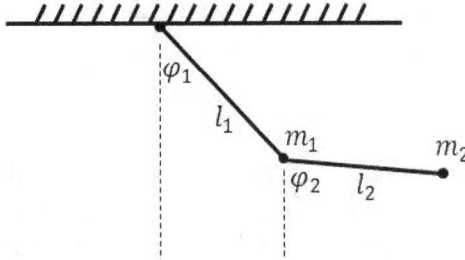

Figura 3.2. Il doppio pendolo.

Descriviamo le coordinate delm_2 messa per (x ,y):
$$x = l_1 sin\varphi_1 + l_2 sin\varphi_2 \quad and \quad y = l_1 cos\varphi_1 + l_2 cos\varphi_2$$
Quindi, prendendo la Lagrangiana come energia cinetica meno energia potenziale, $L = K.E. - P.E.$, determiniamo prima KE:

$$K.E. = \frac{1}{2}m_1(l_1\dot{\varphi}_1)^2$$
$$+ \frac{1}{2}m_2[(l_1 cos\varphi_1\dot{\varphi}_1 + l_2 cos\varphi_2\dot{\varphi}_2)^2$$
$$+ (-l_1 sin\varphi_1\dot{\varphi}_1 - l_2 sin\varphi_2\dot{\varphi}_2)^2]$$
$$= \frac{1}{2}(m_1 + m_2)(l_1\dot{\varphi}_1)^2 + \frac{1}{2}m_2(l_2\dot{\varphi}_2)^2$$
$$+ m_2(l_1\dot{\varphi}_1)(l_2\dot{\varphi}_2)cos\,(\varphi_1 - \varphi_2)$$
$$P.E. = (m_1 + m_2)g(sin\varphi_1)l_1 + m_2 g l_2 sin\varphi_2$$

e la Lagrangiana è quindi:

$$L = \frac{1}{2}(m_1 + m_2)(l_1\dot{\varphi}_1)^2 + \frac{1}{2}m_2(l_1\dot{\varphi}_1)^2 + m_2(l_1\dot{\varphi}_1)(l_2\dot{\varphi}_2)\cos(\varphi_1 - \varphi_2)$$
$$-(m_1 + m_2)g l_1 sin\varphi_1 - m_2 g l_2 sin\varphi_2$$

Esercizio 3.3. Determinare le equazioni del moto.

Consideriamo ora l'effetto su un pendolo semplice di modulare il punto di appoggio in vari modi (orizzontale nell'Es. 3.4; verticale nell'Es. 3.5; e circolare nell'Es. 3.6):

Esempio 3.4. *Il pendolo singolo con supporto oscillante orizzontalmente*
Consideriamo ora il pendolo singolo (Figura 3.3) quando il punto di appoggio è ormai al livello m_1 e oscilla orizzontalmente:

30

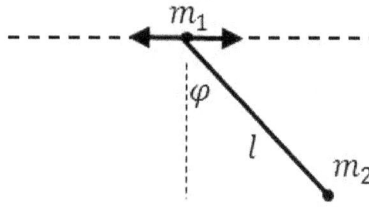

Figura 3.3. Il pendolo singolo con supporto oscillante orizzontalmente.

Specificando attentamente la seconda massa in termini di coordinate cartesiane abbiamo:

$$x_2 = x_1 + l\sin\varphi \quad and \quad y_2 = l\cos\varphi.$$

Quindi, definendo la Lagrangiana con $L = K.E. - P.E.$ abbiamo:

$$K.E. = \frac{1}{2}m_1\dot{x_1}^2 + \frac{1}{2}m_2[(\dot{x_1} + l\cos\varphi\dot\varphi)^2 + (-l\sin\varphi\dot\varphi)^2]$$

$$= \frac{1}{2}m_1\dot{x_1}^2 + \frac{1}{2}m_2[\dot{x_1}^2 + (l\dot\varphi)^2 + 2l\cos\varphi\dot{x_1}\dot\varphi]$$

$$= \frac{1}{2}(m_1 + m_2)\dot{x_1}^2 + \frac{1}{2}m_2(l\dot\varphi)^2 + m_2l\cos\varphi\dot{x_1}\dot\varphi$$

$$P.E. = -lgm_2\cos\varphi$$

$$L = \frac{1}{2}(m_1 + m_2)\dot{x_1}^2 + \frac{1}{2}m_2(l\dot\varphi)^2 + m_2l\cos\varphi(\dot{x_1}\dot\varphi + gl)$$

Esercizio 3.4. Determinare le equazioni del moto.

Esempio 3.5. Pendolo singolo con supporto oscillante verticalmente.
Consideriamo la Figura 3.3, ma con supporto oscillante *verticalmente* .
Specificando la seconda massa in termini di coordinate cartesiane abbiamo:

$$x_2 = x_1 + l\sin\varphi \quad and \quad y_2 = l\cos\varphi.$$

Quindi, definendo la Lagrangiana con $L = K.E. - P.E.$ abbiamo:

$$K.E. = \frac{1}{2}m_1\dot{x_1}^2$$

$$+ \frac{1}{2}m_2[(\dot{x_1} + l\cos\varphi\dot\varphi)^2$$
$$+ (-l\sin\varphi\dot\varphi)^2]$$
$$= \frac{1}{2}m_1\dot{x_1}^2 + \frac{1}{2}m_2[\dot{x_1}^2 + (l\dot\varphi)^2 + 2l\cos\varphi\dot{x_1}\dot\varphi]$$

31

$$= \frac{1}{2}(m_1 + m_2)\dot{x}_1{}^2 + \frac{1}{2}m_2(l\dot{\varphi})^2 + m_2 l cos\varphi \dot{x}_1\dot{\varphi}$$

$$P.E. = -lgm_2 cos\varphi$$

$$L = \frac{1}{2}(m_1 + m_2)\dot{x}_1{}^2 + \frac{1}{2}m_2(l\dot{\varphi})^2 + m_2 l cos\varphi(\dot{x}_1\dot{\varphi} + gl)$$

Esercizio 3.5. Determinare le equazioni del moto.

Esempio 3.6. Il pendolo singolo con supporto a disco rotante (oscillante).

Consideriamo la Figura 3.3, ma con supporto oscillante *del disco rotante* .
Partendo dalle coordinate della massa del pendolo:

$$x = lsin\varphi + asin\gamma t \quad and \quad y = lcos\varphi + acos\gamma t.$$

L'energia cinetica vale quindi:

$$K.E. = \frac{1}{2}m([lcos\varphi\dot{\varphi} + a\gamma cos\gamma t]^2$$
$$+ [-lsin\varphi\dot{\varphi} + a\gamma sin\gamma t]^2)$$
$$= \frac{1}{2}m(l\dot{\varphi})^2 + m\gamma al\dot{\varphi}[cos\varphi cos\gamma t + sin\varphi sin\gamma t]$$
$$= \frac{1}{2}m(l\dot{\varphi})^2 + m\gamma al\dot{\varphi}(cos(\varphi - \gamma t))$$

e l'energia potenziale è:

$$P.E. = -gmlcos\varphi + gmacos\gamma t$$

$$L = \frac{1}{2}m(l\dot{\varphi})^2 + m\gamma al\dot{\varphi}(cos(\varphi - \gamma t) + gm(lcos\varphi - acos\gamma t)$$
$$= \frac{1}{2}m(l\dot{\varphi})^2 + mla\gamma^2 sin(\varphi - \gamma t) + mglcos\varphi$$

Esercizio 3.6. Determinare le equazioni del moto.
Consideriamo ora il caso in cui il braccio del pendolo sia una molla (vedi Figura 3.4).

Esempio 3.7 Il pendolo singolo con molla per il supporto del braccio del pendolo .

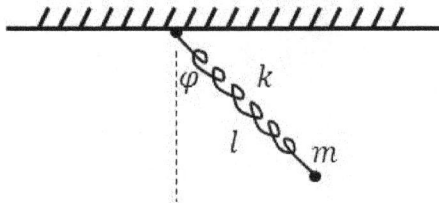

32

Figura 3.4. Il pendolo singolo con molla per il supporto del braccio a pendolo.

$$L = \frac{1}{2}m(\dot{r}^2 + r^2\dot{\theta}^2) + mgr\cos\theta - \frac{1}{2}k(r - l)^2$$

$$\frac{d}{dt}\left(\frac{\partial L}{\partial \dot{r}}\right) - \frac{\partial L}{\partial r} = m\ddot{r} - mg\cos\theta + k(r - l)$$

$$+ mr\dot{\theta}^2 = 0$$

$$\frac{d}{dt}\left(\frac{\partial L}{\partial \dot{\theta}}\right) - \frac{\partial L}{\partial \theta} = mr^2\ddot{\theta} + mgr\sin\theta = 0$$

Consideriamo piccole oscillazioni dovute alla molla in modo tale che la lunghezza del braccio possa essere scritta come $r = l + \varepsilon$ con $\varepsilon \ll l$ e prendendo anche un piccolo angolo di oscillazione, possiamo scrivere un piccolo risultato di oscillazione e identificare le frequenze di risonanza (questo è un esempio di una semplice analisi di piccole oscillazioni, con una descrizione più estesa per un'analisi più complessa delle piccole oscillazioni fornita nella Sezione 3.8). Al primo ordine abbiamo:

$$m\ddot{\varepsilon} - mg + k\varepsilon = 0 \quad and \quad ml^2\ddot{\theta} + mgl\theta = 0.$$

Quindi, abbiamo piccole soluzioni di oscillazione:

$$\varepsilon = A\cos\left(\omega_0^{(1)}t + \alpha\right) + \frac{mg}{k} \quad \rightarrow \quad \omega_0^{(1)} = \sqrt{\frac{k}{m}}$$

E

$$\theta = B\cos\left(\omega_0^{(2)}t + \beta\right) \rightarrow \quad \omega_0^{(2)} = \sqrt{\frac{g}{l}}.$$

Esercizio 3.7. Cosa succede se $\omega_0^{(1)} = \omega_0^{(2)}$.

Consideriamo ora quando il braccio del pendolo può sopportare la tensione ma non la compressione (es. si tratta di una corda).

Esempio 3.8. Il pendolo singolo con supporto di sola tensione per la massa del pendolo.
Consideriamo la Figura 3.4, ma con supporto *di tensione* . Anche in questo caso abbiamo il pendolo semplice, con massa m tenuto da un filo (o filo) di lunghezza l, e consideriamo ora la tensione nel filo. Vorremmo esaminare il regime olonomico in cui la tensione delle corde non si allenta. Ancora una volta abbiamo in coordinate polari, per potenziale $U = -mgr\cos\theta$:

$$L = \frac{1}{2}m(\dot{r}^2 + r^2\dot{\theta}^2) + mgl\cos\theta$$

Così

$$E_T = \frac{1}{2}ml^2\dot{\theta}^2 - mgl\cos\theta$$

dove la forza effettiva che agisce sul filo è radiale. Usiamo l'equazione EL per la coordinata r:

$$\frac{d}{dt}\left(\frac{\partial L}{\partial \dot{r}}\right) - \frac{\partial L}{\partial r} = Q_r$$

(3-10)

Poiché $Q_r = -T_r$, la tensione della corda, abbiamo allora:

$$m\ddot{r} - mr\dot{\theta}^2 - mg\cos\theta = -T_r \;\;\rightarrow\;\; T_r = \frac{2}{l}E_T + 3mg\cos\theta$$

$$0 \leq \frac{2}{l}E_T + 3mg\cos\theta \;\;\rightarrow\;\; E_T \geq -\frac{3}{2}mgl\cos\theta,$$

Per una corda o una corda tesa. Se esiste un angolo massimo, θ_{max}, abbiamo:

$$E_T = -mgl\cos\theta_{max} \quad and \quad 0 \leq \frac{2}{l}E_T + 3mg\cos\theta_{max}$$

$$0 \leq -2mg\cos\theta_{max} + 3mg\cos\theta_{max} \;\;\rightarrow\;\; 0 \leq \cos\theta_{max} \;\;\rightarrow\;\; 0 \leq \theta_{max}$$
$$\leq 90$$

Quindi se esiste un angolo massimo per il moto con filo teso esso deve giacere in $0 \leq \theta_{max} \leq 90$, con energia del sistema:
$$-mgl \leq E_T \leq 0.$$
Se non esiste un angolo massimo con tensione, allora stiamo soddisfacendo la condizione $E_T \geq -\frac{3}{2}mgl\cos\theta$ per qualsiasi angolo, quindi abbiamo:

$$E_T \geq \frac{3}{2}mgl$$

Spostiamo ora l'energia potenziale in modo tale che abbia il pendolo a riposo $E = 0$, quindi l'intervallo di valori di energia in cui viene mantenuta la tensione della corda è:

$$0 \leq E_T < mgl \quad and \quad \frac{5}{2}mgl \leq E_T < \infty.$$

Esercizio 3.8. Come passare dalla librazione alla rotazione?

Esempio 3.9. Un pendolo con movimento di sostegno orizzontale con forza di richiamo della molla .
Consideriamo il problema di un pendolo libero di muoversi in direzione orizzontale il cui punto di appoggio è anche libero di muoversi in direzione orizzontale con costante elastica $k/2$ su entrambi i lati sinistro e destro (simile al problema 3.7 in [29]). Il peso del pendolo ha una massa

$m$collegata tramite un'asta priva di massa $l$al punto di supporto. Il movimento del peso è vincolato a giacere su un piano verticale del movimento del pendolo, dove prendiamo le coordinate come:

$$X = x + l \sin \theta \quad and \quad Y = -l \cos \theta$$

La Lagrangiana è quindi:

$$L = \frac{1}{2} m \left(\dot{X}^2 + \dot{Y}^2 \right) - U, \quad where \; U = \frac{1}{2} k x^2 - mgl \cos \theta$$

che si semplifica in:

$$L(x, \theta) = \frac{1}{2} m \dot{x}^2 + \frac{1}{2} m \left(l \dot{\theta} \right)^2 + m \dot{x} \dot{\theta} l \cos \theta - U.$$

L'equazione EL per $x$dà:

$$m \ddot{x} + \frac{d}{dt} \left(m \dot{\theta} l \cos \theta \right) - k x = 0$$

e l'equazione EL per θdà:

$$m l^2 \ddot{\theta} + \frac{d}{dt} (m \dot{x} l \cos \theta) + m \dot{x} \dot{\theta} l \sin \theta + mgl \sin \theta = 0.$$

Nell'approssimazione delle piccole oscillazioni, le equazioni del moto si riducono a:

$$\ddot{x} + l \ddot{\theta} - \frac{k}{m} x = 0 \quad and \quad \ddot{x} + l \ddot{\theta} + g \theta = 0.$$

Possiamo combinare per vedere una relazione tra (x, θ): $x = \frac{mg}{k} \theta$, che si riduce a un'unica relazione:

$$L \ddot{\theta} + g \theta = 0 \quad where \quad L = l + \frac{mg}{k}.$$

Quindi, per piccole oscillazioni, abbiamo un pendolo di lunghezza effettiva $L = l + \frac{mg}{k}$.

Esercizio 3.9. Rifare con massa M per asta (uniforme).

Esempio 3.10. Quanto in alto puoi oscillare prima che la tensione del supporto vada a zero?

I due sistemi dinamici considerati successivamente hanno Lagrangiane identiche a parte uno spostamento delle coordinate angolari. Entrambi hanno lo stesso vincolo di distanza radiale costante, dove la forza del vincolo che va a zero segna il punto in cui la tensione della corda del pendolo si allenta o quando un oggetto scorrevole lascia una superficie a cupola emisferica . Consideriamo prima il problema del pendolo e affrontiamo la questione di quando la tensione della corda del pendolo arriva a zero.

Il primo problema risponde anche alla domanda se è possibile salire su un'altalena e oscillare in archi sempre più grandi, magari guidati parametricamente, e arrivare a una velocità angolare sufficiente per iniziare a fare rotazioni complete.... La risposta è mai, perché sarebbe necessaria una velocità angolare (al fondo dell'arco) $\omega > \sqrt{(5g/l)}$, con un "salto" o un impulso richiesto poiché una volta che la velocità angolare cresce fino $\omega = \sqrt{(2g/l)}$alla linea di supporto, la tensione va a zero, e inoltre (incrementale o adiabatico)) la crescita dell'energia del sistema non sarà possibile.

La Lagrangiana per il pendolo è ora scritta con un moltiplicatore di Lagrange esplicito τ(vedi nota sotto) per il raggio del pendolo $r$vincolato alla lunghezza l:

$$L = \frac{1}{2}m\left(\dot{r}^2 + r^2\dot{\theta}^2\right) + mgr\cos\theta - \tau(r - l)$$

Le equazioni EL ci danno le equazioni del moto:

$$r: \quad m\ddot{r} - mr\dot{\theta}^2 - mg\cos\theta - \tau = 0$$

$$\theta: \quad \frac{d}{dt}\left(mr^2\dot{\theta}\right) + mgr\sin\theta = 0$$

$$\tau: \quad r - l = 0$$

Da notare l'introduzione di un "moltiplicatore di Lagrange" tale che, quando trattato come un parametro variazionale a sé stante, con una propria equazione EL (mostrata sopra), dove recupera l'equazione di vincolo. L'uso dei moltiplicatori di Lagrange nel seguito sarà, similmente, molto semplice, dove otteniamo, ad esempio, un termine $-\tau(contraint\_body)$, ogni volta che l'equazione di vincolo è $contraint\_body = 0$(ovviamente questo funziona solo per vincoli di uguaglianza, ma esiste una procedura molto simile per vincoli di disuguaglianza come bene [24]).

Dall'equazione θsi ottiene una costante del moto (conservazione dell'energia):

$$\frac{d}{dt}\left(\frac{1}{2}\dot{\theta}^2 - \frac{g}{l}\cos\theta\right) = 0$$

Se definiamo $\dot{\theta} = \omega$in $\theta = 0$:

$$\frac{1}{2}\dot{\theta}^2 - \frac{g}{l}\cos\theta = \frac{1}{2}\omega^2 - \frac{g}{l}$$

Risolvere la tensione τ:

$$\tau = ml\omega^2 - 2mg + 3mg\cos\theta$$

36

Considera quando la tensione (o la forza di vincolo) va a zero:

$$\omega^2 = \frac{g}{l}(2 - 3\cos\theta).$$

Vediamo che esistono soluzioni a tensione zero quando $\frac{g}{l}(2 - 3\cos\theta) \geq$ 0. L'angolo al quale si verifica per primo il vincolo zero è per:

$$\cos\theta = \frac{2}{3} \quad \rightarrow \quad \theta \cong 48°.$$

Ci sono tre domini di interesse nella formula energetica:

Caso 1: $l\omega^2 < 2g$: $2mg\cos\theta = ml\dot{\theta}^2 - ml\omega^2 + 2mg > -2mg + 2mg = 0$.Quindi abbiamo $\cos\theta > 0$, quindi $\theta \leq 45°$e poiché minore di $\theta \cong 48°$, la tensione $\tau > 0$.

Caso 2: $2g < l\omega^2 < 5g$: $2mg\cos\theta = ml\dot{\theta}^2 - (x - 2)mg, where\ 2 < x < 5$. Quindi, può avere $\tau = 0$quando $\cos\theta = \frac{2}{3} - \frac{l\omega^2}{3g}$come già notato.

Caso 3: $l\omega^2 > 5g$: $\omega^2 = \frac{g}{l}(2 - 3\cos\theta)$non può mai essere soddisfatto, quindi la tensione non va mai a zero: il pendolo ruota (completamente), anziché librarsi.

Esercizio 3.10. Descrivi il movimento mentre vai da $l\omega^2 > 5g$e diminuisci ω.

Esempio 3.11. Moto sulla superficie di un emisfero
Per il secondo problema, correlato, consideriamo il movimento di un disco (disco da hockey) sulla superficie di un emisfero. Vorremmo sapere con quale angolo il disco scorrevole si allontana dall'emisfero mentre scorre, ad esempio, quando la forza del vincolo è pari a zero. La Lagrangiana lo è

$$L = \frac{1}{2}m(\dot{r}^2 + r^2\dot{\theta}^2) - mgr\cos\theta - \tau(r - l),$$

e l'analisi procede come prima, con lo stesso risultato per l'angolo al quale il vincolo raggiunge per primo lo zero ($\theta \cong 48°$) di prima.

Esercizio 3.11 . Fino a quale costante elastica k, per il ripristino della molla nella parte superiore dell'emisfero, manterrà il contatto di vincolo$\theta = 50°$

3.4 Grandezze conservate nei sistemi semplici

Successivamente viene descritto l'Hamiltoniano per un semplice sistema di particelle (tipicamente un elemento o un piccolo gruppo di elementi (due) collegati in qualche modo), ma solo nel contesto dell'identificazione degli integrali del movimento, come la conservazione dell'energia, della quantità di moto e del momento angolare. Un'ulteriore discussione sugli Hamiltoniani verrà poi svolta nel Capitolo 6.

Considera un sistema di coordinate generalizzato q_i, dove 'i' è il componente di un sistema con s gradi di libertà (le dimensioni cumulative di movimento libero delle particelle vengono tutte conteggiate verso s). Allo stesso modo per le velocità associate: $\dot{q}_i$. Esistono quindi s gradi di libertà per la coordinata generalizzata e s gradi di libertà per la velocità generalizzata. Ciò dà origine a 2s condizioni iniziali per specificare il movimento. In un sistema meccanico chiuso ciò sembrerebbe indicare condizioni 2s e costanti o integrali di movimento associati, ma la comparsa del tempo nella velocità come differenziale significa t e $t +$ t_0 ha la stessa equazione del movimento, quindi una di queste costanti 2s è semplicemente t_0, a scelta dell'origine temporale. Consideriamo le simmetrie dello spazio di movimento e le implicazioni data la formulazione lagrangiana:

$$\frac{dL(q_i, \dot{q}_i, t)}{dt} = \sum_i \left[\left(\frac{\partial L}{\partial q_i} \right) \dot{q}_i + \left(\frac{\partial L}{\partial \dot{q}_i} \right) \ddot{q}_i \right] + \frac{\partial L}{\partial t}$$

Consideriamo innanzitutto l'omogeneità nel tempo, che significa sistema chiuso o sistema aperto ma con campo esterno indipendente dal tempo. In ogni caso, abbiamo $\frac{\partial L}{\partial t} = 0$, e con il riutilizzo delle relazioni di Eulero-Lagrange:

$$\frac{dL}{dt} = \sum_i \left[\left(\frac{\partial L}{\partial q_i} \right) \dot{q}_i + \left(\frac{\partial L}{\partial \dot{q}_i} \right) \ddot{q}_i \right] = \sum_i \left[\dot{q}_i \frac{d}{dt} \left(\frac{\partial L}{\partial \dot{q}_i} \right) + \left(\frac{\partial L}{\partial \dot{q}_i} \right) \ddot{q}_i \right]$$

$$= \sum_i \left[\frac{d}{dt} \left(\dot{q}_i \frac{\partial L}{\partial \dot{q}_i} \right) \right]$$

Così,

$$\frac{d}{dt} \left[\sum_i \left(\dot{q}_i \frac{\partial L}{\partial \dot{q}_i} \right) - L \right] = 0$$

La quantità conservata nel tempo è l'energia, indicata con E:

$$E = \sum_i \left(\dot{q}_i \frac{\partial L}{\partial \dot{q}_i} \right) - L$$

$$(3-11)$$

Si noti che l'additività dell'energia sui sottosistemi segue quindi dall'additività per la lagrangiana e dall'additività esplicita indicata dalla somma. Se $L = T(q, \dot{q}) - U(q)$e $T(q, \dot{q}) \propto (\dot{q})^2$, che è tipico, allora *la conservazione standard dell'energia sotto forma di energia cinetica più energia potenziale risulta:*

$$E = T(q, \dot{q}) + U(q).$$

(3-12)

Consideriamo poi l'omogeneità nello spazio, e partiamo da un'espressione variazionale sulla Lagrangiana assunta non esplicitamente dipendente dal tempo:

$$\delta L(q, \dot{q}) = \sum_i \left[\left(\frac{\partial L}{\partial q_i} \right) \delta q_i + \left(\frac{\partial L}{\partial \dot{q}_i} \right) \delta \dot{q}_i \right]$$

dove uno spostamento infinitesimo non dovrebbe alterare la valutazione della Lagrangiana quando $\delta q_i \neq 0$:

$$\delta L(q, \dot{q}) = 0 = \sum_i \left(\frac{\partial L}{\partial q_i} \right) = \sum_i - \left(\frac{\partial U}{\partial q_i} \right) \Rightarrow \sum_i F_i = 0.$$

Le forze e i momenti netti su un sistema chiuso si sommano a zero (l'uso specializzato di questo sarà mostrato nella Sezione 5.1). Se sostituiamo la relazione di Eulero-Lagrange per ottenere un termine esplicito di derivata temporale totale:

$$\sum_i \frac{d}{dt} \left(\frac{\partial L}{\partial \dot{q}_i} \right) = \frac{d}{dt} \sum_i \left(\frac{\partial L}{\partial \dot{q}_i} \right) = 0 .$$

Dalla relazione di derivata temporale totale si ottiene una costante del moto corrispondente alla conservazione della quantità di moto:

$$\sum_i \left(\frac{\partial L}{\partial \dot{q}_i} \right) = \vec{P} ,$$

(3-13)

dove per i sistemi con $T(q, \dot{q}) \propto (\dot{q})^2$ciascuna delle particelle questo si semplifica nella forma standard:

$$\vec{P} = \sum_i m_i v_i .$$

(3-14)

Nota: con due particelle abbiamo $\vec{F}_1 + \vec{F}_2 = 0$, che equivale a dire azione uguale reazione (cioè la 3a legge di Newton è un caso speciale di conservazione della quantità di moto e dell'equazione di Lagrange).

Per andare con le nostre coordinate e velocità generalizzate, i momenti e le forze generalizzati sono:

$$p_i = \frac{\partial L}{\partial \dot{q}_i} \quad and \quad F_i = \frac{\partial L}{\partial q_i},$$

(3-15)

dove le equazioni di Lagrange sono semplicemente:

$$\dot{p}_i = F_i.$$

(3-16)

Vediamo ora cosa succede a causa dell'isotropia dello spazio. Per questo si passa dalle coordinate generalizzate ad un vettore di posizione radiale tridimensionale con spostamento rotazionale infinitesimale dato da:

$$\delta \vec{r} = \delta \vec{\varphi} \times \vec{r} \, and \, \delta \vec{v} = \delta \vec{\varphi} \times \vec{v}.$$

La variazione nella Lagrangiana dovrebbe essere zero (ora indicizzata su singole particelle):

$$0 = \delta L(\vec{r}_a, \dot{\vec{r}}_a) = \delta L(\vec{r}_a, \vec{v}_a) = \sum_a \left[\left(\frac{\partial L}{\partial \vec{r}_a} \right) \cdot \delta \vec{r}_a + \left(\frac{\partial L}{\partial \vec{v}_a} \right) \cdot \delta \vec{v}_a \right]$$

Sostituendo l'equazione EL e definizione di quantità di moto generalizzata:

$$\sum_a [\dot{\vec{p}}_a \cdot \delta \vec{r}_a + \vec{p}_a \cdot \delta \vec{v}_a] = 0 \implies \delta \vec{\varphi} \cdot \sum_a [\vec{r}_a \times \dot{\vec{p}}_a + \vec{v}_a \times \vec{p}_a]$$

Arriviamo quindi a:

$$\frac{d}{dt} \left[\sum_a \vec{r}_a \times \vec{p}_a \right] = 0 \implies \vec{M} = \sum_a \vec{r}_a \times \vec{p}_a = constant.$$

(3-17)

La quantità $\vec{M}$ è il momento angolare e si conserva. Non ci sono altri integrali additivi del movimento (ad esempio, nessun'altra simmetria spaziale globale oltre all'omogeneità e all'isotropia dello spazio).

Ora che sappiamo che il momento angolare si conserva, possiamo iniziare a esplorarne le ramificazioni. Il momento angolare in 1D è banalmente zero, quindi dobbiamo passare ai problemi con il movimento non vincolato 2D o il movimento 3D. Cominciamo con il pendolo *sferico* .

Esempio 3.12. Il pendolo sferico.

Consideriamo la Figura 3.4, ma con supporto *tensionale* e con movimento di massa consentito in 3-D (ad esempio, non più planare orizzontalmente). La coordinata cartesiana della massa è:

$$x = l sin\varphi cos\theta \quad and \quad y = l sin\varphi sin\theta \quad and \quad z = l cos\varphi$$

Le loro derivate temporali sono semplici:

$$\dot{x} = lcos\varphi\dot{\varphi}\,cos\theta + lsin\varphi(-sin\theta)\dot{\theta}, \ etc.$$

La Lagrangiana è così

$$L = \frac{1}{2}m\{l^2(cos^2\varphi\dot{\varphi}^2) + l^2sin^2\varphi\dot{\varphi}^2 + l^2sin^2\varphi\dot{\theta}\}$$
$$- mglcos\varphi$$
$$= \frac{1}{2}m(l\dot{\varphi})^2 + \frac{1}{2}m\big(lsin\varphi\dot{\theta}\big)^2 - mglcos\varphi$$

Per le equazioni del moto si parte eliminando il momento angolare conservato attorno all'asse z:

$$\frac{d}{dt}\left(\frac{\partial L}{\partial \dot{\theta}}\right) - \frac{\partial L}{\partial \theta} = 0 \ \rightarrow \ \frac{d}{dt}\left(ml^2sin^2\varphi\dot{\theta}\right) = 0$$

$$ml^2sin^2\varphi\dot{\theta} = P_\theta \ , a \ conserved \ quantity, \ alternatibvely \Rightarrow \dot{\theta}$$
$$= \frac{P_\theta}{ml^2sin^2\varphi}$$

Eliminando la $\dot{\theta}$ dipendenza nella Lagrangiana mediante l'uso della sua quantità conservata otteniamo quindi la Lagrangiana rivista:

$$L = \frac{1}{2}m(l\dot{\varphi})^2 + \frac{P_\theta{}^2}{2ml^2sin^2\varphi} - mglcos\varphi$$

dove ora:

$$\frac{d}{dt}\left(\frac{\partial L}{\partial \dot{\varphi}}\right) - \frac{\partial L}{\partial \varphi} = 0 \Rightarrow ml^2\ddot{\varphi} = \frac{-P_\theta{}^2sin\varphi cos\varphi}{ml^2sin^4\varphi} + mglsin\varphi$$

così,

$$\ddot{\varphi} + \frac{P_\theta{}^2}{(ml)^2}\frac{cos\varphi}{sin^3\varphi} - \frac{g}{l}sin\varphi = 0$$

Esercizio 3.12. Qual è la frequenza naturale nell'approssimazione del piccolo angolo?

Esempio 3.13. Tavolo con un foro, percorso da una linea con masse alle estremità.

Consideriamo un altro scenario in cui viene conservato il momento angolare attorno a un particolare asse. Considera un tavolo con un buco. Una linea di tensione infila il foro. L'estremità della linea sospesa sotto il tavolo ha massa m_2 attaccata (la linea ha massa trascurabile), mentre l'estremità appoggiata sul piano del tavolo ha massa m. Le equazioni iniziali del bilancio delle forze forniscono:

$$F_2 = m_2g - T_2, \quad T_2 = T_1 = F_1 = ma_1, \quad y_2 = l - r_1,$$
$$\dot{y}_2 = -\dot{r}_1, \quad \ddot{y}_2 = -\ddot{r}_1$$

41

Mentre la forza, in termini di funzione potenziale, fornisce:

$$F_i = -\frac{\partial U}{\partial q_i}, \quad F_1 = m_1 a_1 = m_1(\ddot{r}_1 + r_1^2\ddot{\theta}) = m_1\ddot{r}_1, \quad \text{and} \quad F_2$$
$$= m_2 g + \frac{m_1}{m_2}F_2$$

Quindi la Lagrangiana è:

$$L = \frac{1}{2}m_1((\ddot{r}_1 + \ddot{r}_2\dot{\theta}^2) + \frac{1}{2}m_2(\dot{y}_2)^2 - U_2 - U_1, \quad \text{where } U_2$$
$$= y_2 F_2 \text{ and } U_1 = -r_1 F_1$$

che può essere riscritto:

$$L = \frac{1}{2}(m_1 + m_2)(\dot{r})^2 + \frac{1}{2}m_1 r_1^2\dot{\theta}^2 - (l - r_1)\left(\frac{m_2^2}{m_1 + m_2}\right)g$$
$$+ r_1\left(\frac{m_1 m_2}{m_1 + m_2}\right)g$$

Possiamo eliminare i termini costanti dalla Lagrangiana (poiché non apportano alcun cambiamento nelle equazioni EL, quindi nessun cambiamento nelle equazioni del moto). Quindi eliminando il termine costante e raggruppando:

$$L = \frac{1}{2}(m_1 + m_2)(\dot{r})^2 + \frac{1}{2}m_1 r^2\dot{\theta}^2 + rm_2 g$$

Possiamo ora procedere con la valutazione della Lagrangiana, sempre a partire dal termine di conservazione del momento angolare:

$$\frac{d}{dt}\frac{\partial L}{\partial \dot{\theta}} - \frac{\partial L}{\partial \theta} = 0 \;\rightarrow\; \frac{d}{dt}(m_1 r^2\dot{\theta}) = 0 \;\rightarrow\; m_1 r^2\dot{\theta} = p_\theta$$

Quindi abbiamo:

$$L = \frac{1}{2}(m_1 + m_2)(\dot{r})^2 + \frac{p_\theta^2}{2m_1 r^2} + m_2 g r$$

La restante equazione del moto è:

$$\frac{d}{dt}\frac{\partial L}{\partial \dot{r}} - \frac{\partial L}{\partial r} = 0 \;\rightarrow\; (m_1 + m_2)\ddot{r} - m_2 g + \frac{p_\theta^2}{m_1 r^3} = 0$$

Per r piccolo abbiamo allora:

$$\ddot{r} = -\frac{p_\theta^2}{(m_1 + m_2)m_1}\frac{1}{r^3} = -\beta\frac{1}{r^3}, \quad \text{where } \beta = \frac{p_\theta^2}{(m_1 + m_2)m_1}$$

Pertanto, possiamo scrivere:

$$\ddot{r}\dot{r} = -\beta\frac{\dot{r}}{r^3} \quad \rightarrow \quad (\dot{r})^2 = +\beta\left(\frac{1}{r^2}\right) \rightarrow \dot{r} = \frac{\sqrt{\beta}}{r} \rightarrow r\dot{r} = \sqrt{\beta} = \frac{1}{2}\frac{d}{dt}r^2 \quad \rightarrow \quad r$$

$$= \sqrt{2\sqrt{\beta}t}$$

Quest'ultimo risultato per l' r equazione del moto è indicativo di un potenziale repulsivo, il che fa quindi sorgere la domanda: quando avremo orbite stabili?

$$L = \frac{1}{2}m_1(\dot{r})^2 + \frac{p_\theta{}^2}{2(m_1 + m_2)r^2} + m_2 gr \quad \rightarrow \quad -U$$

$$= \frac{p_\theta{}^2}{2(m_1 + m_2)r^2} + m_2 gr,$$

Così,

$$\frac{dU}{dr} = 0 \implies -\frac{p_\theta{}^2}{(m_1 + m_2)r_{eq}{}^3} + m_2 g = 0 \implies r_{eq} = \sqrt[3]{\gamma}, \quad where \ \gamma$$

$$= \frac{p_\theta{}^2}{(m_1 + m_2)m_2 g}$$

Esercizio 3.13. *Questo apparecchio potrebbe essere utilizzato per pesare una massa sconosciuta m_2? Descrivi un processo per farlo.*

Esempio 3.14. Rivisita il pendolo singolo con supporto oscillante orizzontalmente .

Rivisitiamo ora il pendolo singolo quando il punto di appoggio oscilla orizzontalmente. Il pendolo si muove sul piano della carta. La corda della lunghezza l non si piega. Il punto di appoggio P si muove avanti e indietro lungo una direzione orizzontale secondo l'equazione $x = a\cos(\omega t)$, e ($\omega \neq \sqrt{(g/l)}$):

(i) Cominciamo scrivendo la Lagrangiana per questo sistema e otteniamo le equazioni del moto di Lagrange. (Non dimenticare la forza generalizzata quando scrivi l'equazione di Lagrange per x). Avere: $x' = x + l\sin\theta$, quindi $\dot{x}' = \dot{x} + l\cos\theta\dot{\theta}$. Avere $y' = -l\cos\theta$, quindi $\dot{y}' = l\sin\theta\ \dot{\theta} = -mgl\cos\theta$. Inoltre si fa il solito $U = mgy$, per poi scrivere la lagrangiana:

$$L = \frac{1}{2}m\left([-a\omega\sin(\omega t) + l\cos\theta\ \dot{\theta}]^2 + [l\sin\theta\dot{\theta}]^2\right)$$
$$+ mgl\cos\theta$$

$$= \frac{1}{2}ml^2\dot{\theta}^2 + mgl\cos\theta + am\omega^2 l\cos(\omega t)\sin\theta$$

$$\frac{d}{dt}\left(\frac{d}{\partial\dot\theta}\right) - \frac{\partial L}{\partial\theta} = 0$$

$$\rightarrow \ ml^2\ddot\theta + mgl\sin\theta$$
$$- am\omega^2 l\cos(\omega t)\cos\theta = 0$$

(ii) Successivamente, risolvi le equazioni del moto di cui sopra al primo ordine in θ(piccole oscillazioni) e trova la soluzione stazionaria per $\theta(t)$, in termini di m, l, a e ω. (Non siamo interessati alla soluzione che oscilla al frequenza naturale del pendolo.) Quindi:

$$ml^2\ddot\theta + mgl\theta - am\omega^2 l\cos(\omega t) = 0$$
$$\ddot\theta + \frac{g}{l}\theta - \frac{a}{l}\omega^2\cos(\omega t) = 0.$$

Quindi, abbi:

$$\ddot\theta + \frac{g}{l}\theta = \frac{a}{l}\omega^2\cos(\omega t)$$

dove la destra è una forza effettiva/m. E abbiamo la soluzione:

$$\theta = \frac{(a/l)\omega^2}{\omega_0^2 - \omega^2}\cos(\omega t + \beta).$$

Esercizio 3.14. Ripetere ma con supporto oscillante verticalmente.

3.5 Sistemi simili e teorema del Viriale
Finora abbiamo visto come le simmetrie globali giochino un ruolo nello stabilire leggi di conservazione (additive). Consideriamo ora le simmetrie interne alla Lagrangiana tali che possa essere espressa come un'altra Lagrangiana con un moltiplicatore complessivo costante. In tal caso troveremo che le equazioni del moto saranno le stesse. Per vedere se una Lagrangiana mostrerà una tale "somiglianza" è necessaria una specificazione del termine di energia potenziale proprio a questo riguardo. Quindi, riscaliamo le lunghezze e il tempo del sistema e facciamo in modo che l'energia potenziale sia una funzione omogenea del riscalamento dei parametri (dove il grado di omogeneità è dato dal parametro k):

$$\vec{q}_a \longrightarrow \alpha\vec{q}_a, \ (\ l' = \alpha l, \text{ dilatazione della lunghezza})$$
$$\dot{\vec{q}}_a \longrightarrow \left(\frac{\alpha}{\beta}\right)\dot{\vec{q}}_a, (\ t' = \beta t, \text{ dilatazione del tempo})$$
$$U(\alpha\{\vec{q}_a\}) \longrightarrow \alpha^k\, U(\{\vec{q}_a\}), \text{(omogeneo, grado k).}$$

$$(3\text{-}18abc)$$

Ora che le dilatazioni sono specificate, affinché ci sia una somiglianza nella lagrangiana tale che risulti un fattore costante complessivo, con la tipica specifica lagrangiana $L = T - U$, abbiamo già il riscalamento della parte di energia potenziale, il riscalamento sulla parte di energia cinetica è semplicemente questo data dalla velocità sopra (al quadrato). Quindi, per avere un sistema simile:

$$(\frac{\alpha}{\beta})^2 = \alpha^k \rightarrow \beta = \alpha^{1-\frac{1}{2}k} , \qquad \left(\frac{E'}{E}\right) = \alpha^k \ and \ \left(\frac{M'}{M}\right) = \alpha^{1+\frac{1}{2}k}.$$

(3-19)

Consideriamo alcuni casi in cui abbiamo un potenziale omogeneo:

(1) Per piccole oscillazioni, o per la classica molla, l'energia potenziale è una funzione quadratica di coordinate (k=2). La relazione critica di cui sopra con k=2 diventa: $\beta = \alpha^0 = 1$, cioè, non importa la dimensione dello spostamento dalla posizione di riposo (ampiezza), il rapporto temporale del sistema sarà 1, cioè il periodo del sistema è indipendente dall'ampiezza.

(2) Per un campo di forza uniforme l'energia potenziale è una funzione lineare delle coordinate, come l'approssimazione del moto dovuto alla gravità vicino alla superficie terrestre (PE = mgh). Per k=1 abbiamo: $= \sqrt{\alpha}$, quindi caduta per gravità. Il tempo di caduta, ad esempio, equivale alla radice quadrata dell'altezza iniziale.

(3) Per il potenziale newtoniano o di Coulomb: k = -1. Ora $= \sqrt[3]{\alpha}$, il quadrato del periodo di un'orbita equivale al cubo della dimensione dell'orbita (3a legge di Keplero [)].

Teorema viriale

Questo è uno dei pochi esempi, o contesti, in cui viene considerato un sistema multi-elemento (e per un numero molto elevato di elementi), a causa della sua applicazione universale. Qualsiasi potenziale omogeneo in cui il movimento è limitato consente l'applicazione del Teorema Viriale, per cui le medie temporali dell'energia potenziale e cinetica del sistema hanno una relazione semplice. Questo sarà derivato come segue, considerare:

$$E = \sum_i \left(\dot{q}_i \frac{\partial L}{\partial \dot{q}_i}\right) - L \Rightarrow \sum_i \left(\dot{q}_i \frac{\partial L}{\partial \dot{q}_i}\right) = 2T$$

(3-20)

Scrittura $v_i = \dot{q}_i$ e definizione di momenti generalizzati, per poi passare alla notazione vettoriale con particelle indicate dall'indicizzazione 'a':

$$\sum_i (v_i \, p_i) = \sum_a \vec{v}_a \cdot \vec{p}_a = \frac{d}{dt}\left(\sum_a \vec{r}_a \cdot \vec{p}_a\right) - \sum_a \vec{r}_a \cdot \dot{\vec{p}}_a$$

Prendiamo ora la media temporale di 2T, dove il termine della derivata temporale totale avrà valore medio pari a zero se abbiamo un movimento limitato. Nello specifico, la media temporale per una funzione $f(t)$ del tempo è definita come:

$$\overline{f} = \lim_{\tau \to \infty} \frac{1}{\tau} \int_0^\tau f(t)\,dt$$

(3-21)

Supponiamo $f(t) = \frac{d}{dt}F(t)$, quindi:

$$\overline{f} = \lim_{\tau \to \infty} \frac{1}{\tau}[F(\tau) - F(0)] = 0$$

Per moto limitato.

Poiché abbiamo un movimento limitato se rimaniamo in una regione finita dello spazio con velocità finite, abbiamo:

$$2\overline{T} = -\overline{\sum_a \vec{r}_a \cdot \dot{\vec{p}}_a} = \overline{\sum_a \vec{r}_a \cdot \frac{\partial U}{\partial \vec{r}_a}} = k\overline{U}$$

Rivisitando ciò che questo indica per i tre casi sopra menzionati ($E = \overline{E} = \overline{T} + \overline{U}$):

    (1) Piccole oscillazioni (k=2), hanno $\overline{T} = \overline{U}, E = 2\overline{T}$.

    (2) Campo uniforme (k=1), have $\overline{T} = (1/2)\,\overline{U}, E = 3\overline{T}$

    (3) Potenziale newtoniano o di Coulomb (k = −1): $\overline{U} = -2\overline{T}, E = -\overline{T}$. Questo risultato è coerente con il fatto che l'energia totale di un movimento limitato in questo tipo di potenziale è negativa, come risulterà evidente negli esempi che seguono.

3.6. Sistemi unidimensionali

Spesso l'analisi del sistema riduce la dimensionalità (a causa delle simmetrie). Consideriamo l'orbita di un pianeta attorno al Sole, dove il problema 3D si riduce a problema 2D mediante conservazione del momento angolare. Per la maggior parte, dobbiamo considerare solo il movimento in una o due dimensioni. Cominciamo con il movimento unidimensionale.

Considera la seguente Lagrangiana per il movimento unidimensionale in cui è disegnato un potenziale arbitrario come mostrato nella Figura 3.5.

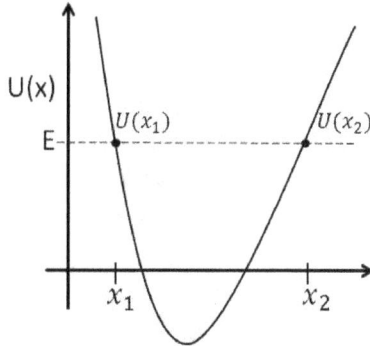

Figura 3.5 . Un potenziale unidimensionale. $U(x_1) = E = U(x_2)$.

$$L = \frac{1}{2}m\,\dot{x}^2 - U(x) \longrightarrow E = \frac{1}{2}m\,\dot{x}^2 + U(x)$$

(3-22)

Da $U(x) \le E$, e prendendo la radice positiva (la negativa corrisponde all'inversione temporale, con lo stesso tipo di soluzioni):

$$\frac{dx}{dt} = \sqrt{\frac{2[E - U(x)]}{m}} \rightarrow t = \sqrt{m/2} \int dx/\sqrt{E - U(x)} + C$$

I limiti del moto sono dati da $U(x_1) = E = U(x_2)$, ed il periodo del moto è dato dal doppio dell'integrale da x_1 a x_2:

$$Period = \sqrt{2m} \int_{x_1}^{x_2} dx/\sqrt{E - U(x)}.$$

(3-23)

Esempio 3.15. Movimento su rampa curva.
Una piccola massa scivola senza attrito su un blocco di massa M come mostrato in Figura 3.6. M stesso scorre senza attrito su un tavolo orizzontale, e il suo lato curvo ha la forma di un cerchio di raggio a .

a) Trovare le equazioni di Lagrange per il sistema in termini di due coordinate generalizzate.

b) Trovare due quantità conservate.

Figura 3.6. Una massa m scorre senza attrito su un blocco di massa M, avente circonferenza di raggio a .

Le coordinate: $x_1 = x + a \cos \theta$; $y_1 = -a \sin \theta$; E $x_2 = x$.
Le derivate temporali delle coordinate: $\dot{x}_1 = \dot{x} + a \sin \theta \, \dot{\theta}$; $\dot{y}_1 = -a \cos \theta \, \dot{\theta}$; E $\dot{x}_2 = \dot{x}$.
L'energia potenziale: $U = -mga \sin \theta$.
Così,

$$L = T - U = \frac{1}{2} m \left([\dot{x} - a \sin \theta \, \dot{\theta}]^2 + [-a \cos \theta \, \dot{\theta}]^2 \right) + \frac{1}{2} M (\dot{x})^2 - U$$

$$L = \frac{1}{2} (m + M) \dot{x}^2 + \frac{1}{2} m (a\dot{\theta})^2 - am\dot{x}\dot{\theta} \sin \theta + mga \sin \theta$$

E,

$$\frac{d}{dt} \left(\frac{\partial L}{\partial \dot{x}} \right) - \frac{\partial L}{\partial x} = 0 \Rightarrow (m + M)\ddot{x} - \frac{d}{dt} \left(am\dot{\theta} \sin \theta \right) = 0, \text{ così,}$$

$$\frac{d}{dt} \{ (m + M)\dot{x} - am\dot{\theta} \sin \theta \} = 0.$$

Quindi, abbiamo:

$$(m + M)\dot{x} - am\dot{\theta} \sin \theta = const,$$

$$\text{E,}$$

$$E = T + U = \frac{1}{2} (m + M)\dot{x}^2 + \frac{1}{2} m (a\dot{\theta})^2 - am\dot{x}\dot{\theta} \sin \theta + mga \sin \theta.$$

Esercizio 3.15. Trovare le velocità delle masse in funzione del tempo quando la massa m viene rilasciata da ferma nella parte superiore del lato curvo.

3.7 Movimento in un campo centrale

Consideriamo una singola particella in un potenziale centrale. Il suo momento angolare si conserva: $\vec{M} = \vec{r} \times \vec{p} = constant$. Poiché la costante $\vec{M}$ è perpendicolare a $\vec{r}$, la posizione è sempre su un piano perpendicolare a $\vec{M}$ (la conservazione del momento angolare ha quindi ridotto il problema da 3D a 2D). La forma appropriata della Lagrangiana per il moto in un piano con potenziale centrale è quindi:

$$L = \frac{1}{2}m\dot{r}^2 + \frac{1}{2}m(r\dot{\varphi})^2 - U(r)$$

(3-24)

Si noti che non vi è alcun riferimento diretto alla coordinata φ, nel formalismo hamiltoniano ciò significa che:

$$F_\varphi = \frac{\partial L}{\partial \varphi} = 0$$

così

$$\dot{p}_\varphi = F_\varphi = 0 \quad \rightarrow \quad p_\varphi = constant = "M".$$

$$p_\varphi = \frac{\partial L}{\partial \dot{q}_i} = mr^2\dot{\varphi} = M.$$

(3-25)

Ricordiamo che l'area del raggio di un settore radiale r con angolo di spazzata φ è $A = (1/2)r \cdot r\varphi$, e la velocità settoriale è quindi $V_{sectorial} = (1/2)r^2\dot{\varphi} = M/2m$ una costante, cioè "aree uguali spazzate in tempi uguali", ovvero la terza legge di Keplero. Come è tipico in questo tipo di analisi, gli integrali del movimento (ad esempio, le leggi di conservazione) vengono utilizzati come primo passo per semplificare l'analisi. Quindi per l'energia abbiamo:

$$E = \frac{1}{2}m\dot{r}^2 + \frac{1}{2}m(r\dot{\varphi})^2 + U(r) \quad \rightarrow \quad \frac{1}{2}m\dot{r}^2 = [E - U] - \frac{M^2}{2mr^2},$$

dove l'ultimo termine è l'energia centrifuga. Riorganizzare:

$$\frac{dr}{dt} = \sqrt{\frac{2}{m}[E - U] - \frac{M^2}{m^2r^2}}$$

Integrando, otteniamo

$$t = \int \frac{dr}{\sqrt{\frac{2}{m}[E - U] - \frac{M^2}{m^2r^2}}} + C_1$$

(3-26)

Utilizzando $d\varphi = \frac{M}{mr^2} dt$,

$$\varphi = \int \frac{Mdr/r^2}{\sqrt{2m[E - U] - \frac{M^2}{r^2}}} + C_2$$

49

Nota, $\dot{\varphi} = M$ significa φ cambiamenti monotonicamente, quindi per un percorso chiuso, che necessariamente ha un raggio minimo e massimo (limitato), abbiamo per cambiamento di fase nell'andare dal raggio minimo al raggio massimo e poi indietro:

$$\Delta\varphi = 2 \int_{r_{min}}^{r_{max}} \frac{M dr/r^2}{\sqrt{2m[E-U] - \frac{M^2}{r^2}}}$$

dove i limiti del moto sono dati dall'energia non avendo parte cinetica, $E = U_{eff}$ dove

$$U_{eff} = U + \frac{M^2}{2mr^2}.$$

(3-28)

il $\Delta\varphi$ risultato sia un percorso chiuso deve essere esattamente uguale a 2π oppure un multiplo di $\Delta\varphi$ deve risultare in un multiplo di 2π (cioè $\Delta\varphi = 2\pi \, (m/n)$). Ciò accade solo per tutti i percorsi nell'integrale di cui sopra quando i potenziali U hanno la forma $1/r$ o r^2, e in questi casi si verifica un integrale aggiuntivo del movimento (noto come vettore della lente di Runge). Prima di passare al $1/r$ potenziale critico, però, consideriamo le implicazioni del momento angolare diverso da zero con un potenziale centrale. Generalmente in questi casi è impossibile raggiungere il centro, anche in presenza di potenziali attraenti. Per raggiungere il centro quando $M \neq 0$, stiamo ovviamente considerando una situazione in cui non siamo ai punti di svolta del movimento, quindi

$$\frac{1}{2}m\dot{r}^2 = [E-U] - \frac{M^2}{2mr^2} > 0,$$

e raggruppando e considerando il limite quando il raggio tende a zero, troviamo che gli unici potenziali che lo consentono devono soddisfare:

$$\lim_{r \to 0} r^2 U < -\frac{M^2}{2m}$$

Questo è possibile solo per potenziali negativi $U(r) = -\alpha/r^n$ con $n > 2$ o con $n = 2 \; and \; \alpha > \frac{M^2}{2m}$.

Nell'esempio precedente abbiamo visto che i potenziali di Keplero e Coulomb ($U(r) = -\alpha/r$) non erano nel gruppo dei potenziali che consentono il movimento attraverso il centro quando il momento angolare è diverso da zero. Consideriamo ora $U(r) = -\alpha/r$più in dettaglio il potenziale attrattivo rilevante per la gravità (e per l'attrazione tra cariche opposte). Per iniziare, l'integrale dell'angolo può essere facilmente risolto per questa situazione, dove il potenziale effettivo è:

$$U_{eff} = -\frac{\alpha}{r} + \frac{M^2}{2mr^2} \,, and \ \min_r U_{eff} = -\frac{m\alpha^2}{2M^2} \ at \ r = \frac{M^2}{m\alpha}$$

(3-29)

dove i domini energetici minimo e significativo della funzione sono indicati nella Figura 3.7.

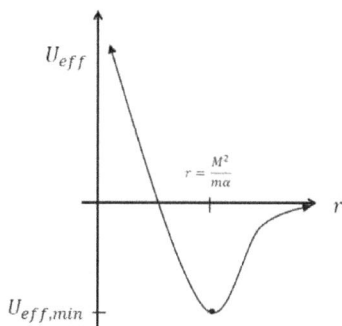

Figura 3.7. Uno schizzo del potenziale effettivo. $U_{eff,min} = -\frac{m\alpha^2}{2M^2}$. Il moto è finito se $E < 0$, infinito se $E \geq 0$.

L'integrazione quindi produce:

$$\varphi = \cos^{-1} \frac{\left(\frac{M}{r} - \frac{m\alpha}{M}\right)}{\sqrt{2mE + \frac{m^2\alpha^2}{M^2}}} + constant$$

(3-30)

Facciamo $\varphi = 0$corrispondere all'occorrenza dell'avvicinamento più vicino (perielio, r_{min}nel seguito), nel qual caso la costante è zero. Parliamo anche di due forme di descrizione delle orbite $\{p, e\}$, dove $2p$è noto come latus rectum, ed eè l'eccentricità, e i parametri della sezione conica $\{a, b\}$, dove $2a$è la lunghezza dell'asse maggiore ed $2b$è la lunghezza dell'asse minore:

$$p = \frac{M^2}{m\alpha} \quad and \quad e = \sqrt{1 + \frac{2EM^2}{m\alpha^2}}$$

per arrivare all'equazione dell'orbita:

$$p = r(1 + e \cos \varphi)$$

Dall'equazione dell'orbita possiamo vedere che:

$$r_{min} = \frac{p}{1 + e} \quad and \quad r_{max} = \frac{p}{1 - e}$$

Da $2a = r_{min} + r_{max}$:

$$a = \frac{p}{1 - e^2} = \frac{\alpha}{2|E|}$$

Vediamo anche che i rapporti b/r_{min} e r_{max}/b sono invarianti di riscala e devono essere proporzionali tra loro, dove per $e = 0$ questo si dimostra l'uguaglianza, quindi $b = \sqrt{r_{min} \cdot r_{max}}$ e otteniamo:

$$b = \frac{p}{\sqrt{1 - e^2}} = \frac{M}{\sqrt{2m|E|}}$$

Consideriamo ora i vari casi in termini di parametro di eccentricità $e = \sqrt{1 + \frac{2EM^2}{m\alpha^2}}$ dell'orbita:

Per $e = 0$ (si verifica quando $E = -\frac{m\alpha^2}{2M^2}$): abbiamo un'orbita circolare $r_{min} = r_{max} = p$.

Per $0 < e < 1$ (si verifica quando $E < 0$): Abbiamo un'orbita ellittica $r_{min} \neq r_{max}$.
Per le ellissi e il cerchio abbiamo orbite legate, che ci permettono di calcolare l'integrale settoriale completo di una di queste orbite, ottenendo così semplicemente l'area dell'ellisse o del cerchio. Richiamare

$$\frac{d(area)}{dt} = V_{sectorial} = \frac{1}{2}r^2\dot{\varphi} = \frac{M}{2m}$$

integrando nel tempo di un periodo orbitale T:

$$T = \frac{2m(area)}{M} = \frac{2m\pi ab}{M} = \pi\alpha\sqrt{\frac{m}{2|E|^3}}.$$

Da questa soluzione esatta possiamo vedere che , che è la $T^2 \propto \frac{1}{|E|^3} \propto$
$a^3{}^{\text{3a Legge}}$ di Keplero .

Per $\underline{e = 1}$ (si verifica quando $E = 0$): Abbiamo un'orbita parabolica
(illimitata) con $r_{min} = \frac{p}{2}$ and $r_{max} = \infty$, che descrive una particella in
caduta da ferma all'infinito.

Per $\underline{e > 1}$ (si verifica quando $E > 0$): abbiamo un'orbita iperbolica
(illimitata).

Il vettore di Laplace-Runge-Lenz
Considera una forza centrale del quadrato inverso che agisce su una
singola particella descritta dall'equazione

$$A = p \times L - mk\hat{r} \rightarrow e = \frac{A}{mk},$$

(3-38)

Dove

        m è la massa della particella puntiforme che si muove sotto
la forza centrale,
        p è il suo vettore quantità di moto,
        L = **r** × **p** è il suo vettore momento angolare,
        r è il vettore di posizione della particella (Figura 3.8),
        $\hat{r}$ è il vettore unitario corrispondente , ovvero $\hat{r}$, E
        r è la grandezza di **r** , la distanza della massa dal centro di
forza.

Il parametro costante k descrive l'intensità della forza centrale; è uguale a
$\underline{G} \cdot M \cdot m$ per le forze gravitazionali e $- \underline{k}_{\text{e}} \cdot Q \cdot q$ per le forze
elettrostatiche. La forza è attrattiva se $k > 0$ e repulsiva se $k < 0$.

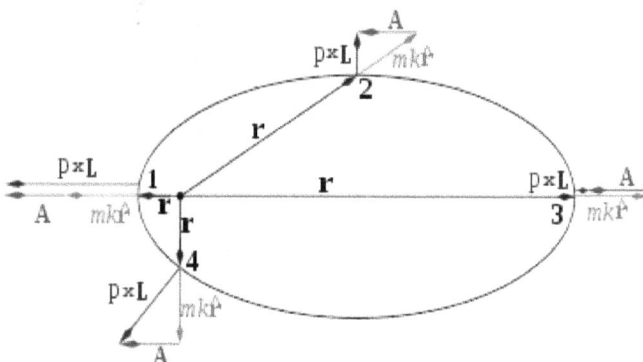

53

Figura 3.8 . Il vettore LRL **A** in quattro punti sull'orbita ellittica soggetto a una forza centrale del quadrato inverso. Il centro di attrazione è mostrato come un piccolo cerchio nero da cui provengono i vettori di posizione. Il vettore momento angolare **L** è perpendicolare all'orbita. Sono mostrati i vettori complanari **p** × **L** e (mk / r) **r** . Il vettore **A** è costante in direzione e grandezza.

Le sette quantità scalari E , **A** e **L** (essendo vettori, le ultime due contribuiscono ciascuna con tre quantità conservate) sono legate da due equazioni, $\mathbf{A} \cdot \mathbf{L} = 0$ e $A^2 = m^2 k^2 + 2\, mEL^2$, dando cinque <u>costanti di movimento indipendenti</u> . Ciò è coerente con le sei condizioni iniziali (la posizione iniziale della particella e i vettori di velocità, ciascuno con tre componenti) che specificano l'orbita della particella, poiché il tempo iniziale non è determinato da una costante di movimento. L'orbita unidimensionale risultante nello spazio delle fasi a 6 dimensioni è quindi completamente specificata.

Esempio 3.16. Una massa di prova viene rilasciata sul polo nord.
Una massa di prova viene rilasciata a riposo, un diametro terrestre sopra il polo nord (rotazionale). Ignora l'attrito atmosferico. (Utilizzare per l'accelerazione della gravità vicino alla superficie terrestre $10 \frac{m}{sec^2}$ e per il raggio della terra $R_e = 6{,}400 \ km.$)
   a) Trova la velocità (in metri/sec) della massa quando colpisce la terra.
   b) Trova un'espressione per il tempo impiegato dalla massa per colpire la terra. La tua espressione dovrebbe contenere un integrale adimensionale.

Soluzione:
(a) Velocità alla superficie terrestre: energia potenziale della massa di prova: $\Phi = -\frac{mGM}{R}$. La conservazione dell'energia fa sì che l'energia cinetica sia la variazione di energia potenziale:

$$\frac{1}{2}mv^2 = \Delta PE = (\frac{-mGM}{R}) \left|\begin{matrix} 3R_e \\ R_e \end{matrix}\right. = \frac{2}{3}m\,R_e\,g$$

(b) Tempo fino all'impatto, otteniamo prima la relazione per la caduta nel raggio r:

$$\frac{1}{2}mv^2 = \left(\frac{-mGM}{R}\right)\Bigg|_r^{3R_e} \qquad v$$

$$= \frac{dr}{dt} \ since \ no \ coriolis \ force \ at \ North \ pole$$

$$\frac{1}{2}m\left(\frac{dr}{dt}\right)^2 = \frac{mGM}{r} - \frac{mGM}{3R_e}$$

$$\frac{dr}{dt} = \sqrt{\frac{2GM}{r} - \frac{2GM}{3R_e}} = \sqrt{2GM}\sqrt{\frac{1}{r} - \frac{1}{3R_e}}$$

$$dt = \frac{1}{\sqrt{2GM}} \frac{dr}{\sqrt{\frac{1}{r} - \frac{1}{3R_e}}}$$

$$T = \frac{1}{\sqrt{2GM}} \int_{R_e}^{3R_e} \frac{dr}{\sqrt{\frac{1}{r} - \frac{1}{3R_e}}} = \frac{(3R_e)^{\frac{3}{2}}}{\sqrt{2GM}} \int_{\left(\frac{1}{3}\right)}^{1} \frac{dx}{\sqrt{\frac{1}{x} - 1}} \cong 1.43 \frac{(3R_e)^{\frac{3}{2}}}{\sqrt{2GM}}$$

Esercizio 3.16 . *Una massa di prova viene rilasciata sopra l'equatore.*

Esempio 3.17. Un pianeta di massa M....
Un pianeta di massa m orbita attorno a un sole di massa M. Abbiamo visto nelle proprietà generali dei sistemi kepleriani che il pianeta si muove su un piano contenente il centro di forza. (a) Introdurre le coordinate polari per il piano del moto e scrivere la lagrangiana; (b) Ottenere il momento angolare e l'energia del sistema planetario; e (c) dall'analisi kepleriana sappiamo che l'orbita è un'ellisse, quindi mettiamo in relazione la lunghezza del semiasse maggiore a e l'eccentricità ε di quell'ellisse con l'energia conservata e il momento angolare ottenuti in (b), utilizzando la seguente parametrizzazione dell'orbita come un'ellisse:

$$\frac{1}{e} = \frac{1}{a(1-\varepsilon^2)} + \frac{\varepsilon}{a(1-\varepsilon^2)}\cos\theta$$

Soluzione:
(a) Dalla forza gravitazionale newtoniana ricaviamo e ci spostiamo nel sistema di riferimento del centro di massa:

$$F = \frac{mMG}{r^2} = \frac{M_T\mu G}{r^2}, where \ M_T = (m + M) \ and \ \mu = \frac{mM}{m + M}$$

Per questo possiamo scrivere l'energia potenziale come:

$$U = -\frac{M_T\mu G}{r}$$

Quindi, in coordinate polari la Lagrangiana $L = T - U$:

55

$$L = \frac{1}{2}\mu(\dot{r}^2 + r^2\dot{\theta}^2) - U(|\vec{r}|) \; and \; \vec{r} = \vec{r}_m - \vec{r}_M, r = |\vec{r}|$$

(b) Per ottenere l'energia iniziamo con l'ottenimento delle equazioni del moto per le coordinate cicliche, qui l'angolo orbitale, per ottenere altre costanti del moto, quindi utilizzare $E = T + U$:

$$\frac{d}{dt}(\mu r^2\dot{\theta}) = 0 \rightarrow l = \mu r^2\dot{\theta}, angular \; momemtum \; conserved$$

$$E = \frac{1}{2}\mu\dot{r}^2 + \frac{l^2}{2\mu r^2} - \frac{\mu M_T G}{r}$$

(c) Relazione con la parametrizzazione di un'ellisse. A r_{min}e r_{max}abbiamo $\dot{r} = 0$, quindi ottieni:

$$E = \frac{l^2}{2\mu r_{min}{}^2} - \frac{\mu M_T G}{r_{min}} \; and \; E = \frac{l^2}{2\mu r_{max}{}^2} - \frac{\mu M_T G}{r_{max}}$$

Dalla parametrizzazione dell'ellisse abbiamo for r_{min}e r_{max}:

$$\frac{1}{r_{min}} = \frac{1}{a(1-\varepsilon^2)} + \frac{\varepsilon}{a(1-\varepsilon^2)} \quad \Longrightarrow \quad r_{min} = a(1-\varepsilon)$$

$$\frac{1}{r_{max}} = \frac{1}{a(1-\varepsilon^2)} + \frac{\varepsilon}{a(1-\varepsilon^2)} \quad \Longrightarrow \quad r_{max} = a(1+\varepsilon)$$

Utilizzando le due equazioni per l'energia nelle posizioni massima e minima r otteniamo:

$$\frac{l^2}{2\mu}\left(\frac{1}{r_{max}{}^2} - \frac{1}{r_{max}{}^2}\right) - \mu M_T G\left(\frac{1}{r_{min}} - \frac{1}{r_{max}}\right) = 0 \quad \rightarrow \quad l^2$$
$$= \mu^2 M_T G a(1-\varepsilon^2)$$

Sostituendo la relazione for l^2nelle due equazioni dell'energia, nonché $r_{min} = a(1-\varepsilon)$e $r_{max} = a(1+\varepsilon)$, otteniamo:

$$E = \frac{-\mu M_T G}{r_{min} + r_{max}} = \frac{-\mu M_T G}{2a}$$

Così,

$$a = \frac{-\mu M_T G}{2E} = \frac{mMG}{2|E|} = \frac{\alpha}{2|E|}, where \; a = \mu M_T G = mMG.$$

E sostituendo nella l^2relazione ci raggruppiamo per ottenere l'espressione di eccentricità:

56

$$\varepsilon = \sqrt{1 + \left(\frac{2El^2}{\mu\alpha^2}\right)}.$$

Esercizio 3.17. *Qual è l'eccentricità del sistema Terra-Luna? Del sistema Terra-Sole?*

Esempio 3.18. Una particella di massa m...
Una particella di massa m si muove in un potenziale $U = \alpha/r - \beta/r^3$, $\alpha, \beta > 0$.

    a) Per quale intervallo di raggi, r, le orbite circolari sono stabili? (Esprimere la condizione su r in termini di α e β.)
    b) Trovare in termini di r, α, β e m la frequenza Ω di un'orbita circolare e la frequenza w di piccole oscillazioni attorno a un'orbita circolare.

Soluzione:

(a) $U = \alpha/r - \beta/r^3$, $\alpha, \beta > 0$, e per le orbite: $L = \frac{1}{2}m\left(\dot{r}^2 + r^2\dot{\theta}^2\right) - U$ e $E = \frac{1}{2}m\dot{r}^2 + \frac{M_\theta^2}{2mr^2} + U$, quindi

$$U_{eff} = \frac{M_\theta^2}{2mr^2} - \frac{\alpha}{r} - \frac{\beta}{r^3}.$$

Orbite circolari per:

$$\frac{U_{eff}}{\partial r} = 0 \;\rightarrow\; -\frac{M_\theta^2}{mr^3} + \frac{\alpha}{r^2} + \frac{3\beta}{r^4} = 0$$

Orbite stabili per:

$$\frac{\partial^2 U_{eff}}{\partial r^2} = \frac{3M_\theta^2}{mr^4} - \frac{2\alpha}{r^3} - \frac{12\beta}{r^5} > 0.$$

(b) Richiamare l'area spazzata, A, relazione: $M_\theta = mr^2\dot{\theta} = 2m\frac{dA}{dt}$, quindi scrivere:

$$dt = \frac{2m}{M_\theta}dA \Rightarrow T = \frac{2m}{M_\theta}\left(\pi r_c^2\right)$$

$$\alpha r_c^2 - \frac{M_\theta^2}{m}r_c + 3\beta = 0$$

La frequenza dell'orbita circolare, Ω, è:

$$\Omega = \frac{2\pi}{T} = \frac{M_\theta}{mr_c^2},$$

e la frequenza di piccole oscillazioni attorno a quell'orbita circolare:

$$\omega = \sqrt{\frac{1}{2m} \frac{\partial^2 U_{eff}}{\partial r^2}}\bigg|_{r_c} = \sqrt{\frac{1}{m}\left\{\frac{\alpha}{r^3} - \frac{3\beta}{r^5}\right\}}.$$

Esercizio 3.18. *Cosa succede quando* α *e* β *.sono selezionati in modo tale che* $\Omega = \omega$?

Esempio 3.19. Particella in un campo di forza centrale.

Una particella si muove in un campo di forza centrale dato dal potenziale:
$U = -K\frac{e^{-r/a}}{r}$, dove Ke $a$sono costanti positive. (a) Trovare la relazione tra r, l ed E per orbite circolari. (b) Trovare il periodo delle piccole oscillazioni (nel θpiano r) attorno a un'orbita circolare.

Soluzione:

(a) Quindi, avere $U = -K\frac{e^{-r/a}}{r}$e $L = \frac{1}{2}m(\dot{r}^2 + r^2\dot{\theta}^2) - U$. Per la barriera centrifuga abbiamo:

$$\frac{d}{dt}\left(\frac{\partial L}{\partial\dot{\theta}}\right) = 0 \Rightarrow mr^2\dot{\theta} = |L|$$

COSÌ,

$$L = \frac{1}{2}m\dot{r}^2 - \frac{|L|^2}{2mr^2} - U$$

e le equazioni del moto sono:

$$\frac{d}{dt}(m\dot{r}) - \left\{-\frac{|L|^2}{mr^3} - \frac{\partial U}{\partial r}\right\} = 0$$

Hanno orbite circolari $r = const$per:

$$\frac{|L|^2}{mr_0^3} = -\frac{\partial U}{\partial r}\bigg|_{r=r_0} \rightarrow \frac{l^2}{mr_0^3} + \frac{E}{r_0} = +\frac{K}{ar_0}e^{-r_0/a} \rightarrow E$$

$$= \frac{l^2}{2mr_0^2} + \frac{K}{a}e^{-r_0/a}$$

(b) Abbiamo $\omega = \sqrt{\frac{1}{2m}\frac{\partial^2 U_{eff}}{\partial r^2}}$ e $U_{eff} = \frac{+l^2}{2mr^2} - \frac{Ke^{-r/a}}{r}$, e in equilibrio di oscillazione:

$$\frac{U_{eff}}{\partial r} = \frac{-l^2}{mr^3} + \frac{Ke^{-r/a}}{r^2} + \frac{Ke^{-r/a}}{ar} = 0,$$

così,

$$\frac{\partial^2 U_{eff}}{\partial r^2} = \frac{3l^2}{mr^4} - \frac{2Ke^{-r/a}}{r^3} - \frac{Ke^{-r/a}}{ar^2} - \frac{Ke^{-r/a}}{ar^2} - \frac{Ke^{-r/a}}{a^2 r}.$$

Da

$$\left(\frac{1}{r^2} + \frac{1}{ar}\right) Ke^{-r/a} = \frac{l^2}{mr^3} \quad \text{and} \quad Ke^{-r/a} = \left(\frac{ar}{a+r}\right)\frac{l^2}{mr^2}$$

$$= \frac{a}{a+r}\frac{l^2}{mr}$$

Possiamo quindi riorganizzarci per ottenere

$$\omega = \sqrt{\frac{l^2}{m^2 r^2}\left\{\frac{a}{a+r}\right\}\left(\frac{1}{r^2} + \frac{1}{ar} - \frac{1}{a^2 r}\right)}.$$

Esercizio 3.19. *Supponiamo che* $\left.\frac{\partial^2 U_{eff}}{\partial r^2}\right|_{r_c}$ *per qualche scelta di K E a, ricavare la formula della frequenza per ricavare la derivata del terzo ordine in potenziale, qual è la nuova frequenza oscillatoria?*

Esempio 3.20. *Terza Legge* **di Keplero dalle leggi di Newton.**

(a) Mostrare direttamente dalle leggi di Newton che, per due stelle di massa m1 e m2 in orbite circolari attorno al loro centro di massa, la 3a Legge di Keplero *ha* la forma:
$T^2 = \frac{4\pi^2}{G(m_1+m_2)}R^3$, con T il periodo e R la distanza tra le stelle.

(b) Mostrare che la formula può essere riscritta nella forma $T^2 = (m_1 + m_2)^{-1}R^3$, con T in anni, R in AU (unità astronomiche) e m in masse solari. (Se R è il semiasse maggiore, ciò vale anche per le orbite ellittiche.)

(c) Mostrare che per un piccolo oggetto in orbita circolare sulla superficie di un oggetto grande, $T = K\rho^{-1/2}$, e trovare la costante K. Qual è il periodo di un ciottolo in orbita sulla superficie di una roccia sferica ($\rho = 3g/cm^3$)?

Soluzione:

(a) Richiamo: $L = r \times \mu v = \text{const}$ ed $A = \frac{1}{2}r \cdot rd\theta$
COSÌ,

$$L = \mu r \times \left(\dot{r}\hat{r} + r\dot{\theta}\hat{\theta}\right) = \mu r^2 \dot{\theta} = 2\mu\frac{dA}{dt} = \text{const}$$

$$2\mu dA = Ldt \rightarrow 2\mu(\pi ab) = LT$$

Ricordiamo la relazione delle masse con gli assi maggiore e minore:

$$a = \frac{G(m_1 + m_2)\mu}{2|E|} \qquad b = \frac{L}{\sqrt{2\mu|E|}}$$

Così,

$$LT = 2\mu\pi \frac{G(m_1 + m_2)\mu}{2|E|} \frac{L}{\sqrt{2\mu|E|}}$$

$$\rightarrow \qquad \frac{4\pi^2}{G(m_1 + m_2)} \left\{ \frac{G(m_1 + m_2)\mu}{2|E|} \right\}^3 = T^2$$

Quindi, sostituendo a = R (valutazione sul semiasse maggiore):

$$T^2 = \frac{4\pi^2}{G(m_1 + m_2)} R^3.$$

(b) Il cambio di unità avviene come segue:

$$T^2 \left(\frac{365 \times 24 \times 3600 sec}{1 yr} \right)^2$$

$$= \frac{4\pi^2}{G(m_1 + m_2) \left(\frac{2 \times 10^{30} kg}{M_\odot} \right)} R^3 \left(\frac{1.5 \times 10^8 km}{1 A.U.} \right)^3,$$

così $T^2 = (m_1 + m_2)^{-1} R^3 K$ e $K =$

$$\frac{(1.5 \times 10^8 km)^3 4\pi^2}{6.67 \times 10^{-11} Nm^2/kg^2 (3.15 \times 10^7 sec)^2 (2 \times 10^{30} kg)} \left[\frac{M_\odot \cdot yr^2}{(A.U.)^3} \right] = 1.0 \left[\frac{M_\odot \cdot yr^2}{(A.U.)^3} \right].$$

Così,

$$T^2 = (m_1 + m_2)^{-1} R^3.$$

(c) $T^2 = (m_1 + m_2)^{-1} R^3 \simeq m_{Large}^{-1} R^3 \simeq \frac{\frac{4}{3}\pi R^3}{m_{Large}} \frac{1}{\frac{4}{3}\pi} = \frac{\rho}{\frac{4}{3}\pi}$, quindi $T =$

$Kp^{-1/2}$ dove $K = \frac{1}{2\sqrt{\frac{\pi}{3}}}$ (dove T è in unità di anni, $R = AU's$, $m = M_\odot's$, e

$m_1 \gg m_2$. Per $\rho = 3g/cm^3 = 3 \times 10^3 kg/m^3$, quindi:

$$T = \sqrt{\frac{3\pi}{6.67 \times 10^{-11}}} (3 \times 10^3)^{-1/2} sec = 6.86 \times 10^3 sec = 114\ min.$$

Esercizio 3.20. Qual è il periodo di un ciottolo in orbita sulla superficie della terra ($\rho = 1g/cm^3$) e sulla superficie di una stella di neutroni ($\rho = 10^{16} g/cm^3$)?

Esempio 3.21. Sistemi binari.
Le masse stellari si trovano osservando i sistemi binari. In genere non è possibile risolvere le stelle, ma lo spettro mostra due spostamenti Doppler

che cambiano periodicamente, fornendo la velocità della linea di vista di ciascuna stella. Chiamiamo le velocità V_1 e V_2. Dimostrare che se l'orbita è inclinata di un angolo θ rispetto alla linea di vista:

$$R = (V_1 + V_2)/\Omega \sin\theta \text{ e } M_2/M_1 = V_1/V_2 \text{ e } \frac{m_2^3}{(m_1+m_2)^2}\sin^3\theta =$$
$$(a_1 \sin\theta)^3/T^2.$$

Inizia con : $V_1 = \mathrm{U}_1 \sin\theta \; and \; V_2 = \mathrm{U}_2 \sin\theta$, dove $\mathrm{U}_1 = r_1\Omega \; and \; \mathrm{U}_2 = r_2\Omega$. Let $R = r_1 + r_2$, quindi:

$$V_1 + V_2 = (\mathrm{U}_1 + \mathrm{U}_2)\sin\theta = R\Omega\sin\theta \rightarrow R = (V_1 + V_2)/\Omega\sin\theta$$

Con origine al Centro di massa: $M_1 r_1 + M_2 r_2 = 0$ e $M_1\mathrm{U}_1 + M_2\mathrm{U}_2 = 0$, quindi: $|M_1 V_1/\sin\theta| = |M_2 V_2/\sin\theta|$
e $\frac{M_2}{M_1} = \frac{V_1}{V_2}$. Per ottenere l'ultima relazione, ricordiamo quella sul semiasse maggiore (per R):

$$T^2 = (m_1 + m_2)^{-1}R^3,$$

così:

$$T^2 = (m_1 + m_2)^{-1}\left\{\frac{(V_1 + V_2)}{\Omega\sin\theta}\right\}^3 = (m_1 + m_2)^{-1}\left\{\frac{\left(1 + \frac{m_1}{m_2}\right)V_1}{\Omega\sin\theta}\right\}^3$$

$$= (m_1 + m_2)^{-1}\left(1 + \frac{m_1}{m_2}\right)^3 a_1^3$$

Da cui otteniamo:

$$\frac{m_2^3}{(m_1 + m_2)^2}\sin^3\theta = \frac{(a_1\sin\theta)^3}{T^2}.$$

Esercizio 3.21. *Binario con stella di neutroni.*
Consideriamo una binaria con una stella di neutroni. Lo spostamento Doppler osservato della stella di neutroni ha magnitudine $\frac{\Delta\lambda}{\lambda} = 2 \times 10^{-6}$ e un periodo di 4 giorni. Se la massa della stella di neutroni è inferiore a 3 M_Θ, qual è la massa massima della sua compagna?

Esempio 3.22. *Moto all'interno di un paraboloide di rivoluzione.*
Una particella di massa m è costretta a muoversi per gravità senza attrito all'interno di un paraboloide di rivoluzione il cui asse è verticale. Trova il problema unidimensionale equivalente al suo movimento. Qual è la condizione affinché la velocità iniziale delle particelle produca un

61

movimento circolare? Trova il periodo delle piccole oscillazioni attorno a questo movimento circolare.

Adottiamo le coordinate cilindriche: $x = \rho \sin \theta$, $y = \rho \cos \theta$, in tal caso abbiamo le coordinate:

$z = \frac{a}{2}\rho^2$, $\quad \rho^2 = x^2 + y^2$, $\quad y = x^2$, e potenziale $U = mgz$. Pertanto la Lagrangiana è:

$$L = \frac{1}{2}m(\dot{x}^2 + \dot{y}^2 + \dot{z}^2) - mg\frac{a}{2}\rho^2,$$

Dove

$$\dot{z} = a\rho\dot{\rho}, \quad \dot{x} = \dot{\rho}\sin\theta + \rho\cos\theta\,\dot{\theta}, \quad \dot{y} = \dot{\rho}\cos\theta + \rho\sin\theta\,\dot{\theta}.$$

Così,

$$L = \frac{1}{2}m\left(\dot{\rho}^2 + (a\rho\dot{\rho})^2 + \left(\rho\dot{\theta}\right)^2\right) - mg\frac{a}{2}\rho^2$$

Utilizzando l'equazione di Eulero-Lagrange per θ:

$$\frac{d}{dt}\left(\frac{\partial L}{\partial \dot{\theta}}\right) - \frac{\partial L}{\partial \theta} = 0 \quad gives \quad m\rho^2\dot{\theta} = M_\theta.$$

Così,

$$L = \frac{1}{2}m(\dot{\rho}^2 + (a\rho\dot{\rho})^2) + \frac{1}{2}m\left(\rho\dot{\theta}\right)^2 - mg\frac{a}{2}\rho^2$$

Utilizzando l'equazione di Eulero-Lagrange ρotteniamo:

$$m\ddot{\rho} + \frac{d}{dt}(m(a\rho)^2\dot{\rho}) - m(a\dot{\rho})^2\rho - m\rho\dot{\theta}^2 + mga\rho = 0$$

$$m\ddot{\rho}(1 + a^2\rho^2) + ma^2\rho\dot{\rho}^2 - \frac{M_\theta^2}{m\rho^3} + mga\rho = 0$$

Movimento circolare $\dot{\rho} = 0$:

$$\left(\frac{M_\theta}{m\rho}\right)^2 = ga\rho^2 \quad and \quad M_o = m\rho v.$$

Così

$$v = \rho\sqrt{ga} = \sqrt{2gz}$$

Consideriamo ora piccole oscillazioni per

$$m\ddot{\rho}(1 + a^2\rho^2) + ma^2\rho\dot{\rho}^2 - \frac{M_\theta^2}{m\rho^3} + mga\rho = 0$$

Sia $\rho = \rho_o + \eta$, quindi conservando i termini al $1°$ ordine in η:

$$(1 + a^2\rho_o^2)m\ddot{\eta} - \frac{M_\theta^2}{m\rho_o^3}\left(1 - \frac{3\eta}{\rho_o}\right) + mga(\rho_o + \eta) = 0$$

62

Così,

$$\ddot{\eta} + \frac{4ga\eta}{(1 + a^2\rho_o^2)} = 0 \quad \Longrightarrow \quad \omega = \sqrt{\frac{4ga}{(1 + a^2\rho_o^2)}} \quad \Longrightarrow \quad T$$

$$= \pi\sqrt{\frac{(1 + a^2\rho_o^2)}{ga}}.$$

Esercizio 3.22. Tempo d'autunno.

Due particelle si muovono l'una attorno all'altra in orbite circolari sotto l'influenza delle forze gravitazionali, con un periodo T. Il loro movimento viene improvvisamente interrotto e vengono rilasciate e lasciate cadere l'una nell'altra. Mostra che si scontrano nel tempo $t/4\sqrt{2}$.

Esempio 3.23. Forza centrale attrattiva.

(a) Mostrare che se una particella descrive un'orbita circolare sotto l'influenza di una forza attrattiva centrale diretta verso un punto del cerchio, allora la forza varia come la quinta potenza inversa della distanza.
(b) Mostrare che per l'orbita descritta l'energia totale della particella è zero.
(c) Trovare il periodo del movimento.
(d) Trovare $\dot{x}$, $\dot{y}$, e v in funzione dell'angolo attorno al cerchio e mostrare che tutte e tre le quantità sono infinite mentre la particella passa attraverso il centro di forza.

Soluzione

(a) Inizia con la posizione data da $r - 2a\sin\theta$ for $0 \le \theta \le 180°$. E ho lagrangiana:

$$L = \frac{1}{2}m(\dot{r}^2 + r^2\dot{\theta}^2) - U(r) \quad with \quad \dot{r} = 2a\cos\theta\,\dot{\theta}.$$

Poi,

$$\frac{d}{dt}\left(\frac{\partial L}{\partial \dot{\theta}}\right) - \frac{\partial L}{\partial \theta} = 0 \Longrightarrow M_\theta = mr^2\dot{\theta} = \text{const. of motion}$$

Utilizzare $r^2 + r^2\dot{\theta}^2 = 4_a^2\cos^2\theta\,\dot{\theta}^2 + 4_a^2\sin^2\theta\,\dot{\theta}^2 = 4_a^2\dot{\theta}^2$ per il "vincolo" su r per identificare la rispettiva forza. Allo stesso modo otteniamo $E = 2ma^2\dot{\theta}^2 + U(r) =$ integrale del moto, quindi costante:

$$E = 2ma^2\frac{M_\theta^2}{(mr^2)^2} + U(r) = \frac{2a^2 M_\theta^2}{mr^4} + U(r) = \text{const}$$

Così,

63

$$\frac{dE}{dr} = -\frac{8a^2 M_\theta^2}{mr^5} + \frac{dU}{dr} = 0$$

indica che la forza (attrattiva) è:

$$F(r) = \frac{8a^2 M_\theta^2}{mr^5}.$$

(B) $\quad E = \frac{2a^2 M_\theta^2}{mr^4} - \int_\infty^r -\frac{8a^2 M_\theta^2}{mr^5} = 0$

(C) $\quad T =?\quad M_\theta = mr^2\dot{\theta} = m(4a^2)\sin^2\theta\,\frac{d\theta}{dt}$

$$dt = m(4a^2)\frac{\sin^2\theta}{M_\theta}\,d\theta$$

$$T = \frac{1}{M_\theta}\int_0^\pi (4a^2)\,m\sin^2\theta\,d\theta = \frac{2\pi m a^2}{M_\theta}$$

In alternativa:

$$M_\theta = mr^2\dot\theta = mr\cdot r\frac{d\theta}{dt} = m2\frac{dA}{dt} \quad\rightarrow\quad dt = \frac{2m\,dA}{M_\theta} \quad\rightarrow\quad T = \frac{2\pi m a^2}{M_\theta}$$

(D) $\quad x = r\cos\theta = 2a\sin\theta\cos\theta = a\sin 2\theta \qquad \dot{x} = 2a(\cos^2\theta - \sin^2\theta)\dot\theta$

$\qquad y = r\sin\theta = 2a\sin^2\theta \qquad\qquad\qquad \dot{y} = 4a\sin\theta\cos\theta\,\dot\theta$

COSÌ,

$$\dot{x} = (2a)(1 - 2\sin^2\theta)\dot\theta = 2a\left(1 - \frac{1}{2}\left(\frac{r}{a}\right)^2\right)\frac{M_\theta}{mr^2}; \qquad \dot{y}$$

$$= 2r\sqrt{1 - \left(\frac{r}{a}\right)^2}\,\frac{M_\theta}{mr^2}$$

E

$$v = \sqrt{4a^2\{\cos^4\theta - 2\cos^2\theta\sin^2\theta + \sin^4\theta\} + 16a^2\sin^2\theta\cos^2\theta}\cdot\dot\theta$$
$$= 2a\dot\theta\sqrt{\cos^4\theta + \sin^4\theta}.$$

Esercizio 3.23. Particella nel potenziale armonico centrale.

Una particella di massa m si muove nel potenziale armonico centrale $V(r) = (1/2)kr^2$ con una costante elastica positiva k. (a) Utilizzare il potenziale efficace per dimostrare che tutte le orbite sono limitate e che E_{min} devono superare $\sqrt{kl^2/m}$. (b) Verificare che l'orbita sia un'ellisse chiusa con l'origine al centro. Se la relazione $E/E_{min} = \cosh\xi$ definisce la quantità ξ, mostrare i parametri orbitali per a, b ed eccentricità. Discutere il caso limite $E \to E_{min}$ e $E \gg E_{min}$. (c) Mostrare che il periodo è indipendente da E e l.

3.8 Piccole oscillazioni attorno ad equilibri stabili

Finora abbiamo considerato la meccanica orbitale di base e abbiamo ottenuto il classico risultato orbitale di un'ellisse (con il cerchio come caso speciale). Ma quanto è stabile questo risultato idealizzato per sistemi più realistici in cui potrebbero esserci occasionali interazioni esterne che spingono le cose? Quanto sono stabili queste soluzioni nella "realtà"? Risulta che si tratta di una questione che ha a che fare con piccole oscillazioni (che verranno descritte in dettaglio in questa sezione) e con la stabilità complessiva (che verrà descritta nel Capitolo 6, dove la dinamica è descritta nello spazio delle fasi, e nel formalismo ivi descritto la i criteri di stabilità possono essere accertati più facilmente). Si noti che ampliare la classe delle soluzioni per tenere conto di piccole perturbazioni è il primo passo verso una soluzione di meccanica generale, ma fino a che punto si può arrivare a questo? La risposta, che seguirà anche in una sezione successiva, spetta al "confine del caos", che raggiunge in modo distintivo, dando origine a costanti universali, anche C_∞ con la sua possibile relazione speciale con alfa (dettagli in [45]) .

Consideriamo quindi una piccola oscillazione nel caso dell'orbita circolare. Nel potenziale siamo in una situazione in cui siamo già al minimo del potenziale (immutabile nel tempo). Se spostiamo questa configurazione, vediamo che sperimenteremo un ambiente potenziale dominato dal potenziale nelle vicinanze dell'equilibrio, e poiché è al minimo (richiesto per l'equilibrio nei sistemi in generale, quindi questa discussione è generalizzata a quei casi come bene) allora non esiste alcun termine di primo ordine, solo di secondo ordine superiore:

$$U(r) - U(r_{min}) \cong \frac{1}{2} k(r - r_{min})^2 \dots$$

più termini di ordine superiore.

(3-39)

Se ora ci concentriamo sul piccolo spostamento $x = r - r_{min}$ e tralasciamo il $U(r_{min})$ termine costante, abbiamo la classica Lagrangiana dell'oscillatore a molla nella variabile x:

$$L = \frac{1}{2} m \dot{x}^2 - \frac{1}{2} k x^2$$

(3-40)

Per cui le equazioni di Eulero-Lagrange danno l'equazione del moto del secondo ordine:

$$m\ddot{x} + kx = 0 \quad \rightarrow \quad \ddot{x} + \omega^2 x = 0, \quad where \ \omega^2 = \frac{k}{m}.$$

(3-41)

Poiché in questo contesto è convenzione parlare di frequenze positive, prendiamo la radice positiva: $\omega = \sqrt{k/m}$. La soluzione generale dell'equazione differenziale è quindi: $x(t) = a \cos(\omega t) + b \sin(\omega t)$. Pertanto, la molla classica 1-D ha due oscillazioni indipendenti possibili. Le condizioni al contorno spesso si riducono a un grado di libertà di oscillazione indipendente. Come per l'orbita circolare con un problema di piccola oscillazione, dove il momento angolare orbitale viene modificato dalla piccola oscillazione (tipicamente), dove la selezione della condizione al contorno è per l'oscillazione della molla che si traduce in una propagazione dell'onda attorno all'orbita circolare di equilibrio nello stesso orientamento dell'orbita momento angolare del sistema, dando un momento angolare netto del sistema maggiore, o il contrario, con momento angolare netto minore. Supponiamo che questo scelga quindi una soluzione con una sola delle oscillazioni coerenti, scegliendo per comodità $x(t) = a \cos(\omega t)$, avremo allora:

$$E = \frac{1}{2} m\omega^2 a^2 \propto (amplitude)^2.$$

(3-42)

Pertanto, la frequenza del sistema non dipende dall'ampiezza ma l'energia del sistema è pari al quadrato dell'ampiezza. Si noti che l'equazione del moto dell'oscillazione della molla 1-D può essere riscritta come:

$$\frac{d^2 x}{dt^2} + \omega^2 \frac{d^2 x}{dX^2} = 0,$$

(3-43)

dove le due classi di soluzioni vengono ora catturate nella forma:

$$x(t, X) = a \cos(\omega t - X) + b \cos(\omega t + X).$$

(3-44)

Strettamente correlata a questa è l'equazione d'onda 1-D (differenziale parziale) per le vibrazioni sulla corda $y(t, X)$:

$$\frac{\partial^2 y}{\partial t^2} - \omega^2 \frac{\partial^2 y}{\partial X^2} = 0,$$

dove le due classi di soluzioni indipendenti sono ora catturate nella forma (D'Alembert [7]) :

66

$$y(t, X) = f(\omega t - X) + g(\omega t + X).$$

Sia per l'oscillatore 1-D che per la vibrazione della corda 1-D, le condizioni al contorno influiscono sulla valutazione dei gradi di libertà funzionali disponibili.

3.8.1 Sistemi guidati

Ora che comprendiamo le oscillazioni "naturali" del sistema, cosa succederebbe se esercitassimo ripetutamente una forza sul sistema (rimanendo comunque nell'approssimazione delle piccole oscillazioni)? Rimanendo nel regime delle piccole oscillazioni dobbiamo avere un potenziale sufficientemente debole, e stando così le cose possiamo espanderlo all'ordine più basso spostando il sistema dal suo equilibrio. Quindi, oltre alla forza di ripristino della molla derivante dall'energia potenziale, $\frac{1}{2}kx^2$ ora abbiamo

$$U_{external}(x, t) \cong U_{ext}(0, t) + x[\partial U_{ext}/\partial x]_{x=0}$$
(3-45)

Eliminando il termine senza dipendenza da x e forza di scrittura $F(t) = -[\partial U_{ext}/\partial x]_{x=0}$ otteniamo quindi la lagrangiana per l'oscillatore pilotato:

$$L = \frac{1}{2}m\dot{x}^2 - \frac{1}{2}kx^2 + xF(t).$$
(3-46)

Ciò dà origine all'equazione differenziale:

$$\ddot{x} + \omega^2 x = \frac{F(t)}{m},$$
(3-47)

la cui soluzione generale può essere ottenuta nel modo consueto delle equazioni differenziali disomogenee costruendo le soluzioni dell'equazione differenziale omogenea. In questo caso, supponiamo che questa sia scritta come soluzione generale $x(t) = x_{hom}(t) + x_{inhom}(t)$, dove $x_{hom}(t) = a\cos(\omega t + \alpha)$ come prima, con $\{a, \alpha\}$ determinate condizioni al contorno. Per calcolare la $x_{inhom}(t)$ parte, consideriamo le forze esterne che sono fattori determinanti periodici (la somma di tali può quindi, mediante la completezza della trasformata di Fourier, modellare qualsiasi forza esterna variabile nel tempo):

$$F(t) = f\cos(\gamma t + \beta).$$
(3-48)

67

Se indoviniamo una soluzione $x_{inhom}(t) = b\cos(\gamma t + \beta)$, scopriamo che funziona per $b = f/m(\omega^2 - \gamma^2)$, quindi abbiamo come soluzione complessiva:

$$x(t) = a\cos(\omega t + \alpha) + \left[\frac{f}{m(\omega^2 - \gamma^2)}\right]\cos(\gamma t + \beta).$$

$$(3\text{-}49)$$

Si noti che questa soluzione è composta da una parte che oscilla alla frequenza naturale del sistema e da una parte che oscilla alla frequenza determinante della forza. Si noti inoltre che accade qualcosa di speciale se la frequenza di guida corrisponde alla frequenza naturale del sistema. Questo è il fenomeno della risonanza.

Per esaminare cosa succede alla risonanza vogliamo avere una forma per prendere il limite $\gamma \to \omega$. Per questo abbiamo bisogno che il secondo termine sia in una forma suscettibile di utilizzare la regola di L'Hopital. Spezzando semplicemente un pezzo del primo termine e spostando il suo termine di fase secondo necessità (tutto valido nell'approssimazione delle piccole oscillazioni del primo ordine) possiamo semplicemente riscrivere:

$$x(t) = a'\cos(\omega t + \alpha) + \left[\frac{f}{m(\omega^2 - \gamma^2)}\right][\cos(\gamma t + \beta) - \cos(\omega t + \beta)],$$

$$(3\text{-}50)$$

e otteniamo:

$$\lim_{\gamma \to \omega} x(t) = a'\cos(\omega t + \alpha) + \left[\frac{ft}{2m\omega}\right][\sin(\omega t + \beta)].$$

$$(3\text{-}51)$$

Come si può vedere, la familiare instabilità alla risonanza si manifesta nel secondo termine, che cresce linearmente nel tempo (violando presto le ipotesi di piccola oscillazione). I sistemi spesso si rompono quando vengono guidati in risonanza perché sono in grado di assorbire in modo efficiente l'energia del driver sufficiente non solo a violare i presupposti di piccola oscillazione (e la ricettività a un ulteriore assorbimento di energia del driver), ma anche sufficiente a rompere un vincolo del sistema. Nota: questo è il modo in cui un'auto parcheggiata può essere spostata da un piccolo gruppo di persone che spingono periodicamente l'auto ("rimbalzando" senza "sollevarsi") se la sospensione viene guidata in risonanza e gli spinti laterali vengono effettuati quando si trova nel punto più alto del rimbalzo della sospensione .

Consideriamo ora i sistemi con più di un grado di libertà. Generalmente i termini di ordine basso nell'espressione potenziale negli spostamenti coinvolgeranno termini incrociati. Anche così, generalmente si può cercare di disaccoppiare le coordinate in un potenziale di ordine basso senza termini incrociati (noti come "coordinate normali"), e il sistema con N gradi di libertà si disaccoppia quindi in oscillazioni N 1-D come già esaminato.

Seguendo la notazione della [27] consideriamo U una funzione di più coordinate. Siamo interessati ad espansioni di questo potenziale con piccoli spostamenti dal suo minimo (poiché si assume un equilibrio con piccole oscillazioni). Usando la libertà di spostare la scala dell'energia, scegliamo che il potenziale minimo sia pari a zero e abbiamo un potenziale fino a termini quadratici (nessun termine lineare poiché è al minimo):

$$U = \frac{1}{2} \sum_{i,k} K_{ik} x_i x_k,$$

dove le x sono gli spostamenti delle coordinate dal minimo del potenziale. Allo stesso modo, il termine cinetico nelle coordinate generalizzate sarà ancora quadratico nelle velocità, ma il coefficiente avrà generalmente una dipendenza dalle coordinate:

$$T = \frac{1}{2} \sum_{i,k} m(x_i, x_k) \dot{x}_i \dot{x}_k \cong \frac{1}{2} \sum_{i,k} m_{ik} \dot{x}_i \dot{x}_k,$$

dove quest'ultima approssimazione, con matrice di inerzia costante, m_{ik} si ottiene prendendo il termine di ordine più basso nella funzione di inerzia generalizzata $\sum_{i,k} m(x_i, x_k)$ (coerente con gli scenari di piccolo spostamento o piccola oscillazione). La Lagrangiana è quindi:

$$L = \frac{1}{2} \sum_{i,k} (m_{ik} \dot{x}_i \dot{x}_k - K_{ik} x_i x_k),$$

e le risultanti equazioni di Eulero-Lagrange:

$$\sum_k (m_{ik} \ddot{x}_k + K_{ik} x_k) = 0.$$

Consideriamo come possibili soluzioni spostamenti nelle coordinate generalizzate aventi diverse grandezze ma stessa frequenza: $x_k = A_k \exp i\omega t$. Sostituendo dobbiamo ora risolvere:

$$\sum_k (-\omega^2 m_{ik} + K_{ik}) A_k = 0 \quad \rightarrow \quad det|-\omega^2 m_{ik} + K_{ik}| = 0,$$

Pertanto, impostiamo il determinante uguale a zero, ottenendo un'equazione caratteristica di grado "N" (il numero di coordinate generalizzate). Le soluzioni $\{\omega_\alpha\}$sono le frequenze caratteristiche del sistema. Ciò suggerisce che una soluzione generale affinché ogni spostamento di coordinate generalizzato consista in una somma su tutte le frequenze caratteristiche (rimanendo coerenti con la notazione di [27]):

$$x_k = \sum_\alpha \Delta_{k\alpha}\theta_\alpha \; ; \quad \theta_\alpha = \text{Re}[C_\alpha \exp i\omega_\alpha t],$$

(3-52)

dove $C_\alpha$sono costanti complesse arbitrarie e le $\Delta_{k\alpha}{}'$ sono i minori del determinante associato a ciascuna delle frequenze caratteristiche ω_α(assumendo che siano tutte $\omega_\alpha$diverse). Pertanto, la variazione temporale di ciascuna coordinata del sistema è una sovrapposizione di N oscillatori periodici semplici (con ampiezze e fasi arbitrarie ma N frequenze definite). Per semplicità, continuiamo a supporre che $\omega_\alpha$siano tutte diverse e sostituiamo semplicemente $x_k = \sum_\alpha \Delta_{k\alpha}\theta_\alpha$, da cui otteniamo N equazioni disaccoppiate dopo la sostituzione nella lagrangiana (ad esempio, utilizzando le frequenze caratteristiche diagonalizziamo simultaneamente sia i termini cinetici che quelli potenziali, a parte un fattore inerziale $I_\alpha$per ciascun contributo di frequenza):

$$L = \frac{1}{2}\sum_\alpha I_\alpha(\dot{\theta}_\alpha{}^2 - \omega_\alpha{}^2\theta_\alpha{}^2),$$

(3-53)

che richiede il riscalamento delle coordinate per arrivare alla convenzione per le coordinate normali secondo cui il loro termine cinetico ha un coefficiente di 1/2. Quindi $\theta_\alpha \to \theta_\alpha/\sqrt{I_\alpha}$, e se è presente la forza, la Lagrangiana rivista diventa:

$$L = \frac{1}{2}\sum_\alpha (\dot{\theta}_\alpha{}^2 - \omega_\alpha{}^2\theta_\alpha{}^2) + \sum_\alpha \sum_k \frac{F_k(t)}{\sqrt{I_\alpha}}\Delta_{k\alpha}\theta_\alpha.$$

(3-54)

Pertanto, l'uso delle coordinate normali rende possibile la riduzione di un'oscillazione forzata in un sistema con più di un grado di libertà a una serie di problemi di oscillatore forzato unidimensionale.

3.8.2 Esempi di piccole oscillazioni multimodali e modali bloccate
Esempio 3.24. Pendolo sospeso al bordo di un disco cilindrico.
Un pendolo semplice è sospeso al bordo di un disco cilindrico come
mostrato nella Figura 3.9. Il pendolo ha una lunghezza l e una massa m. Il
disco ha un raggio $r = l/2$, una massa $M = 2m$, e può ruotare
liberamente attorno ad un asse passante per il suo centro. Trovare i modi e
le frequenze normali nell'approssimazione della piccola oscillazione.

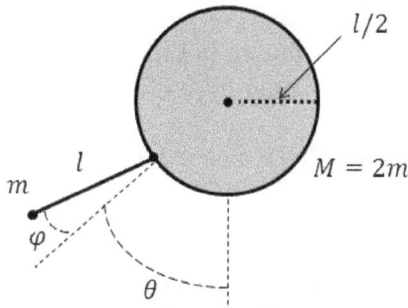

Figura 3.9.

Per ottenere la Lagrangiana abbiamo prima bisogno del momento di
inerzia di un disco solido:

$$I = \int_0^r \rho r^2 (2\pi r)\,dr = 2\pi \rho \frac{r^4}{4}, \qquad where \ \rho(\pi r^2) = M,$$

così,

$$I = \frac{1}{2}Mr^2 = \frac{1}{2}(2m)(\frac{l}{2})^2 = \frac{1}{4}ml^2.$$

Per coordinata angolare della rotazione del disco abbiamo θ, con
frequenza angolare $\omega = \dot{\theta}$. Consideriamo ora le coordinate del peso del
pendolo:

$$y = \frac{l}{2}\cos\theta + l\cos(\theta + \varphi) \quad and \quad x = \frac{l}{2}\sin\theta + l\sin(\theta + \varphi)$$

con derivata temporale:

$$\dot{y} = -\left\{\frac{l}{2}\sin\theta\dot{\theta} + l\sin(\theta + \varphi)(\dot{\theta} + \dot{\varphi})\right\} \quad and \quad \dot{x}$$

$$= \left\{\frac{l}{2}\cos\theta\dot{\theta} + l\cos(\theta + \varphi)(\dot{\theta} + \dot{\varphi})\right\}.$$

I termini cinetici sono quindi:

$$T = \frac{1}{2}I\omega^2 + \frac{1}{2}m(\dot{x}^2 + \dot{y}^2)$$

$$= \frac{1}{2}\left(\frac{1}{4}ml^2\right)\dot{\theta}^2$$

$$+ \frac{1}{2}m\left\{\left(\frac{l}{2}\dot{\theta}\right)^2 + [l(\dot{\theta} + \dot{\varphi})]^2 + l^2\dot{\theta}(\dot{\theta} + \dot{\varphi})cos\varphi\right\}$$

Il termine potenziale è:

$$U = -mgy = -mgl\left(\frac{1}{2}cos\theta + cos(\theta + \varphi)\right).$$

Mettendo insieme questo per ottenere la Lagrangiana e passare all'approssimazione del piccolo angolo (e eliminare le costanti):

$$L = \frac{1}{8}ml^2\dot{\theta}^2 + \frac{1}{2}m\left\{\left(\frac{l}{2}\dot{\theta}\right)^2 + [l(\dot{\theta} + \dot{\varphi})]^2\right\} + mgl(\frac{1}{2}(-\frac{1}{2}\theta^2)$$

$$- \frac{1}{2}(\theta - \varphi)^2$$

$$= \frac{5}{4}ml^2\dot{\theta}^2 + \frac{3}{2}ml^2\dot{\theta}\dot{\varphi} + \frac{1}{2}ml^2\dot{\varphi}^2 - \frac{3}{4}mgl\theta^2 - mgl\theta\varphi - \frac{1}{2}mgl\varphi^2$$

Utilizzando la relazione EL, le equazioni del moto sono quindi:

$$\frac{5}{2}ml^2\ddot{\theta} + \frac{3}{2}ml^2\ddot{\varphi} + \frac{3}{2}mgl\theta + mgl\varphi = 0$$

$$ml^2\ddot{\varphi} + \frac{3}{2}ml^2\ddot{\theta} + mgl\varphi + mgl\theta = 0$$

$$\begin{vmatrix} \left(3\left(\frac{g}{l}\right) - 5\omega^2\right) & \left(2\left(\frac{g}{l}\right) - 3\omega^2\right) \\ \left(2\left(\frac{g}{l}\right) - 3\omega^2\right) & \left(2\left(\frac{g}{l}\right) - 2\omega^2\right) \end{vmatrix} = 0$$

$$\omega^2 = \frac{4\left(\frac{g}{l}\right) \pm \sqrt{\left(4\left(\frac{g}{l}\right)\right)^2 - 4\left(2\left(\frac{g}{l}\right)^2\right)}}{2} = \left(\frac{g}{l}\right)\{2 \pm \sqrt{2}\}$$

e ora possiamo scrivere per $\omega^2 = \left(\frac{g}{l}\right)(2+\sqrt{2})$:

$$(v - \omega^2 m)\rho^{(1)} = \begin{pmatrix} \{3 - 5(2+\sqrt{2})\}\left(\frac{g}{l}\right) & \{2 - 3(2+\sqrt{2})\}\left(\frac{g}{l}\right) \\ \{2 - 3(2+\sqrt{2})\}\left(\frac{g}{l}\right) & \{2 - 2(2+\sqrt{2})\}\left(\frac{g}{l}\right) \end{pmatrix}\begin{pmatrix} \theta \\ \varphi \end{pmatrix}$$

$$= 0$$

$$\left(-7 - 5\sqrt{2}\right)\theta + \left(-4 - 3\sqrt{2}\right)\theta = 0$$
$$\left(-4 - 3\sqrt{2}\right)\theta + \left(-2 - 2\sqrt{2}\right)\theta = 0$$

$$\theta = -\frac{(4 + 3\sqrt{2})\varphi}{(7 + 5\sqrt{2})} \simeq -\frac{4.1}{7}\varphi$$

Così:

$$\rho^{(1)} \simeq c\begin{pmatrix} 1 \\ -7/4 \end{pmatrix} \quad for \quad \omega^2 = \left(\frac{g}{l}\right)(2+\sqrt{2})$$

Allo stesso modo, per $\omega^2 = \left(\frac{g}{l}\right)(2-\sqrt{2})$

$$(v - \omega^2 m)\rho^{(2)} = \begin{pmatrix} \{3 - 5(2-\sqrt{2})\}\left(\frac{g}{l}\right) & \{2 - 3(2-\sqrt{2})\}\left(\frac{g}{l}\right) \\ \{2 - 3(2-\sqrt{2})\}\left(\frac{g}{l}\right) & \{2 - 2(2-\sqrt{2})\}\left(\frac{g}{l}\right) \end{pmatrix}\begin{pmatrix} \theta \\ \varphi \end{pmatrix}$$

$$= 0$$

$$\theta = \frac{(-4 - 3\sqrt{2})\varphi}{(-7 - 5\sqrt{2})} \simeq 4\varphi$$

$$\rho^{(2)} \simeq c\begin{pmatrix} 1 \\ 1/4 \end{pmatrix} \quad for \quad \omega^2 = \left(\frac{g}{l}\right)(2-\sqrt{2})$$

Normalizziamo ora i vettori:

$$M = m\begin{pmatrix} \frac{5}{2} & \frac{3}{2} \\ \frac{3}{2} & 1 \end{pmatrix}$$

$$mc^2 \begin{pmatrix} 1 & \frac{-7}{4} \end{pmatrix} \begin{pmatrix} \frac{5}{2} & \frac{3}{2} \\ \frac{3}{2} & 1 \end{pmatrix} \begin{pmatrix} 1 \\ -\frac{7}{4} \end{pmatrix} = mc^2 \begin{pmatrix} 1 & \frac{-7}{4} \end{pmatrix} \begin{pmatrix} -\frac{1}{8} \\ \frac{1}{4} \\ -\frac{1}{4} \end{pmatrix}$$

$$= mc^2 \left(-\frac{1}{8} + \frac{7}{16} \right) = mc^2 \left(\frac{5}{16} \right)$$

$$c \simeq \frac{4}{\sqrt{5m}}$$

$$\vec{\rho}^{(1)} = \frac{4}{\sqrt{5m}} \begin{pmatrix} 1 \\ -7/4 \end{pmatrix}$$

Allo stesso modo, otteniamo per l'altra modalità:

$$c \simeq \frac{4}{\sqrt{53m}}$$

$$\vec{\rho}^{(2)} = \frac{4}{\sqrt{53m}} \begin{pmatrix} 1 \\ 1/4 \end{pmatrix}$$

Pertanto, le modalità normali si combinano per dare posizione mediante:

$$\vec{x} = \frac{4}{\sqrt{5m}} \begin{pmatrix} 1 \\ -7/4 \end{pmatrix} \left\{ c_1 \cos\left(\sqrt{(2+\sqrt{2})\left(\frac{g}{l}\right)}\, t \right) \right.$$
$$\left. + d_1 \sin\left(\sqrt{(2+\sqrt{2})\left(\frac{g}{l}\right)}\right)t \right\}$$

$$+ \frac{4}{\sqrt{53m}} \begin{pmatrix} 1 \\ 1/4 \end{pmatrix} \left\{ c_2 \cos\left(\sqrt{(2-\sqrt{2})\left(\frac{g}{l}\right)}\, t \right) \right.$$
$$\left. + d_2 \sin\left(\sqrt{(2-\sqrt{2})\left(\frac{g}{l}\right)}\right)t \right\}$$

Esercizio 3.24. Invece di un disco solido, prendi un cerchio (stessa massa). Ripeti l'analisi.

Esempio 3.25. Due piccole perle su un filo circolare.
Per il prossimo esempio, consideriamo due piccole sfere di massa m e carica e che si muovono senza attrito su un filo circolare di raggio a. A t = 0, le sfere sono diametralmente opposte l'una all'altra. Se il cordone 2 è inizialmente fermo e il cordone 1 inizialmente ha velocità:

$$v \ll \sqrt{\left(\frac{e^2}{ma} \right)},$$

per piccole oscillazioni, trovare la posizione della perlina 1 al tempo t.

Per prima cosa scriviamo la Lagrangiana dove le coordinate sono semplicemente la posizione angolare delle sfere:

$$L = \frac{1}{2}m\left(a^2\dot{\theta}_1^{\,2} + a^2\dot{\theta}_2^{\,2}\right) - U(r).$$

Il potenziale è dovuto alla forza di Coulomb, quindi

$$F = \frac{-e^2}{r^2} \quad \Longrightarrow \quad U = \frac{e^2}{r}.$$

Ora calcoliamo la distanza r tra le cariche. Inizia definendo la separazione angolare tra le perline: $\alpha = \theta_2 - \theta_1$ e considerando l'allineamento dell'asse in modo tale che la perlina una sia nella parte inferiore del filo e all'origine e la perlina due abbia

$$x = a\sin\alpha \quad and \quad y = a(1 - \cos\alpha) \quad and \quad r = a\sqrt{2(1 - \cos\alpha)}$$
$$= 2a\sin\frac{\alpha}{2}.$$

Possiamo ora scrivere la Lagrangiana come:

$$L = \frac{1}{2}ma^2\left(\dot{\theta}_1^{\,2} + \dot{\theta}_2^{\,2}\right) - \frac{e^2}{2a\sin\frac{\alpha}{2}}$$
$$= \frac{1}{2}ma^2\left(\dot{\alpha}^2 + 2\dot{\theta}_1\dot{\alpha} + 2\dot{\theta}_1^{\,2}\right) - \frac{e^2}{2a\sin\frac{\alpha}{2}}$$

Per piccole oscillazioni vogliamo $\alpha = \pi + \eta$, dove η è piccolo (zero al potenziale minimo), e poiché abbiamo $\sin\left(\frac{\pi}{2} + \frac{\eta}{2}\right) = \cos\left(\frac{\eta}{2}\right)$ otteniamo:

$$L = \frac{1}{2}ma^2\left(\dot{\eta}^2 + 2\dot{\theta}_1\dot{\eta} + 2\dot{\theta}_1^{\,2}\right) - \frac{e^2}{2a\sin\frac{2}{\eta}}$$

Le equazioni del moto seguono quindi dalla relazione EL, $\frac{d}{dt}\left(\frac{\partial L}{\partial \dot{q}}\right) - \frac{\partial L}{\partial q} = 0$, per dare:

$$\frac{1}{2}ma^2(2\ddot{\eta} + 4\ddot{\theta}_1) = 0 \Longrightarrow \ddot{\theta}_1 = -\frac{1}{2}\ddot{\eta}$$
$$\frac{1}{2}ma^2(2\ddot{\eta} + 2\ddot{\theta}_1) + \frac{e^2}{2a}\left(\frac{-\left(-\sin\left(\frac{\eta}{2}\right)\frac{1}{2}\right)}{\cos^2\left(\frac{\eta}{2}\right)}\right) = 0$$

E approssimando per piccoli η:

$$\ddot{\eta} + \frac{e^2}{2ma^3}\left(\frac{\eta}{2}\right) = 0,$$

e la frequenza delle piccole oscillazioni del sistema è:

$$\omega^2 = \frac{e^2}{4ma^3}.$$

Al tempo t=0 abbiamo $\alpha = \pi \implies \eta = 0$. Scrivere la soluzione generale per la data frequenza di oscillazione:

$$\eta = B\sin(\omega t).$$

Ora, $t = 0$ abbiamo $v_2 = v$, $v_1 = 0$, quindi:

$$v_2 = a\dot{\theta}_2 = v, \qquad and \qquad \dot{\eta} = \dot{\alpha} = \dot{\theta}_2 - \dot{\theta}_1 = \dot{\theta}_2 = \frac{v}{a} \qquad at\ t = 0$$

$$\dot{\eta} = B\omega\cos(\omega t)\bigg|_{t=0} = \left(\frac{v}{a}\right) \quad \rightarrow \quad B = \frac{v}{a\omega}$$

Quindi, $\eta = \frac{v}{a\omega}\sin(\omega t)$, e possiamo scrivere

$$\ddot{\theta}_1 = -\frac{1}{2}\ddot{\eta} \quad \rightarrow \quad \frac{d}{dt}\left(\dot{\theta}_1 + \frac{1}{2}\dot{\eta}\right) = 0 \quad \rightarrow \quad \dot{\theta}_1 + \frac{1}{2}\dot{\eta} = \frac{v}{2a}$$

E

$$\dot{\theta}_1 = \frac{v}{2a} - \frac{1}{2}\dot{\eta} \quad \rightarrow \quad \theta_1 = \frac{v}{2a}t - \frac{v}{2a\omega}\sin(\omega t) + \theta_0$$

dove θ_0 è l'angolo iniziale di θ_1. Così,

$$\theta_1 = \frac{v}{2a}\left\{t - \frac{\sin(\omega t)}{\omega}\right\} + \theta_0, \quad \omega = \sqrt{\frac{e^2}{4ma^3}}$$

Esercizio 3.25. Lascia che le due perle siano a riposo, posizionate a 175 gradi l'una dall'altra e rilascia. Per piccole oscillazioni, trovare le posizioni delle perle al tempo t.

Esempio 3.26. Pendolo all'interno del cerchio rotante.

Consideriamo ora un sottile cerchio cilindrico di raggio R e massa M che rotola senza scivolare su una superficie orizzontale ruvida (Fig 3.10). Un pendolo fisico di massa m è montato sull'asse del cilindro mediante una disposizione di raggi di massa trascurabile convergenti nell'origine e formanti una montatura del pendolo libera di ruotare liberamente attorno all'asse cilindrico. Il centro di massa del pendolo si trova a una distanza h dall'asse cilindrico e il suo raggio di rotazione è k. Per piccole oscillazioni attorno alla posizione di equilibrio ottenere il periodo di oscillazione in termini delle variabili sopra menzionate.

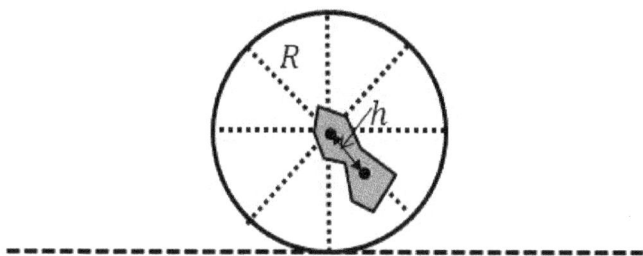

Figura 3.10.

L'energia cinetica del cerchio è:

$$T_h = \frac{1}{2}I_h\omega_h{}^2 + \frac{1}{2}Mv_h{}^2, \ \ where \ \ I_h = MR^2 \ \ and \ \ \omega_h = \dot{\theta}, \ \ v_h = R\dot{\theta}$$

L'energia cinetica del pendolo è:

$$T_p = \frac{1}{2}I_{p(cm)}\omega_p{}^2 + \frac{1}{2}mv_p{}^2$$

Il momento d'inerzia del pendolo è dato dal teorema dell'asse parallelo:

$$I = I_{cm} + mh^2 \ \ \rightarrow \ \ I_{p(cm)} = mk^2 - mh^2$$

Scrivendo la posizione del pendolo in coordinate cartesiane:
$$x = hsin\varphi \ \ and \ \ y = -hcos\varphi,$$
con derivate temporali:
$$\dot{x} = hcos\varphi\dot{\varphi} \ \ and \ \ \dot{y} = hsin\varphi\dot{\varphi}.$$
Per le velocità possiamo quindi scrivere:

$$\omega_p = \dot{\varphi} \ \ and \ \ v_T = |\vec{v}_h + \vec{v}_p| = \sqrt{(v_h + h\dot{\varphi}cos\varphi)^2 + (h\dot{\varphi}sin\varphi)^2}$$

La velocità totale del centro di massa del pendolo è quindi
$$v_T{}^2 = v_h{}^2 + (h\dot{\varphi})^2 + 2v_h(h\dot{\varphi})cos\varphi$$

e l'energia potenziale del pendolo è:
$$U = -mghcos\varphi.$$
Possiamo ora scrivere la lagrangiana:

$$L = \frac{1}{2}MR^2\dot{\theta}^2 + \frac{1}{2}M(R\dot{\theta})^2 + \frac{1}{2}(mk^2 - mh^2)\dot{\varphi}^2$$
$$+ \frac{1}{2}m\{v_h{}^2 - (h\dot{\varphi})^2 + 2v_h(h\dot{\varphi})cos\varphi\} + mghcos\varphi$$

e ora passiamo al formalismo delle piccole oscillazioni (eliminando i termini del 3° ordine e superiori):

$$L = MR^2\dot{\theta}^2 + \frac{1}{2}(mk^2 - mh^2)\dot{\varphi}^2 + \frac{1}{2}m\{(R\dot{\theta})^2 + (h\dot{\varphi})^2 + 2(R\dot{\theta})(h\dot{\varphi})\}$$
$$- \frac{1}{2}mgh\varphi^2$$
$$= \left(MR^2 + \frac{1}{2}mR^2\right)\dot{\theta}^2 + \frac{1}{2}mk^2\dot{\varphi}^2 + mRh\dot{\theta}\dot{\varphi} - \frac{1}{2}mgh\varphi^2$$

Ora possiamo ottenere le equazioni del moto utilizzando le equazioni EL:

$$\theta \ equation: \quad 2\left(MR^2 + \frac{1}{2}mR^2\right)\ddot{\theta} + mRh\ddot{\varphi} = 0$$
$$\Rightarrow \quad \frac{d}{dt}\{(2M + m)R^2\dot{\theta} + mhR\dot{\varphi}\} = 0$$

Quindi otteniamo $\ddot{\theta} = -\frac{mRh\ddot{\varphi}}{(2M+m)R^2}$, che usiamo nell'altra equazione:

$$\varphi \ equation: \quad mk^2\ddot{\varphi} + mhR\ddot{\theta} + mgh\varphi = 0$$

riscrittura dopo la sostituzione:

$$\left\{mk^2 - \frac{m^2h^2}{(2M + m)}\right\}\ddot{\varphi} + mgh\varphi = 0$$

$$\omega^2 = \frac{mgh}{mk^2 - \frac{m^2h^2}{(2M + m)}} \quad \rightarrow \quad \omega = \sqrt{\frac{g}{h}\left\{\left(\frac{k}{h}\right)^2 - \frac{m}{(2M + m)}\right\}^{-1}}$$

E man mano che $M \rightarrow \infty$ il cerchio diventa ignorabile e la frequenza diventa $\omega = \sqrt{\frac{gh}{k^2}}$ quella prevista. Per il periodo otteniamo quindi:

$$T = \frac{2\pi}{\omega} = 2\pi\sqrt{\frac{k^2}{gh}}\sqrt{1 - \left(\frac{h}{k}\right)^2\frac{m}{(2M + m)}}.$$

Nota come non c'è dipendenza R nella soluzione.

Esercizio 3.26. Sostituisci il telaio con un disco solido. (Ignorare gli effetti dello spessore.)

Esempio 3.27. *Una particella in un potenziale* $V(\vec{r}) = V_0 \log r$.
Una particella di massa m si muove in un potenziale $V(\vec{r}) = V_0 \log r$. Sia Ω la frequenza di un'orbita circolare in r=R, e sia ω la frequenza di piccole oscillazioni radiali attorno a quell'orbita circolare. Trovare ω/Ω.

A partire dalla Lagrangiana in coordinate polari:

$$L = \frac{1}{2}m\left(\dot{r}^2 + r^2\dot{\theta}^2\right) - V(\vec{r}) = \frac{1}{2}m\left(\dot{r}^2 + r^2\dot{\theta}^2\right) - V_0 \log r$$

Dalle equazioni EL per le θ coordinate otteniamo:

$$\frac{d}{dt}\left(mr^2\dot{\theta}\right) = 0 \rightarrow \quad mr^2\dot{\theta} = l.$$

Per la coordinata r otteniamo:

$$m\ddot{r} - mr\dot{\theta}^2 + \frac{v_0}{r} = 0 \rightarrow \quad \ddot{r} - \frac{l^2}{m^2r^3} + \frac{v_0}{m}\frac{1}{r} = 0$$

Per le orbite circolari $r = R$ otteniamo $R^2 = \frac{l^2}{mv_0}$, oppure:

$$R = \frac{l}{\sqrt{mv_0}}.$$

Il periodo dell'orbita circolare è dato integrando $mr^2\dot{\theta} = l$ per ottenere $mr^2(\frac{2\pi}{T}) = l$ un ciclo. Quindi il periodo è $T = mr^2(\frac{2\pi}{l})$. Mettendo in relazione il periodo con la frequenza, si ha:

$$\Omega = \frac{l}{mR^2} = \frac{v_0}{l}$$

Consideriamo ora piccole oscillazioni radiali:

$$r = R + \eta \rightarrow \ddot{\eta} - \frac{l^2}{m^2(R+\eta)^3} + \frac{v_0}{m}\frac{1}{(R+\eta)} = 0$$

che semplifica per piccolo η essere:

$$\ddot{\eta} + \eta\left(\frac{v_0^2}{l^2}\right)2 = 0 \implies \omega = \frac{v_0}{l}\sqrt{2}.$$

Pertanto il rapporto tra le frequenze è:

$$\frac{\omega}{\Omega} = \sqrt{2}.$$

Esercizio 3.27. Prova come nell'Es. 3.27, ma con $V(\vec{r}) = -V_0/r$

Esempio 3.28. *Cerchio senza massa con pendolo.*

Un cerchio privo di massa di raggio 2l rotola senza scivolare su un pavimento piano (Figura 3.11). Attaccata all'anello c'è un'asta di lunghezza 2l e massa m che può oscillare liberamente nel piano del cerchio. Trova la frequenza del modo oscillatorio per piccole oscillazioni attorno alla posizione di equilibrio mostrata.

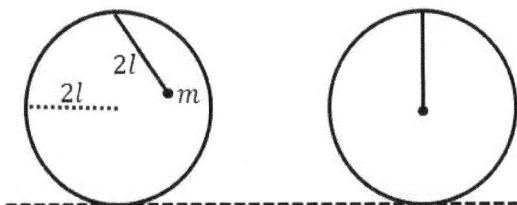

Figura 3.11.

Usiamo l'angolo θ per specificare lo spostamento dalla posizione di equilibrio del punto di appoggio, quindi $\omega_1 = \dot{\theta}$ e la condizione antiscivolo lo mettiamo in relazione con la velocità orizzontale del cerchio: $v_h = 2l\omega_1\dot{\theta}$.

Il momento d'inerzia dell'asta è:

$$I = \frac{1}{3}mR^2 = \frac{1}{3}(m)(2l)^2 = \frac{4}{3}ml^2$$

Esprimiamo ora la posizione del punto di appoggio dell'asta in coordinate cartesiane:
$$x_s = (2l)sin\theta \quad and \quad y_s = 2l + (2l)cos\theta,$$
per cui le derivate temporali delle coordinate sono:
$$\dot{x}_s = 2lcos\theta\dot{\theta} \quad and \quad \dot{y}_s = -2lsin\theta\dot{\theta}.$$

Esprimiamo ora la posizione del baricentro dell'asta, rispetto al punto di appoggio, mediante l'angolo φ:
$$x = (l)sin\varphi \quad and \quad y = -(l)cos\varphi,$$
per cui le derivate temporali delle coordinate sono:
$$\dot{x} = lcos\theta\dot{\varphi} \quad and \quad \dot{y} = -lsin\varphi\dot{\varphi}.$$

Possiamo ora scrivere l'energia cinetica:

$$v = |\vec{v_s} + \vec{v_{cm}}| = \sqrt{((v_s)_x + \dot{x})^2 + ((v_s)_y + \dot{y})^2}$$

dopo le sostituzioni:

$$v^2 = (v_h + (2l)\omega_1 cos\theta)^2 + 2(v_h + (2l)\omega_1 cos\theta)\dot{x} + \dot{x}^2$$
$$+ (-(2l)\omega_1 sin\theta)^2 - 2((2l)\omega_1 sin\theta)\dot{y} + \dot{y}^2$$
$$v^2 = 2[(2l)\omega_1]^2 + 2[(2l)\omega_1]cos\theta + 2(2l)\omega_1(1 + cos\theta)\dot{x}$$
$$- 2(2l)\omega_1 sin\theta\dot{y} + (l\dot{\varphi})^2$$

Così,

$$T = \frac{1}{2}I\omega^2 + \frac{1}{2}mV^2$$
$$T = \frac{1}{2}\left(\frac{4}{3}ml^2\right)\dot{\varphi}^2$$
$$+ \frac{1}{2}m\left\{2\left(2l\dot{\theta}\right)^2(1 + cos\theta) + 2\left(2l\dot{\theta}\right)(1 + cos\theta)\dot{x}\right.$$
$$\left. - 2\left(2l\dot{\theta}\right)sin\theta\dot{y} + (l\dot{\varphi})^2\right\}$$

L'energia potenziale è data da:

$$U = -mgy_{cm} = -mg(y_s + y) = -mg\{2l + 2lcos\theta - lcos\varphi\}$$

Mettendo insieme questo per ottenere la Lagrangiana e assumendo piccoli angoli:

$$L = T - U = \frac{2}{3}ml^2\dot{\varphi}^2 + 2m\left(2l\dot{\theta}\right)^2 + 2m\left(2l\dot{\theta}\right)(l\dot{\varphi}) + (l\dot{\varphi})^2 - mgl\theta^2$$
$$+ mgl\left(\frac{\varphi^2}{2}\right)$$

Possiamo ora calcolare le equazioni del moto:

$$\theta: \quad 4m(2l)^2\ddot{\theta} + m(2l)^2\ddot{\varphi} + 2mgl\theta = 0$$
$$\varphi: \quad \frac{1}{3}m(2l)^2\ddot{\varphi} + m(2l)^2\ddot{\theta} - mgl\varphi = 0$$

Dopo la semplificazione:

$$\theta: \quad 4\ddot{\theta} + \ddot{\varphi} + \frac{g}{2l}\theta = 0$$
$$\emptyset: \quad \frac{1}{3}\ddot{\varphi} + \ddot{\theta} - \frac{g}{4l}\varphi = 0$$

Risolvere per ottenere le frequenze in modalità normale:

$$\begin{vmatrix} \dfrac{g}{2l} & -\omega^2 \\ -\omega^2 & \dfrac{g}{4l} - \dfrac{1}{3}\omega^2 \end{vmatrix} = 0 \quad \rightarrow \quad \omega^2 = \left(\frac{g}{2l}\right)\left\{\frac{-5 \pm \sqrt{25 + 6}}{2}\right\}$$

e per la modalità oscillatoria prendiamo la $\omega^2 > 0$radice:

$$\omega^2{}_{osc} = \left(\frac{g}{2l}\right)\left(\frac{\sqrt{31} - 5}{2}\right).$$

Esercizio 3.28. Prova come nell'Es. 3.28, ma con cerchio di massa M.

Esempio 3.29. Problema sfere e molle.
Consideriamo tre sfere B, C, D, collegate lungo una linea BCD da due molle. Consideriamo che tutto il movimento avvenga lungo l'asse x. Considera una palla A proveniente da sinistra in rotta di collisione con la palla B. Considera che tutte e quattro le masse delle palle siano m. Prendiamo le due costanti della molla come k. Il gruppo iniziale di tre palline è fermo, mentre la pallina A che si avvicina ha velocità v. Supponiamo che la collisione avvenga al tempo=0 e assumiamo che il tempo di collisione sia breve rispetto a $\sqrt{(m/k)}$. Trova la posizione della pallina D in funzione del tempo.

La Lagrangiana per il sistema BCD è semplicemente:

$$L = \frac{1}{2}m\left(\dot{x}_B{}^2 + \dot{x}_C{}^2 + \dot{x}_D{}^2\right)$$

$$-\frac{1}{2}k([x_C - x_B]^2 + [x_D - x_C]^2)$$

$$\tilde{v} = k\begin{vmatrix} 1 & -1 & 0 \\ -1 & 2 & -1 \\ 0 & -1 & 1 \end{vmatrix} \quad and \quad \tilde{m} = m\begin{vmatrix} 1 & 0 & 0 \\ 0 & 1 & 0 \\ 0 & 0 & 1 \end{vmatrix} \quad and \quad |\tilde{v} - \omega^2\tilde{m}| = 0$$

Quindi fornisci il determinante:

$$\begin{vmatrix} k - \omega^2 m & -k & 0 \\ -k & 2k - \omega^2 m & -k \\ 0 & -k & k - \omega^2 m \end{vmatrix} = 0$$

così

$$m\omega^2(k - \omega^2 m)(3k - \omega^2 m) = 0$$

E le frequenze sono: $\omega = 0$; $\omega = \sqrt{k/m}$; e $\omega = \sqrt{3k/m}$, dove $\omega = 0$ corrisponde alla traduzione. Per modalità $\omega_1 = 0$:

$$(\tilde{v} - \omega^2\tilde{m})\rho^{(1)} = \begin{pmatrix} 1 & -1 & 0 \\ -1 & 2 & -1 \\ 0 & -1 & 1 \end{pmatrix}\begin{pmatrix} x_B \\ x_C \\ x_D \end{pmatrix} = 0 \quad \rightarrow \quad \rho^{(1)} = c\begin{pmatrix} 1 \\ 1 \\ 1 \end{pmatrix}$$

Ora per ottenere la normalizzazione:

$$\rho^{(1)}m\rho^{(1)} = mc^2(1 \quad 1 \quad 1)\begin{pmatrix} 1 & \square & \square \\ \square & 1 & \square \\ \square & \square & 1 \end{pmatrix}\begin{pmatrix} 1 \\ 1 \\ 1 \end{pmatrix} = c^2(3)m = 1$$

Così

$$\rho^{(1)} = \frac{1}{\sqrt{3m}}\begin{pmatrix} 1 \\ 1 \\ 1 \end{pmatrix}$$

Per modalità $\omega_2 = \sqrt{\frac{k}{m}}$:

$$\begin{pmatrix} 0 & -k & 0 \\ -k & k & -k \\ 0 & -k & 0 \end{pmatrix}\begin{pmatrix} x_B \\ x_C \\ x_D \end{pmatrix} = 0 \quad \rightarrow \quad \rho^{(2)} = c\begin{pmatrix} 1 \\ 0 \\ -1 \end{pmatrix} \quad \rightarrow \quad \rho^{(2)}$$

$$= \frac{1}{\sqrt{2m}}\begin{pmatrix} 1 \\ 0 \\ -1 \end{pmatrix}$$

E per la modalità $\omega_3 = \sqrt{\frac{3k}{m}}$:

$$\begin{pmatrix} -2k & -k & 0 \\ -k & k & -k \\ 0 & -k & -2k \end{pmatrix}\begin{pmatrix} x_B \\ x_C \\ x_D \end{pmatrix} = 0 \quad \rightarrow \quad \rho^{(3)} = c\begin{pmatrix} 1 \\ -2 \\ 1 \end{pmatrix} \quad \rightarrow \quad \rho^{(2)}$$

$$= \frac{1}{\sqrt{6m}}\begin{pmatrix} 1 \\ -2 \\ 1 \end{pmatrix}$$

La forma generale della soluzione con queste tre modalità è:
$$\vec{x}(t) = \vec{\rho}^{(1)}(c_1 + d_1 t) + \vec{\rho}^{(2)}(c_2 \cos \omega_2 t + d_2 \sin \omega_2 t)$$
$$+ \vec{\rho}^{(3)}(c_3 \cos \omega_3 t + d_3 \sin \omega_3 t)$$

$$\vec{x}(0) = \begin{pmatrix} 0 \\ 0 \\ 0 \end{pmatrix} \implies c_1 = 0, c_2 = 0, c_3 = 0$$

Per le velocità con cui iniziamo

$$\dot{\vec{x}}(0) = \begin{pmatrix} v \\ 0 \\ 0 \end{pmatrix} = \vec{v}$$

Poi,

$$\dot{\vec{x}}(0)\tilde{m}\rho^{(1)} = d_1 = (v\ 0\ 0)\frac{m}{\sqrt{3m}}\begin{pmatrix} 1 \\ 1 \\ 1 \end{pmatrix} = \frac{mv}{\sqrt{3m}} \quad \rightarrow \quad d_1 = \frac{mv}{\sqrt{3m}}$$

$$\dot{\vec{x}}(0)\tilde{m}\rho^{(2)} = \omega_2 d_2 = (v\ 0\ 0)\frac{m}{\sqrt{2m}}\begin{pmatrix} 1 \\ 0 \\ -1 \end{pmatrix} = \frac{mv}{\sqrt{2m}} \quad \rightarrow \quad d_2 = \frac{mv}{\sqrt{2k}}$$

$$\dot{\vec{x}}(0)\tilde{m}\rho^{(3)} = \omega_3 d_3 = (v\ 0\ 0)\frac{m}{\sqrt{6m}}\begin{pmatrix} 1 \\ -2 \\ 1 \end{pmatrix} = \frac{mv}{\sqrt{6m}} \quad \rightarrow \quad d_3 = \frac{mv}{3\sqrt{2k}}$$

Così,

$$\vec{x}(t) = \frac{v}{3}\begin{pmatrix} 1 \\ 1 \\ 1 \end{pmatrix}t + \frac{v}{2\omega_2}\begin{pmatrix} 1 \\ 0 \\ -1 \end{pmatrix}\sin\omega_2 t + \frac{v}{6\omega_2}\begin{pmatrix} 1 \\ -2 \\ 1 \end{pmatrix}\sin\omega_3 t$$

Per la palla D in particolare:

$$x_D(t) = \frac{v}{3}t - \frac{v}{2\omega_2}sin\omega_2 t + \frac{v}{6\omega_2}sin\omega_3 t.$$

Esercizio 3.29. Prova come nell'Es. 3.29, ma con la palla C di massa 2m, non m.

Esempio 3.30. Aste con molle di torsione.
Due aste sottili uniformi, ciascuna di massa m e lunghezza l, sono collegate da una molla di torsione e una di esse ha l'altra estremità fissata tramite una molla di torsione a un punto fisso. Le molle torsionali hanno coppia = k θ. L'estremità libera dell'asta esterna è spinta da una forza F. (a) Cosa sono le equazioni di Eulero-Lagrange; (b) Nell'approssimazione delle piccole oscillazioni, quali sono le frequenze?

Soluzione
(a) L'energia potenziale delle molle di torsione è:

$$U = \frac{1}{2}k\left[\theta_1{}^2 + (\theta_2 - \theta_1)^2\right]$$

Si noti che il momento d'inerzia delle due aste deve essere trattato diversamente poiché un'asta ha un'estremità fissa, quindi subirà rotazioni attorno a quel punto fisso, per cui il momento d'inerzia rilevante è

$$I_1 = \frac{1}{3}ml^2,$$

mentre l'altra asta non è fissa, quindi considereremo il suo moto nel suo baricentro, dove il momento d'inerzia rilevante è attorno al centro:

$$I_2 = \frac{1}{12}ml^2.$$

Possiamo ora scrivere la lagrangiana:

$$L = \frac{1}{2}I_1\omega_1{}^2 + \frac{1}{2}I_2\omega_2{}^2 + \frac{1}{2}M_2v_2{}^2 - U.$$

Ora per ottenere la velocità del baricentro dell'asta con le estremità libere:

$$x = l\left(sin\theta_1 + \frac{1}{2}sin\theta_2\right) \quad and \quad y = l\left(cos\theta_1 + \frac{1}{2}cos\theta_2\right),$$

e le velocità sono:

$$\dot{x} = l\left(cos\theta_1\dot{\theta}_1 + \frac{1}{2}cos\theta_2\dot{\theta}_2\right) \quad and \quad \dot{y} = -l\left(sin\theta_1\dot{\theta}_1 + \frac{1}{2}sin\theta_2\dot{\theta}_2\right)$$

Pertanto le velocità sono:

$$v_2{}^2 = (l\dot{\theta}_1)^2 + \left(\frac{l}{2}\dot{\theta}_2\right)^2 + l^2\dot{\theta}_1\dot{\theta}_2\{cos\theta_1 cos\theta_2 + sin\theta_1 sin\theta_2\}$$

e in base alla scelta degli angoli:

$$\omega_1 = \dot{\theta}_1 \quad and \quad \omega_2 = -\dot{\theta}_2$$

La Lagrangiana è quindi:

$$L = \frac{1}{2}\left(\frac{1}{3}ml^2\right)\dot{\theta}_1^{\ 2} + \frac{1}{2}\left(\frac{1}{12}ml^2\right)\dot{\theta}_2^{\ 2}$$
$$+ \frac{1}{2}m\left\{(l\dot{\theta}_1)^2 + (\frac{l}{2}\dot{\theta}_2)^2 + l^2\dot{\theta}_1\dot{\theta}_2\cos(\theta_2 - \theta_1))\right\} - U$$

Per cui le equazioni del moto sono:

$$\theta_1: \left(ml^2 + \frac{ml^2}{3}\right)\ddot{\theta}_1 + \frac{d}{dt}\left\{\frac{1}{2}ml^2\dot{\theta}_2 cos(\theta_2 - \theta_1)\right\}$$
$$- \frac{1}{2}ml^2\dot{\theta}_1\dot{\theta}_2\sin(\theta_2 - \theta_1)) + \{k\theta_1 + k(\theta_2 - \theta_1)(-1)\}$$
$$= F_1$$
$$\frac{4ml^2}{3}\ddot{\theta}_1 + \frac{ml^2}{2}\left\{\ddot{\theta}_2 cos(\theta_2 - \theta_1)\right.$$
$$\left. - \left(\dot{\theta}_2\right)^2 sin(\theta_2 - \theta_1)\right\} + k\{2\theta_1 - \theta_2\} = F_1$$

E

$$\theta_2: \frac{ml^2}{3}\ddot{\theta}_2 + \frac{ml^2}{2}\left\{\ddot{\theta}_1 cos(\theta_2 - \theta_1) + \left(\dot{\theta}_1\right)^2 sin(\theta_2 - \theta_1)\right\} + k(\theta_2 - \theta_1)$$
$$= F_2$$

Dove

$$F_{\theta_2} = F_y\frac{\partial y}{\partial \theta_1} = (-F)(-lsin\theta_2) = Flsin\theta_2 \quad and \quad F_{\theta_1} = (-F)\frac{\partial y}{\partial \theta_1}$$
$$= Flsin\theta_1$$

Così,

$$\theta_1: \frac{4}{3}ml^2\ddot{\theta}_1 + \frac{ml^2}{2}\left\{\ddot{\theta}_2 cos(\theta_2 - \theta_1) - \dot{\theta}_2^{\ 2} sin(\theta_2 - \theta_1)\right\} + k\{2\theta_1 - \theta_2\}$$
$$= Flsin\theta_1$$

E

$$\theta_2: \frac{1}{3}ml^2\ddot{\theta}_2 + \frac{ml^2}{2}\left\{\ddot{\theta}_1 cos(\theta_2 - \theta_1) - \dot{\theta}_1^{\ 2} sin(\theta_2 - \theta_1)\right\} + k\{\theta_2 - \theta_1\}$$
$$= Flsin\theta_2$$

(b) Passiamo ora alle piccole oscillazioni:

$$\frac{4}{3}ml^2\ddot{\theta}_1 + \frac{ml^2}{2}\{\ddot{\theta}_2\} + k\{2\theta_2 - \theta_1\} - Fl\theta_1 = 0$$

E

$$\frac{1}{3}ml^2\ddot{\theta}_2 + \frac{ml^2}{2}\{\ddot{\theta}_1\} + k\{\theta_2 - \theta_1\} - Fl\theta_2 = 0$$

Ora per ottenere le frequenze della modalità normale dalla valutazione del determinante:

$$
\begin{vmatrix}
-[2k + Fl] - \dfrac{4}{3}ml^2\omega^2 & -k - \dfrac{1}{2}ml^2\omega^2 \\[2mm]
-k - \dfrac{1}{2}ml^2\omega^2 & -[-k + Fl] - \dfrac{1}{3}ml^2\omega^2
\end{vmatrix} = 0
$$

$$
\left([-2k + Fl] + \frac{4}{3}ml^2\omega^2\right)\left([-k + Fl] + \frac{1}{3}ml^2\omega^2\right) - \left(-k - \frac{1}{2}ml^2\omega^2\right)
$$
$$
= 0
$$

Quando $Fl \gg k$:

$$
\left(Fl + \frac{4}{3}ml^2\omega^2\right)\left(Fl + \frac{1}{3}ml^2\omega^2\right) \cong 0 \;\rightarrow\; \omega_1{}^2 = -\frac{3F}{4ml} \;\; and \;\; \omega_2{}^2
$$
$$
= -\frac{3F}{ml}
$$

Quando $Fl \ll k$:

$$
\left(-2k + \frac{4}{3}ml^2\omega^2\right)\left(-k + \frac{1}{3}ml^2\omega^2\right) - (k + \frac{1}{2}ml^2\omega^2)^2 = 0
$$

dove le frequenze sono:

$$
\omega^2 = \frac{3kml^2 \pm \sqrt{9 - \dfrac{28}{36}}\,(kml^2)}{2 * \dfrac{7}{36}(ml^2)^2} \quad (both\ positive).
$$

Esercizio 3.30. Prova come nell'Es. 3,30, ma con fine fissa ora libero.

3.8.3 Smorzamento

Ora che abbiamo trattato le oscillazioni libere e forzate, il successivo effetto fenomenologico chiave è lo smorzamento (attrito), e questo ci fornisce finalmente un termine di derivazione temporale del primo ordine nelle equazioni del movimento, ad esempio, ora abbiamo una forza di attrito opposta lineare in velocità ($F = -\alpha\dot{x}$):

$$
m\ddot{x} + kx = -\alpha\dot{x} \;\rightarrow\; \ddot{x} + 2\lambda\dot{x} + \omega^2 x = 0, where\ \omega^2 = \frac{k}{m}\ and\ 2\lambda
$$
$$
= \frac{\alpha}{m}.
$$

Per risolverlo, prova la forma $x = \exp(rt)$ che ha radici di equazione caratteristica: $r_{1,2} = -\lambda \pm \sqrt{\lambda^2 - \omega^2}$. Pertanto, $x(t) = c_1 \exp(r_1 t) + c_2 \exp(r_2 t)$ nella soluzione generale e abbiamo i seguenti casi:

Caso < ω: oscillazioni esponenzialmente smorzate
$$x(t) = a \exp(-\lambda t) \cos(\omega' t + \alpha), \qquad \omega' = \sqrt{\omega^2 - \lambda^2}.$$
Si noti che c'è una diminuzione della frequenza poiché l'attrito ritarda il movimento.

Cassa = ω: smorzata esponenzialmente senza oscillazioni
$$x(t) = (c_1 + c_2 t) \exp(-\lambda t).$$
Caso > ω: smorzamento aperiodico
$$x(t) = c_1 \exp(r_1 t) + c_2 \exp(r_2 t), with\ r_{1,2}\ roots\ real\ and\ negative.$$

3.8.4 Primo incontro con la funzione Dissipativa
Consideriamo l'attrito nel caso multidimensionale con N>1 gradi di libertà $F_i = -\sum_k \alpha_{ik} \dot{x}_k$. Per evitare instabilità rotazionale o altre patologie della meccanica statistica, dobbiamo α_{ik} essere simmetrici, quindi possiamo introdurre una funzione di dissipazione $\mathcal{F}$:

$$\mathcal{F} = \frac{1}{2} \sum_{i,k} \alpha_{ik} \dot{x}_i \dot{x}_k, \qquad F_i = -\frac{\partial \mathcal{F}}{\partial x_i}$$

(3-55)

Consideriamo la velocità di dissipazione dell'energia nel sistema:

$$\frac{dE}{dt} = \frac{d}{dt}\left(\sum_i \dot{x}_i \frac{\partial L}{\partial \dot{x}_i} - L\right) = -\sum_i \dot{x}_i \frac{\partial \mathcal{F}}{\partial \dot{x}_i} = -2\mathcal{F}.$$

(3-56)

Quindi $\mathcal{F}$ è proporzionale alla velocità di dissipazione dell'energia, come suggerisce il nome.

3.8.5 Oscillazioni forzate sotto attrito
In questa sezione combiniamo sia la forza di attrito che la forza motrice. La forma generale dell'equazione differenziale che descrive l'oscillazione forzata con smorzamento (forma complessa) è:

$$\ddot{x} + 2\lambda \dot{x} + \omega^2 x = \left(\frac{F}{m}\right) \exp i\gamma t.$$

(3-57)

Provando $x(t) = B \exp(i\gamma t)$ la soluzione particolare, l'equazione caratteristica ci dà:

$$B = \frac{F}{m(\omega^2 - \gamma^2 + 2i\lambda\gamma)} = b \exp(i\delta),$$

(3-58)

Dove

$$b = \frac{F}{m\sqrt{(\omega^2 - \gamma^2)^2 + (2\lambda\gamma)^2}}, \qquad \tan\delta = \frac{(2\lambda\gamma)}{(\omega^2 - \gamma^2)}.$$

$$(3\text{-}59)$$

Aggiungendo la soluzione particolare alla soluzione generale dell'equazione omogenea (e assumendo $\omega > \lambda$la determinatezza in quanto segue), e prendendo la parte reale come nostra soluzione, abbiamo:

$$x(t) = a\exp(-\lambda t)\cos(\omega t + \alpha) + b\cos(\gamma t + \delta),$$

$$(3\text{-}60)$$

e dopo un tempo sufficiente, c'è solo $x(t) \cong b\cos(\gamma t + \delta)$.

Vicino alla risonanza, $\gamma = \omega + \epsilon$supponiamo anche che $\lambda \ll \omega$, allora

$$b = \frac{F}{2m\omega\sqrt{\epsilon^2 + \lambda^2}}, \qquad \tan\delta = \frac{\lambda}{\epsilon}.$$

$$(3\text{-}61)$$

La differenza di fase δtra l'oscillazione e la forza esterna è sempre negativa. Lontano dalla risonanza, $\gamma < \omega$: $\delta \to 0$;e $\gamma > \omega$: $\delta \to -\pi$.mentre passa attraverso la risonanza $\gamma = \omega$: $\delta \to -\frac{1}{2}\pi$. In assenza di attrito, la fase dell'oscillazione forzata cambia in modo discontinuo da πa $\gamma = \omega$; quando si aggiunge l'attrito, la discontinuità si attenua.

Una volta raggiunto il movimento stazionario, $x(t) \cong b\cos(\gamma t + \delta)$l'energia assorbita dalla forza esterna corrisponde a quella dissipata nell'attrito. Abbiamo la velocità di dissipazione dovuta all'attrito precedentemente come $-2\mathcal{F}$, dove $\mathcal{F} = \frac{1}{2}\alpha\dot{x}^2 = \lambda m b^2 \gamma^2 \sin^2(\gamma t + \delta)$, con la media temporale: $2\bar{\mathcal{F}} = \lambda m b^2 \gamma^2$. Quindi l'energia assorbita per unità di tempo è $\lambda m b^2 \gamma^2$. Ora, se vogliamo l'integrale dell'energia assorbita a tutte le frequenze di guida, l'assorbimento sarà dominato dalle frequenze vicine alla risonanza, per le quali l'integrale si approssima a $\pi F^2/4m$.

Nota: in questa analisi stiamo considerando la molla o il pendolo con solo una forza di richiamo lineare. Per il pendolo nell'approssimazione del piccolo angolo, tuttavia, questo è il caso, dove il termine forza dovuto alla gravità è $-mgsin(\theta) \cong -mg\theta$. Quando torneremo all'oscillatore condotto smorzato senza questa approssimazione in seguito, vedremo che il movimento caotico diventa onnipresente tra i possibili movimenti suscitati.

Prima di abbandonare l'argomento della dissipazione e di dare un'occhiata alla rappresentazione del diagramma di fase utilizzata nell'approccio hamiltoniano di cui parleremo di seguito, consideriamo il sistema:

$$m\ddot{x} + \gamma\dot{x} + \frac{dU}{dx} = 0,$$

(3-62)

quando il potenziale è un doppio pozzo. Nella Figura 3.12 è mostrato uno schema del potenziale, del diagramma di stato del sistema quando $\gamma = 0$(nessuna dissipazione), e del diagramma di stato del sistema quando $\gamma \neq 0$. Per il sistema con dissipazione, vediamo che esiste una spirale decadinte che seleziona un pozzo in cui localizzarsi quando l'energia si dissipa al livello della separatrice.

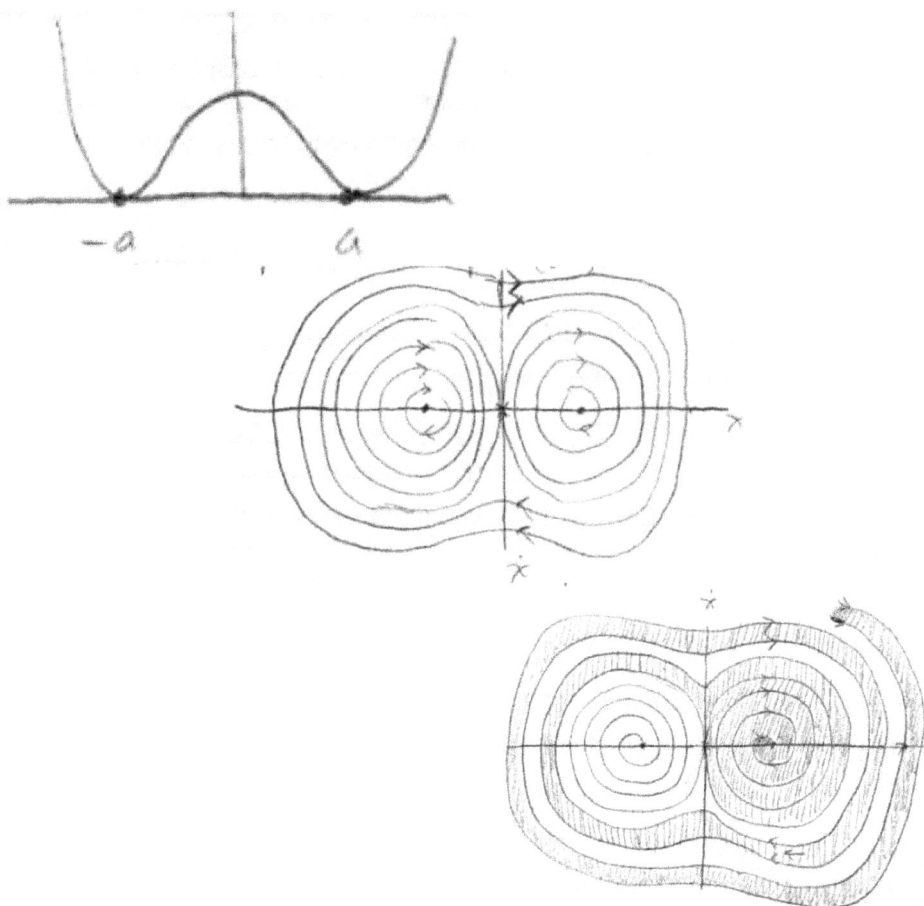

Figura 3.12. A sinistra: uno schizzo di un potenziale a doppio pozzo; Al centro: schizzo del diagramma di fase senza dissipazionc; Diagramma di fase con dissipazione (ed eventuale assestamento nel pozzo destro).

3.8.6 Risonanza parametrica
Invece di una forza esterna, consideriamo ora le modulazioni dei parametri del sistema stesso (il sistema non è chiuso). Per una forza esterna che guida il sistema in risonanza abbiamo riscontrato una crescita lineare nel tempo nello spostamento del sistema dall'equilibrio. Per la risonanza parametrica vedremo che questa crescita alla risonanza è *esponenziale* , dove la crescita è moltiplicativa, ma questo significa anche che questo fenomeno di crescita della risonanza non si verifica se lo spostamento (o il sistema) è all'equilibrio all'inizio (perché moltiplicando la crescita per zero). Un esempio da tenere a mente è lo swing familiare. Una volta avviato (con avvio diverso da zero), il movimento di oscillazione è sostenuto dalla tempistica appropriata (corrispondenza della risonanza) del movimento di oscillazione con ciclo di oscillazione, una risonanza parametrica. Per catturare il fenomeno, consideriamo un sistema di molle 1-D con massa e costante elastica k:

$$\frac{d}{dt}(m\dot{x}) + kx = 0.$$

(3-63)

Riscaliamo il tempo per consentire la separazione della presunta m(t) dipendente dal tempo:

$$d\tau = \frac{dt}{m(t)} \rightarrow \frac{d^2x}{d\tau^2} + mkx = 0.$$

Pertanto, senza perdita di generalità (wlog), possiamo considerare il problema nella forma

$$\frac{d^2x}{dt^2} + \omega^2(t)x = 0,$$

(3-64)

a cui saremmo potuti arrivare fin dall'inizio, ammettendo m=costante, ma arrivando ad una forma con una frequenza di sistema dipendente dal tempo $\omega(t)$.

Considera il caso in cui $\omega(t)$è periodico con frequenza γe periodo $T = 2\pi/\gamma$. Se $\omega(t) = \omega(t + T)$, allora la soluzione complessiva è invariante rispetto a $t \rightarrow t + T$. A sua volta, ciò significa che le due soluzioni indipendenti per gli spostamenti, $x_1(t)$e $x_2(t)$devono anche essere

90

invarianti rispetto a $t \to t + T$, come si può vedere dalla sostituzione nell'equazione differenziale del secondo ordine di cui sopra, a parte un fattore costante non dipendente dal tempo, quindi le soluzioni generali devono soddisfare:

$$x_1(t + T) = c_1 x_1(t) \ and \ x_2(t + T) = c_2 x_2(t).$$

La soluzione più generale è quindi:

$$x_1(t) = (c_1)^{t/T} P_1(t; T) \ and \ x_2(t) = (c_2)^{t/T} P_2(t; T),$$

(3-65)

dove $P_1(t; T)$e $P_2(t; T)$sono funzioni puramente periodiche con periodo T. Risulta però che le costanti c_1e c_2(che sono esponenziate) nelle soluzioni, hanno un rapporto che costringe l'una ad essere sempre l'inversa dell'altra, quindi ci sarà sempre essere un termine di crescita esponenziale. Prendere in considerazione:

$$x_2(\ddot{x}_1 + \omega^2(t)x_1) = 0 \ and \ x_1(\ddot{x}_2 + \omega^2(t)x_2) = 0 \to \frac{d}{dt}(\dot{x}_1 x_2 - x_1 \dot{x}_2)$$
$$= 0$$

Se $\dot{x}_1 x_2 - x_1 \dot{x}_2 = constant$, allora con $t \to t + T$il fattore complessivo aggiuntivo $c_1 c_2$i risultati devono essere uguali a uno, ovvero uno c'è l'inverso dell'altro. Questa viene definita risonanza parametrica, ma osservate che ciò avviene per qualsiasi frequenza di pilotaggio parametrica – in pratica il dominio accessibile per questo tipo di risonanza è più ristretto, come si riferisce la derivazione che segue. (Nota: le condizioni al contorno potrebbero essere tali che le funzioni puramente periodiche siano semplicemente zero, un caso speciale in cui la crescita esponenziale non si verifica perché è zero all'inizio.)

Poiché la risonanza parametrica è un fenomeno generico quando si modula un parametro di sistema, esiste una frequenza ottimale per farlo? La risposta è sì, ed è semplicemente il doppio della frequenza di risonanza naturale del sistema. Nelle applicazioni del mondo reale con resistenza, questa frequenza di guida ottimizzata può spesso ancora funzionare con risonanza parametrica (crescita esponenziale). Per mostrare la risonanza specializzata nel caso senza trascinamento, iniziare con il parametro di frequenza suddiviso nel termine di risonanza indipendente dal tempo ω_0^2e nel termine moltiplicatore di offset dipendente dal tempo:

$$\omega^2(t) = \omega_0^2(1 + h\cos(\gamma t)),$$

(3-66)

dove $h \ll 1$e scegliamo $\gamma = 2\omega_0 + \epsilon$dove $\epsilon \ll \omega_0$. Proviamo una soluzione del tipo senza modulazione parametrica, quindi teniamo conto di tale modulazione con un offset alla frequenza naturale che corrisponde alla frequenza del driver parametrico:

$$x(t) = x_1(t) + x_2(t) = a(t)\cos\left(\left[\omega_0 + \frac{1}{2}\epsilon\right]t\right) + b(t)\sin\left(\left[\omega_0 + \frac{1}{2}\epsilon\right]t\right)$$

Sostituendo la soluzione di cui sopra ed espandendola al primo ordine in h, e al primo ordine in ϵ, dove a(t) e b(t) variano lentamente rispetto a ω_0, e assumiamo $\dot{a} \sim \epsilon a$ e $\dot{b} \sim \epsilon b$(successivamente verificato nel risultato), consideriamo prima i termini trigonometrici incrociati:

$$\cos\left(\left[\omega_0 + \frac{1}{2}\epsilon\right]t\right)\cos([2\omega_0 + \epsilon]t)$$
$$= \frac{1}{2}\cos\left(3\left[\omega_0 + \frac{1}{2}\epsilon\right]t\right) + \frac{1}{2}\cos\left(\left[\omega_0 + \frac{1}{2}\epsilon\right]t\right).$$

Si noti che risulta maggiore la frequenza multipla nel primo termine. Termini a frequenza multipla più elevati contribuiranno con un ordine di piccolezza maggiore rispetto a h, quindi, come l'ordine superiore h, potrebbero essere eliminati nell'analisi del primo ordine. L'equazione risultante è:

$$-(2\dot{a} + b\epsilon + \frac{1}{2}h\omega_0 b)\omega_0 \sin\left(\left[\omega_0 + \frac{1}{2}\epsilon\right]t\right) + (2\dot{b} - a\epsilon + \frac{1}{2}h\omega_0 a)\omega_0 \cos\left(\left[\omega_0\right.\right.$$
$$\left.\left. + \frac{1}{2}\epsilon\right]t\right) = 0$$

I coefficienti dei termini trigonometrici devono essere indipendentemente pari a zero. Proviamo $a(t) \sim \exp(st)$ e $b(t) \sim \exp(st)$, che dà origine alle equazioni caratteristiche:

$$sa + \frac{1}{2}\left(\epsilon + \frac{1}{2}h\omega_0\right)b = 0 \; and \; \frac{1}{2}\left(\epsilon - \frac{1}{2}h\omega_0\right)a - sb = 0 \rightarrow s^2$$
$$= \frac{1}{4}\left[\left(\frac{1}{2}h\omega_0\right)^2 - \epsilon^2\right].$$

Si noti che l'intervallo di soluzioni per la crescita esponenziale è dove s è reale, quindi abbiamo il vincolo:

$$-\frac{1}{2}h\omega_0 < \epsilon < \frac{1}{2}h\omega_0.$$

3.8.7 Oscillazioni anarmoniche

Consideriamo ora una Lagrangiana con termini al terzo ordine, ma con un progetto di lavorare con espansioni nella magnitudo della perturbazione. In effetti stiamo risolvendo equazioni differenziali utilizzando il metodo classico delle approssimazioni successive. Ciò che accade con questo approccio è che l'oscillatore anarmonico viene convertito in una successione di problemi di oscillatore armonico pilotato. Cominciamo con una generica Lagrangiana al terzo ordine:

$$L = \frac{1}{2}\sum_{\alpha}(\dot{\theta}_\alpha{}^2 - \omega_\alpha{}^2\theta_\alpha{}^2) + \sum_{\alpha,\beta,\gamma} C_{\alpha\beta\gamma}\dot{\theta}_\alpha\dot{\theta}_\beta\theta_\gamma - \sum_{\alpha,\beta,\gamma} D_{\alpha\beta\gamma}\theta_\alpha\theta_\beta\theta_\gamma$$

(3-67)

che porta ad un'equazione EL del secondo ordine della forma:

$$\ddot{\theta}_\alpha + \omega_\alpha{}^2\theta_\alpha = f_\alpha(\theta_\alpha, \dot{\theta}_\alpha, \ddot{\theta}_\alpha).$$

(3-68)

Questo viene poi risolto con il metodo delle approssimazioni successive, un'analisi perturbativa:

$$\theta_\alpha = \theta_\alpha^{(1)} + \theta_\alpha^{(2)}, where\ \theta_\alpha^{(2)} \ll \theta_\alpha^{(1)}, and\theta_\alpha^{(1)} + \omega_\alpha{}^2\theta_\alpha^{(1)} = 0.$$

Ciò lascia la perturbazione in termini di forza effettiva, ma nell'analisi della perturbazione possiamo approssimare la dipendenza dalle coordinate generalizzate della forza generalizzata mediante il livello di approssimazione precedente, qui:

$$\ddot{\theta}_\alpha^{(2)} + \omega_\alpha{}^2\theta_\alpha^{(2)} = f_\alpha\left(\theta_\alpha^{(1)}, \dot{\theta}_\alpha^{(1)}, \ddot{\theta}_\alpha^{(1)}\right).$$

(3-69)

In seconda approssimazione abbiamo la frequenza naturale del sistema modificata da varie combinazioni di frequenze, quali $\omega_\alpha \pm \omega_\beta$, compreso $2\omega_\alpha$ e $\omega_\alpha = 0$. Questo processo può essere ripetuto, andando a livelli di approssimazione più elevati, ma le frequenze fondamentali ω_α nelle approssimazioni più elevate non sono uguali ai loro livelli imperturbati. Per correggere ciò, viene apportata una modifica tale che i fattori periodici nella soluzione contengano le frequenze esatte. Per essere specifici, consideriamo l'esempio del seguente oscillatore anarmonico 1-D [27]:

$$L = \frac{1}{2}m\dot{x}^2 - \frac{1}{2}m\omega_0^2 x^2 + xF(t),$$

$$where\ F(t) = -\frac{1}{3}m\alpha x^2 - \frac{1}{4}m\beta x^3$$

(3-70)

per cui otteniamo:

$$\ddot{x} + \omega_0^2 x = -\alpha x^2 - \beta x^3.$$

(3-71)

Utilizzando il metodo delle approssimazioni successive sopra descritto (ulteriori dettagli al riguardo si trovano nell'Appendice A), abbiamo:

$$x = x^{(1)} + x^{(2)} + x^{(3)} + \cdots,$$

(3-72)

dove iniziamo con la soluzione dell'equazione omogenea, cioè , dove $x^{(1)} = a \cos \omega t$ con il valore esatto di ω dove:

$$\omega = \omega_0 + \omega^{(1)} + \omega^{(2)} + \omega^{(3)} + \cdots,$$

(3-73)

e otteniamo:

$$\frac{\omega_0^2}{\omega_{\square}^2}\ddot{x} + \omega_0^2 x = -\alpha x^2 - \beta x^3 - \left(1 - \frac{\omega_0^2}{\omega_{\square}^2}\right)\ddot{x}.$$

(3-74)

Per passare al livello di approssimazione successivo, consideriamo $x = x^{(1)} + x^{(2)}$ e $\omega = \omega_0 + \omega^{(1)}$, e omettendo i termini superiori al secondo ordine di piccolezza:

$$\ddot{x}^{(2)} + \omega_0^2 x^{(2)} = -\alpha a^2 \cos^2 \omega t + 2\omega_0 \omega^{(1)} a \cos \omega t$$

(3-75)

scegliamo ora $\omega^{(1)} = 0$ di arrivare ad una soluzione semplice (scegliamo le ω modifiche ad approssimazioni successive per disaccoppiamento o semplificazione simili):

$$x^{(2)} = -\frac{\alpha a^2}{2\omega_0^2} + \frac{\alpha a^2}{6\omega_0^2}\cos 2\omega t$$

(3-76)

Passando al successivo livello di approssimazione con $x = x^{(1)} + x^{(2)} + x^{(3)}$ e $\omega = \omega_0 + \omega^{(2)}$, otteniamo:

$$\ddot{x}^{(3)} + \omega_0^2 x^{(3)} = -2\alpha x^{(1)} x^{(2)} - \beta \left(x^{(1)}\right)^3 + 2\omega_0 \omega^{(2)} x^{(1)}$$

(3-77)

$$\ddot{x}^{(3)} + \omega_0^2 x^{(3)} = a^3 \left[\frac{\beta}{4} - \frac{\alpha^2}{6\omega_0^2}\right] \cos 3\omega t$$
$$+ a \left[2\omega_0 \omega^{(2)} + \frac{5a^2\alpha^2}{6\omega_0^2} - \frac{3}{4}a^2\beta\right] \cos \omega t$$

(3-78)

dove, ancora una volta, scegliamo $\omega^{(2)}$ tale che il termine a destra sia zero per una soluzione semplice:

$$\omega^{(2)} = -\frac{5a^2\alpha^2}{12\omega_0^3} + \frac{3\beta a^2}{8\omega_0}$$

(3-79)

E,

$$x^{(3)} = \frac{a^3}{16\omega_0^2}\left[\frac{\alpha^2}{3\omega_0^2} - \frac{\beta}{2}\right]\cos 3\omega t.$$

(3-80)

La risonanza parametrica è evidente soprattutto negli studi di sistemi che agiscono sotto piccole oscillazioni e comporta variazioni temporali dei parametri del sistema – come il punto di supporto di un pendolo (che sarà descritto nella sezione successiva). Le oscillazioni forzate, con o senza smorzamento, hanno una dipendenza della frequenza di tipo dispersione dall'assorbimento di energia da parte del conducente. C'è risonanza alla frequenza naturale del sistema. Per i moti che sono stati sostanzialmente eccitati entriamo nel regime non lineare dei termini di energia cinetica e potenziale nella Lagrangiana. Le oscillazioni anarmoniche o non lineari (come nella sezione precedente) si mescolano a causa delle non linearità che si traducono in frequenze combinate che a loro volta possono apparire risonanti. A questo proposito il metodo delle approssimazioni successive deve essere utilizzato con attenzione, in modo coerente a non avere termini autorisonanti attraverso il mixing.

3.8.8 Movimento in un campo che oscilla rapidamente (nota anche come analisi a due tempi)

Consideriamo il movimento in un potenziale U con periodo T in cui viene applicata una forza che oscilla rapidamente,

$$m\ddot{x} = -\frac{dU}{dx} + f, \quad f = f_1 \cos \omega t + f_2 \sin \omega t, \quad \omega \gg \frac{1}{T}$$

(3-81)

Non lo assumiamo $f \ll U$ o addirittura $f < U$, piuttosto assumiamo un risultato con piccole oscillazioni sulla parte superiore del percorso regolare che la particella percorrerebbe se solo sotto il potenziale U:

$$x(t) = X(t) + \varepsilon(t), \qquad \overline{\varepsilon(t)} = 0.$$

(3-82)

Questa viene talvolta definita analisi a due tempi [30]. Sostituendo si arriva quindi al primo ordine negli sviluppi di Taylor:

$$m\ddot{X} + m\ddot{\varepsilon} = -\frac{dU}{dx} - \varepsilon\frac{d^2U}{dx^2} + f(X,t) + \varepsilon\frac{\partial f}{\partial X}.$$

(3-83)

Ora tutti i termini del primo ordine ε sono trascurabili rispetto agli altri termini, ad eccezione del $\ddot{\varepsilon}$ termine, poiché i fattori di frequenza sono assunti molto grandi (poiché oscillano rapidamente). Dividendo la

95

traiettoria regolare ($X(t)$ traiettoria con $f = 0$) e la parte rapidamente oscillante, otteniamo per quest'ultima:

$$m\ddot{\varepsilon} = f(X,t) \rightarrow \varepsilon = -\frac{f}{m\omega^2}$$

(3-84)

Consideriamo ora la media rispetto al tempo sull'equazione del primo ordine, tutte le prime potenze autonome di ε e f saranno zero:

$$m\ddot{X} = -\frac{dU}{dx} + \overline{\varepsilon\frac{\partial f}{\partial X}} = -\frac{dU}{dx} - \frac{1}{m\omega^2}\overline{f\frac{\partial f}{\partial X}} = -\frac{dU_{eff}}{dx},$$

Dove,

$$U_{eff} = U + \frac{\overline{f^2}}{2m\omega^2}, \quad U_{eff} = U + \frac{(f_1^2 + f_2^2)}{4m\omega^2} = U + \frac{1}{2}m\overline{\dot{\varepsilon}^2}$$

(3-85)

Per vedere come ciò si manifesta nella pratica, consideriamo il pendolo il cui punto di appoggio subisce rapide *oscillazioni orizzontali* :
$x = l \sin\varphi + a \cos\gamma t \text{E} \dot{x} = l\dot{\varphi}\cos\varphi - a\gamma\sin\gamma t$
$y = l\cos\varphi \text{E} \dot{y} = -l\dot{\varphi}\sin\varphi$
$U = -mgl\cos\varphi$

$$L = T - U = \frac{1}{2}m(l\dot{\varphi})^2 - ml\dot{\varphi}a\gamma\cos\varphi\sin\gamma t + mgl\cos\varphi$$

avvalendosi della libertà di aggiungere una derivata temporale totale, $\frac{d}{dt}(mla\gamma\sin\varphi\sin\gamma t)$, per ottenere:

$$L = T - U = \frac{1}{2}m(l\dot{\varphi})^2 + mla\gamma^2\sin\varphi\cos\gamma t + mgl\cos\varphi$$

Utilizzando l'equazione di Eulero-Lagrange otteniamo quindi:

$$ml^2\ddot{\varphi} = mla\gamma^2\cos\varphi\cos\gamma t - mgl\sin\varphi = -\frac{dU}{dx} + f_\varphi,$$

Dove,

$$f_\varphi = mla\gamma^2\cos\varphi\cos\gamma t$$

Utilizzando la relazione della discussione precedente:

$$U_{eff} = U + \frac{\overline{f_\varphi}^2}{2m\gamma^2} = mgl\left[-\cos\varphi + \frac{a^2\gamma^2}{4gl}\cos^2\varphi\right].$$

Risolvendo per $\frac{dU_{eff}}{d\varphi} = 0$ otteniamo soluzioni in $\sin\varphi = 0$ e $\cos\varphi = 2gl/a^2\gamma^2$, dove l'esistenza di quest'ultima soluzione richiede $2gl < a^2\gamma^2$.

Allo stesso modo, potremmo considerare il pendolo il cui punto di appoggio subisce rapide *oscillazioni verticali* :

$$x = l \sin \varphi \qquad E\dot{x} = l\dot{\varphi} \cos \varphi$$
$$y = l \cos \varphi + a \cos \gamma t \qquad E\dot{y} = -l\dot{\varphi} \sin \varphi - a\gamma \sin \gamma t$$
$$U = -mgl \cos \varphi + mga \cos \gamma t$$

$$L = T - U = \frac{1}{2}m(l\dot{\varphi})^2 + ml\dot{\varphi}a\gamma \sin \varphi \sin \gamma t + \frac{1}{2}ma^2\gamma^2 \sin^2 \gamma t$$
$$+ mgl \cos \varphi - mga \cos \gamma t$$

Eliminando le funzioni pure dipendenti dal tempo e sfruttando la libertà di aggiungere una derivata temporale totale, $\frac{d}{dt}(mla\gamma \cos \varphi \sin \gamma t)$, si ottiene:

$$L = T - U = \frac{1}{2}m(l\dot{\varphi})^2 + mla\gamma^2 \cos \varphi \cos \gamma t + mgl \cos \varphi$$

Utilizzando l'equazione di Eulero-Lagrange otteniamo quindi:

$$ml^2\ddot{\varphi} = -mla\gamma^2 \sin \varphi \cos \gamma t - mgl \sin \varphi = -\frac{dU}{dx} + f_\varphi,$$

Dove,

$$f_\varphi = -mla\gamma^2 \sin \varphi \cos \gamma t$$

Utilizzando nuovamente la relazione della discussione precedente:

$$U_{eff} = U + \frac{\overline{f_\varphi}^2}{2m\gamma^2} = mgl\left[-\cos \varphi + \frac{a^2\gamma^2}{4gl}\sin^2 \varphi\right].$$

Risolvendo per $\frac{dU_{eff}}{d\varphi} = 0$ otteniamo soluzioni in $\varphi = 0$ e $\varphi = \pi$, dove l'esistenza di quest'ultima soluzione richiede $2gl < a^2\gamma^2$.

Capitolo 4. Misurazione classica

4.1 Acquisizione di piccole misurazioni in sistemi integrabili nel tempo

La misurazione con la massima sensibilità avviene laddove l'evento di misurazione viene ripetuto, spesso in soluzioni in cui un valore chiave viene sommato nel tempo. Pertanto, è naturale considerare i sistemi integrabili nel tempo come un componente chiave di un rilevatore sensibile. Un oscillatore è un esempio di tale sistema, di cui verrà fornito di seguito un breve riepilogo. Dopodiché facciamo un'ultima generalizzazione, aggiungendo le fluttuazioni del rumore (fondamentalmente presenti a causa di sorgenti di rumore termico) per ottenere una descrizione dei limiti sperimentali effettivi. Inizialmente, per partire dai risultati della meccanica classica mostrati nel Capitolo 3, svilupperemo l'oscillatore azionato smorzato con rumore e vedremo quale forza minima rilevabile che agisce sull'oscillatore (massa) è possibile. Descrive un metodo di "contatto" per il rilevamento della forza.

I metodi di contatto diretto per il rilevamento effettivo sono più tipicamente basati su estensimetri o elementi piezoelettrici che possono accoppiarsi direttamente in circuiti elettrici (di risonanza) (notare la conversione del segnale in forma elettronica, che sarà la norma). I metodi di contatto indiretto basati su misuratori di capacità funzionano meglio in questa categoria, dove la misurazione di uno spostamento altera direttamente la capacità (tramite la separazione delle piastre direttamente correlata allo spostamento). La capacità di riposo viene scelta in un circuito che funziona in risonanza (o sulla parte ripida della curva di risonanza) [51] in modo tale che gli spostamenti di frequenza del circuito siano più notevoli da un dispositivo di misurazione del circuito secondario (contatto indiretto). Esempi di misuratori di capacità entrano nelle descrizioni dei circuiti che, sebbene semplici [52], esulano dall'ambito di questa descrizione, quindi non verranno discussi ulteriormente.

I metodi ottici senza contatto offrono la massima sensibilità e verranno discussi brevemente in seguito a risultati più espliciti per i metodi di contatto (poiché la presentazione di un rilevatore a contatto diretto con oscillatore dimostra molti dei concetti chiave e dei fattori limitanti). Si noti che il rilevamento "senza contatto" più estremo è la non demolizione quantistica, ma di questo non parleremo. Appunti dal progetto LIGO, e sono stati ottenuti dal corso Ph118 ca. del Prof. Drever. 1988 (nell'Appendice B, il ~1988 l'elenco dei contatti di LIGO mostra meno di 30 persone coinvolte nel progetto, incluso me stesso che all'epoca ero uno studente laureato, ora ci sono oltre 3000 contributori a questo progetto in tutto il mondo).

4.1.1 Riepilogo dell'oscillatore condotto smorzato
Per l'oscillatore azionato smorzato abbiamo l'equazione differenziale ordinaria:

$$\ddot{x} + 2\lambda\dot{x} + \omega^2 x = \left(\frac{F}{m}\right)\exp i\gamma t,$$

(4-1)

con soluzione:
$$x(t) = a\exp(-\lambda t)\cos(\omega t + \alpha) + b\cos(\gamma t + \delta) \cong b\cos(\gamma t + \delta),$$
(4-2)

Dove

$$b = \frac{F}{m\sqrt{(\omega^2 - \gamma^2)^2 + (2\lambda\gamma)^2}} \quad \tan\delta = \frac{(2\lambda\gamma)}{(\omega^2 - \gamma^2)}.$$

(4-3)

Una volta raggiunto il movimento stazionario, $x(t) \cong b\cos(\gamma t + \delta)$l'energia assorbita dalla forza esterna corrisponde a quella dissipata nell'attrito. Abbiamo la velocità di dissipazione dovuta all'attrito precedentemente come $-2\mathcal{F}$, dove $\mathcal{F} = \frac{1}{2}\alpha\dot{x}^2 = \lambda m b^2 \gamma^2 \sin^2(\gamma t + \delta)$, con la media temporale: $2\bar{\mathcal{F}} = \lambda m b^2 \gamma^2$. Quindi l'energia assorbita per unità di tempo è $\lambda m b^2 \gamma^2$. Ora, se vogliamo l'integrale dell'energia assorbita a tutte le frequenze di guida, l'assorbimento sarà dominato dalle frequenze vicine alla risonanza, per le quali l'integrale si approssima a $\pi F^2/4m$.

4.1.2 Oscillatore condotto smorzato con fluttuazioni del rumore
Consideriamo ora l'oscillatore pilotato smorzato con fluttuazioni di rumore e determiniamo la forza minima rilevabile che il sistema può fornire. Questo è lo scenario, con fluttuazioni del rumore realistiche, che fornisce un limite accurato alla sensibilità della misurazione. Cominciamo con la nuova equazione differenziale ordinaria con l'aggiunta del termine di fluttuazione del rumore F_{fl}:

$$\ddot{x} + 2\lambda\dot{x} + \omega^2 x = F(t) + F_{fl},$$

dove il risultato dello stato stazionario di prima, senza forze di rumore di fluttuazione, era $x(t) \cong b \cos(\gamma t + \delta)$. Esiste ancora uno stato stazionario ma con una forma leggermente più generale? Consideriamo innanzitutto che la relazione ampiezza tempo è data da $\tau_m = 1/\lambda$ e stiamo assumendo che l'intenzione sia quella di effettuare misurazioni precise, quindi cerchiamo uno smorzamento minimo, quindi un tempo di rilassamento massimo τ_m, quindi effettivamente uno stato stazionario rispetto al tempo di misurazione e al tempo di l' $F(t)$ effetto che si intende rilevare. Avremo così indicata la forma dello stato stazionario con possibile dipendenza dal tempo nelle costanti a livello di ipotesi. Provare l'ipotesi e convalidarla dimostra che è corretta [53] e [54]. Passando ora alla notazione di Braginsky [51], riassumeremo la derivazione di Braginsky mostrata nell'Appendice di [51] intitolata "Criteri statistici per la determinazione dell'eccitazione di un oscillatore mediante una forza esterna":

$$x(\tau) \cong A(\tau) \sin\big(\omega_0 \tau + \varphi(\tau)\big) \qquad \overline{A(\tau)} \gg \frac{1}{\omega_0} \frac{dA(\tau)}{d\tau}.$$

(4-5)

La nostra affermazione di un evento di rilevamento sarà probabilistica, soprattutto se si considera l'aggiunta di un processo stocastico (fluttuazioni del rumore). Desideriamo considerare la probabilità che un evento di forza $F(t)$ si verifichi in un tempo $\hat{\tau}$ che rientra nell'intervallo temporale della misurazione. La rilevabilità di un tale evento richiede di distinguerlo dai falsi segnali provenienti dal rumore di fluttuazione F_{fl}. A sua volta, per entrambi deve essere esaminata la natura della rilevabilità. In entrambi i casi ciò che stiamo cercando è una variazione nell'ampiezza dell'oscillazione in base alla differenza $A(\tau) - A(0)$, e nel caso del rumore di fluttuazione questo limite deve essere qualificato per essere valido con probabilità " $1 - \alpha$ ". Questo approccio è motivato dall'espressione di [54] per la densità di probabilità di una distribuzione arbitraria di ampiezze di oscillazione dopo il tempo dell'evento $\hat{\tau}$:

$$P[A(\hat{\tau})|A(0)]$$
$$= \frac{A(\hat{\tau})}{\sigma^2(1-\varepsilon^2)} I_0\left(\frac{\varepsilon A(0)A(\hat{\tau})}{\sigma^2(1-\varepsilon^2)}\right) \exp\left(-\frac{\big(A(\hat{\tau})\big)^2 + \varepsilon\big(A(0)\big)^2}{2\sigma^2(1-\varepsilon^2)}\right),$$

(4-6)

Dove,

$$\varepsilon = e^{(-\hat{\tau}/\tau_m)} \quad and \quad \sigma^2 = \overline{A(\tau)^2}.$$

101

L'errore statistico del formalismo di primo tipo (con " $1 - \alpha$ ") assume ora la forma:

$$1 - \alpha = \int_{A(0)}^{A(\hat{t})} P[A(\hat{t})|A(0)]dA(\hat{t}).$$

(4-7)

Seguendo l'analisi di Braginsky, considereremo ora la soluzione dell'integrale per due casi: $A(0) = 0$e $A(0) = \sigma$. Troveremo che la valutazione della forza minima rilevabile è più o meno la stessa indipendentemente dal valore iniziale dell'ampiezza, mentre lo scambio di energia con l'oscillatore è significativamente influenzato dall'ampiezza iniziale. Inoltre, seguendo Braginsky, assumeremo che la nostra fonte di rumore sia puramente una fonte di rumore termico. Questo è lo scenario migliore poiché le sorgenti di rumore termico sono fondamentali nei sistemi fisici in vari modi (vedere [24] per la derivazione di queste sorgenti di rumore nei circuiti, ad esempio). Se assumiamo "solo" rumore termico avremo allora, in funzione della temperatura di termalizzazione, Tquanto segue:

$$\sigma^2 = \frac{k_B T}{k}, \quad where \ \omega_0 = \sqrt{k/m}.$$

(4-8)

Risolvendo l'integrale e sostituendo si ottiene:

$$[A(\hat{t})]_{1-\alpha} = 2\sigma\sqrt{(\hat{t}/\tau_m)\ln(1/\alpha)}.$$

(4-9)

Pertanto, se iniziamo un evento di rilevamento con $A(0) \cong 0$, e vediamo l'ampiezza crescere nel tempo $\hat{t}$in modo tale che $A(\hat{t}) > [A(\hat{t})]_{1-\alpha}$, allora abbiamo con probabilità, o "affidabilità", $(1 - \alpha)$che un evento si è verificato. Come notato da Braginsky, ciò che abbiamo finora è solo una condizione soglia che descrive cosa fare se la soglia viene raggiunta. Se la soglia viene raggiunta, allora non stiamo dicendo alcun evento di rilevamento, ad esempio quello $F(t) = 0$, ma ciò potrebbe essere dovuto solo ad una sfortunata cancellazione della forza dell'evento e delle forze di fluttuazione. Per valutare l'errore che da ciò può essere introdotto, Braginsky introduce la misurazione di un errore statistico del secondo tipo corrispondente alla probabilità di avere $F(t) \neq 0$pur avendo l'evento sotto soglia $A(\hat{t}) < [A(\hat{t})]_{1-\alpha}$. Nello specifico, considerare la forza $F(t)$quando non è presente alcuna forza di fluttuazione e tale che la variazione dell'ampiezza nel tempo $\hat{t}$raggiunga un valore Γmaggiore della soglia, in modo tale che abbiamo

$$\gamma = \Gamma/[A(\hat{t}) - A(0)]_{1-\alpha}$$

102

con $\gamma \geq 1$. Ciò pone le basi per valutare l'errore del secondo tipo (ulteriori dettagli si trovano in [51]). La conclusione è che un semplice fattore costante, ~ 1, è tutto ciò che potrebbe modificare la condizione di soglia per l'evento di rilevamento.

Mettiamo ora in relazione la variazione minima rilevabile di ampiezza con l'energia impartita o estratta dall'oscillatore utilizzando la forma sopra γ:

$$\Delta E = k\gamma^2 [A(\hat{\tau})]^2_{1-\alpha} = 2\ln(1/\alpha)\,(2\hat{\tau}/\tau_m)\gamma^2 k_B T.$$

(4-11)

Ritornando al caso semplice di $F(t) = F_0 \sin(\omega\tau)$un intervallo di tempo compreso tra 0 e $\hat{\tau}$(e forza zero al di fuori di tale intervallo di tempo), allora abbiamo la crescita lineare in ampiezza secondo:

$$\Gamma = \frac{F_0 \hat{\tau}}{2m\omega}, \qquad where \quad \omega = \sqrt{k/m}$$

(4-12)

e richiedendolo $\Gamma > [A(\hat{\tau}) - A(0)]_{1-\alpha}$si ottiene quindi il minimo rilevabile F_0:

$$[F_0]_{min} = \rho\sqrt{4k_B Tm/(\hat{\tau}\tau_m)},$$

(4-13)

dove ρè un fattore di affidabilità adimensionale che varia tra 2,45 e 4,29 per valori di affidabilità tipici α(vedere Tabella A1 in [51])., Un'analisi simile per il caso in cui $A(0) \cong \sigma$all'inizio dell'evento di rilevamento si riduce alla stessa formula con fattori di affidabilità che vanno tra 1,96 e 3,88. Pertanto, la forza minima rilevabile è più o meno la stessa indipendentemente dal valore iniziale dell'ampiezza e ha la forma:

$$[F_0]_{min} \propto \sqrt{\frac{4k_B Tm}{(\hat{\tau}\tau_m)}}.$$

(4-14)

4.1.3 Metodi ottici senza contatto

Esistono due tipi di misurazione ottica su cui ci concentreremo qui: (i) bordo di coltello; e (ii) auto-interferenza. I metodi a lama di coltello implicano in qualche modo una leva ottica. Se puntiamo un raggio laser su uno specchio e misuriamo le sue fluttuazioni su uno schermo a una distanza D, il segnale proiettato sarà due volte più grande se semplicemente raddoppiamo la distanza di proiezione portandola a 2D. Più comune, e una miscela del tipo (i) e (ii), consiste nell'utilizzare un reticolo di diffrazione, in cui l'effetto del guadagno viene moltiplicato in base alla separazione nel reticolo di diffrazione mobile che fa parte di una misurazione di trasmissione del fascio (che coinvolge un secondo, fisso, reticolo di diffrazione). Il più sensibile degli eventi di rilevamento del tipo di autointerferenza ottica, tuttavia, coinvolge tipicamente un interferometro di Michelson-Morley. L'idea di base è che il raggio viene diviso e lasciato interferire con se stesso in modo tale che la cancellazione perfetta sia sintonizzata sulla parte trasmessa del divisore di raggio. Quando si verifica uno spostamento nello specchio (o una distanza specchio-cavità), vediamo uno slittamento dallo stato cancellato e vediamo un lampo di luce in base all'entità della non cancellazione, che è correlata alla forza del segnale. Come per molti metodi di rilevamento, la valutazione della sensibilità spesso sembra promettente ma, in realtà, è spesso impossibile ottenere i parametri fisici necessari per il dispositivo. Con gli approcci interferometrici, tuttavia, ciò che serve è spesso a portata di mano, utilizzando laser molto potenti, specchi altamente riflettenti, specchi squisitamente stabilizzati e specchi divisori di raggio, per cominciare. Si scopre che questo può essere fatto, ma è una questione di dimensioni.

Il lavoro a cui ho partecipato coinvolgendo il prototipo del rilevatore LIGO negli anni '80 è stato un esempio in cui è stato dimostrato che i metodi interferometrici funzionano estremamente bene. Ma i bracci dell'interferometro prototipo erano lunghi 20 metri, non 2 km, come avrebbero dovuto essere alla fine. Quindi la scala del vuoto era molto diversa (le cavità dell'interferometro laser sono mantenute ad alto vuoto per eliminare il rumore e, cosa più importante, evitare un processo distruttivo sugli specchi altamente riflettenti (molto costosi) (un effetto EM di cui si parlerà in [40]). , fa sì che la "polvere" scarica assuma una carica effettiva e, nel campo elettrico non uniforme della cavità, il risultato è che la polvere viene spinta negli specchi causandone il costante degrado). Questo e altri problemi di ridimensionamento hanno richiesto altri 30 anni di sviluppo fino a quando il progetto LIGO finalmente divenne operativo con il primo osservatorio di onde gravitazionali (Premio Nobel per Kip Thorne, et al.) negli anni '80, quando partecipai per alcuni anni (prima di passare a questioni più teoriche, che saranno descritte in []. 45,46]) il gruppo LIGO era piuttosto piccolo (circa 30, vedere la vecchia Directory nella Figura B.1). Il ridimensionamento di 100 volte delle dimensioni del dispositivo è stato in parte soddisfatto da un ridimensionamento di 100 volte nello sforzo del gruppo entro il 2020.

Una descrizione adeguata della metodologia di rilevamento LIGO ci porterebbe molto lontano, fino alle proprietà del rumore del laser e delle proprietà della cavità ottica, ma viene ancora fornita una descrizione di alto livello. Innanzitutto l'interferometro "a forma di L" è doppiamente importante per il tipo di evento di rilevamento ricercato, che per LIGO era un'onda gravitazionale. Tale onda sarebbe misurabile solo tramite il suo effetto quadrupolo (con bracci rilevatori ortogonali, vedere il Libro 3 per i dettagli) per cui un braccio dell'interferometro viene allungato mentre l'altro viene accorciato, fornendo un cambiamento nel segnale di interferenza (questo per l'onda quadrupolare colpendo il rilevatore perfettamente trasversalmente e allineato sui bracci del rilevatore). In secondo luogo, il rumore del laser (multimodalità) è direttamente correlato ai cambiamenti nella modalità principale che viene "bloccata", il che è un problema di rumore, quindi richiede qualcosa per "pulire" il rumore del laser. All'epoca in cui lavoravo a LIGO, la cavità risonante utilizzata per questo compito fu chiamata da Ron Drever " dewiggler ". Pertanto, c'è una cavità laser (ad alta potenza) che alimenta un pulitore di modalità (il dewiggler) che poi alimenta l'interferometro a "L". E, in terzo luogo, c'è la questione di stabilizzare le lunghezze dei bracci rispetto alle fluttuazioni di posizione nella banda di frequenza di interesse per il rilevamento. In sostanza, gli specchietti terminali e lo specchio divisore del fascio devono essere tutti servoassistiti in una posizione fissa l'uno rispetto all'altro (l'intero sistema fluttua rispetto alla camera a vuoto circostante mentre è relativamente "bloccato"). Alla fine, è necessaria un'elaborazione specializzata del segnale per il rilevamento di un profilo di segnale noto (o gruppo di profili). In sostanza, per una capacità di rilevamento ottimale viene impiegato un filtro specializzato basato sull'adattamento al segnale ricercato.

4.2 Teoria della misurazione – Variabili casuali e processi

Vengono descritti molti esperimenti in cui è presente una frequenza prevista o altre caratteristiche misurabili . Vorremmo ottenere una "misurazione accurata", ma cosa significa? Per iniziare, considera una serie di misurazioni per alcune circostanze, magari semplici come la misurazione ripetuta di qualcosa. Nella teoria delle misurazioni l'insieme di tali misurazioni, nei casi più semplici e non variabili nel tempo, è visto come un campione di un unico tipo di distribuzione di fondo. Eseguendo misurazioni ripetute (x_N) sappiamo intuitivamente che otteniamo una misurazione migliore, o "più sicura", ma perché? Risulta semplice derivare la proprietà secondo cui la varianza campionaria diminuisce con il numero di misurazioni effettuate. Il numero di misurazioni da effettuare si trasforma quindi in quanto vuoi che le tue "barre di errore" siano strette (la regione delineata da una deviazione standard, o σ(sigma), sotto la media a una deviazione standard sopra). Vedremo che $Var(\bar{x}_N) = \sigma^2/N$, dove σè la deviazione standard di una singola misurazione della variabile casuale (X), ed Varè la varianza (dev. std. al quadrato) della misurazione ripetuta. Questo calcolo è noto come calcolo del sigma della media e otteniamo questo $\sigma_\mu = \sigma/\sqrt{N}$, quindi possiamo migliorare la nostra precisione di misurazione (sigma ridotto sulla media) in base al numero di misurazioni effettuate (N). Il risultato principale di cui sopra (giustificazione per misurazioni ripetute nel processo sperimentale) e altri verranno ora delineati in maggiore dettaglio. Tuttavia, nella discussione precedente sono già emersi alcuni termini tecnici, pertanto per prima cosa verrà fornita una breve rassegna della terminologia e delle definizioni fondamentali.

Definizioni
La maggior parte delle definizioni che seguono in questa sezione sono dettagliate ulteriormente in [55].

Variabile casuale
Una variabile casuale X è l'assegnazione di un numero, x(θ), a ogni risultato θdi X.

Processo stocastico
Un processo stocastico è un'assegnazione di un numero dipendente da un parametro temporale, x(θ,t), a ogni risultato θdi X.

Visto come un indice, se il parametro temporale t è continuo, allora abbiamo un processo a tempo continuo, altrimenti è un processo a tempo discreto. Per ora lavoriamo con processi a tempo discreto e forniamo più definizioni, gettando le basi per uno scenario di misurazioni sperimentali ripetute:

L'aspettativa, E(X), della variabile casuale X
L'aspettativa, E(X), della variabile casuale X è definita come:
$$EX) \equiv \sum_{i=1}^{L} x_i \, p(x_i) Se \ x_i \in \mathcal{R}.$$

(4-15)

Allo stesso modo, l'aspettativa, E(g(X)), di una funzione g(X) di variabile casuale X è:
$$E(g(X)) \equiv \sum_{i=1}^{L} g(x_i) \, p(x_i) Se \ x_i \in \mathcal{R}.$$

106

Consideriamo ora il caso speciale in cui $g(x_i) = -log(p(x_i))$, che dà origine all'entropia di Shannon:

$$H(X) \equiv E[g(X)] = -\sum_{i=1}^{L} p(x_i)\, log(p(x_i)) \text{ se } p(x_i) \in \mathfrak{R}^+,$$

Per le informazioni reciproche, allo stesso modo, utilizzare $g(X,Y) = log(p(x_i, y_i)/p(x_i)p(y_i))$ per ottenere:

$$I(X;Y) \equiv E[g(X,Y)] \equiv \sum_{i=1}^{L} p(x_i, y_i)\, log(p(x_i, y_i)/p(x_i)p(y_i)),$$

e se $p(x_i)$, $p(y_i)$, $p(x_i, y_i)$ sono tutti $\in \mathfrak{R}^+$, allora questo è equivalente all'entropia relativa tra una distribuzione congiunta e la stessa distribuzione se le variabili casuali sono indipendenti, ovvero la divergenza di Kullback-Leibler : $D(p(x_i, y_i) \| p(x_i)p(y_i))$ che è prevalente nella teoria dell'informazione [24] .

Disuguaglianza di Jensen
Sono state poste le basi per una semplice dimostrazione della disuguaglianza di Jensen, che verrà fornita di seguito. Questa disuguaglianza è una manovra chiave impiegata in altre definizioni che seguiranno (Hoeffding).

Sia $\varphi(\cdot)$ una funzione convessa su un sottoinsieme convesso della retta reale: $\varphi: \chi \to \mathfrak{R}$. Convessità per definizione: $\varphi(\lambda_1 x_1 + ... y_n x_n) \leq \lambda_1 \varphi(x_1) + ... + \lambda_n \varphi(x_n)$, dove $\lambda_i \geq 0$ e$\sum \lambda_{io} = 1$. Pertanto, se $\lambda_1 = p(x_1)$, soddisfiamo le relazioni per l'interpolazione delle linee e le distribuzioni di probabilità discrete, quindi possiamo riscriverle in termini della definizione di Aspettativa:

$$\varphi(E(X)) \leq E(\varphi(X)).$$

Applichiamolo per ottenere una relazione che coinvolga l'Entropia di Shannon scegliendo $\varphi(x) = -log(x)$, che è una funzione convessa, quindi abbiamo che:

$$log(E(X)) \geq E(log(X)) = -H(X).$$

Varianza

$$Var(X) \equiv E([X - E(X)]^2) = \sum_{i=1}^{L}(x_i - E(X))^2 p(x_i) = E(X^2) - (E(X))^2$$

(4-16)

Varianza di campionamento

$$Var_N(X) = \frac{1}{N-1}\sum(x_i - E(x))^2$$

(4-17)

La disuguaglianza di Chebyshev
$$Per\ k>0,\ P(|X - E(X)| > k) \leq Var(X)/k^2$$

Dimostrazione: $Var(X) = \sum_{i=1}^{L} (x_i - E(X))^2 p(x_i)$

$= \sum_{\{x_i| \ |x_i - E(X)| > k\}} (x_i - E(X))^2 p(x_i)$

$+ \sum_{\{x_i| \ |x_i - E(X)| \leq k\}} (x_i - E(X))^2 p(x_i)$

$\geq k^2 P(|X - E(X)| > k)$

Misurazione ripetuta e sigma della media

Sia $X_{k \text{ copie}}$ indipendenti identicamente distribuite (iid) di X, e sia X il numero reale "alfabeto". Sia $\mu = E(X)$, $\sigma^2 = Var(X)$, e indichiamo

$$\bar{x}_N = \frac{1}{N} \sum_{k=1}^{N} X_k$$

$$E(\bar{x}_N) = \mu$$

$$Var(\bar{x}_N) = \frac{1}{N^2} \sum_{k=1}^{N} Var(X_k) = \frac{1}{N} \sigma^2$$

Pertanto, per misurazioni ripetute, il sigma della media è $\sigma_\mu = \sigma/\sqrt{N}$, Come menzionato in precedenza. Si noti che se continuiamo l'analisi di questo scenario otteniamo la relazione di Chebyshev:

$$P(|\bar{x}_N - \mu| > k) \leq Var(\bar{x}_N)/k^2 = \frac{1}{Nk^2} \sigma^2 .$$

(4-19)

da cui si può derivare la Legge dei Grandi Numeri.

La legge dei grandi numeri, forma debole (Weak-LLN)

L'LLN verrà ora derivato nella classica forma "debole". (La forma "forte" è derivata nel contesto matematico moderno di Martingale in una sezione successiva.) Come N $\to \infty$ otteniamo quella che è conosciuta come Legge dei Grandi Numeri (debole), dove $P(|\bar{x}_N - \mu| > k) \to 0$, per ogni k>0.

Pertanto, la media aritmetica di una sequenza di iid rvs converge verso le loro aspettative comuni. La forma debole avrà convergenza "in probabilità", mentre la forma forte avrà convergenza "con probabilità uno".

4.3 Collisioni e dispersione

Passiamo ora alla considerazione della collisione e della dispersione. Questa è un'applicazione dell'analisi lagrangiana che di solito è semplice, soprattutto se si considera lo scattering classico per il quale esiste sempre una risposta [56]. Lo faremo nella formulazione basata sulla Lagrangiana, con l'energia come quantità conservata, e considereremo le traiettorie illimitate (in entrata e in uscita). Successivamente verrà fornita una descrizione molto breve ma formale dello scattering classico sulla falsariga di Reed&Simon [56], che potrà poi passare direttamente alla descrizione dello scattering quantistico (come mostrato in [56]). Prima di intraprendere la descrizione formale, chiariamo le nozioni di base riesaminando lo scattering Rutherford (1911) [57] e lo scattering Compton (1923) [73], il primo ci sposta dal modello a budino di prugne dell'atomo al moderno con nucleo compatto e nuvola di elettroni, e rivelando il ruolo centrale dell'alfa; quest'ultimo fornisce prova diretta della matematica a 4 vettori (prova della Relatività Speciale). (Se lo scattering Compton fosse stato osservato prima del 1905, sarebbe stato un'altra parte della fisica, accessibile dai classici dispositivi sperimentali dell'epoca, indicando la Relatività Speciale.)

Il focus della meccanica classica finora è stato sulla teoria matematica e non sui parametri osservati delle particelle elementari osservate o sulla descrizione fenomenologica dei "mezzi ponderabili" (da discutere, per l'impostazione meccanica classica, nella Sezione 5.1 per i materiali rigidi). Corpi materiali e Sezione 5.2 per Corpi materiali). E questo è stato fatto per separare chiaramente i parametri fondamentali delle particelle e i parametri fenomenologici dalla struttura matematica, compresi i parametri matematici fondamentali. Nella Sezione 4.3 sulla Diffusione e nel Capitolo 5 sul Movimento Collettivo (una prima esplorazione delle proprietà dei materiali), tuttavia, i parametri fisici sono inevitabili e riguardano anche esperimenti chiave che dimostrano la forza di alcuni modelli sperimentali, quindi inizieranno ad apparire nella presentazione . Iniziamo con lo scattering Rutherford [57], che è semplicemente lo scattering Coulomb a bassa velocità (non relativistico). Otteniamo una formula, che si adatta molto bene all'esperimento se assumiamo il modello atomico moderno (nucleo positivo, compatto, con nuvola di elettroni negativi). C'è solo un "parametro di adattamento" nella formula ed è il parametro adimensionale alfa. Pertanto, abbiamo la nostra prima apparizione di alfa nella discussione della meccanica classica (raggruppata come $\alpha\hbar$), ed è direttamente correlata alle proprietà atomiche (carica), alle proprietà elettromagnetiche (permittività dello spazio libero), alle proprietà relativistiche speciali (velocità della luce) e alle proprietà quantistiche. (costante di Planck). (Nota, alfa era già apparso nei primi sforzi della Meccanica Quantistica , come costante della struttura fine, nell'analisi spettrografica di Sommerfeld [58], come sarà discusso nel Libro 4.) Prima di lavorare attraverso diversi esempi, viene mostrato anche lo Scattering Compton . L'esperimento di diffusione Compton è stato effettivamente eseguito e la descrizione si basa sulle note del laboratorio Caltech Ph 7 in cui l'esperimento Compton è stato eseguito come parte di un requisito di laboratorio standard per gli studenti universitari di fisica. L'uso della capacità di rilevamento delle coincidenze consente l'acquisizione di dati eccellenti. La validazione della formula di scattering di Compton, a sua volta, serve a dimostrare: (i) che la luce non può essere spiegata esclusivamente come un fenomeno ondulatorio (ulteriore discussione quantistica rimandata al Libro 4 [42]); e (ii) che la coerenza richiede l'uso della relazione relativistica a 4 vettori energia-momento (la Relatività Speciale è trattata nel Libro 2 [40]).

Nello scattering spesso cerchiamo di esaminare la quantità di dispersione (o la probabilità di dispersione) in un dato angolo (come con Rutherford). La misura della probabilità di un dato processo si riduce così alla valutazione della relativa "sezione trasversale". Ulteriori dettagli su queste definizioni e convenzioni verranno forniti nel corso dell'esame dello scattering di Rutherford discusso di seguito.

4.3.1. Dispersione Rutherford

Consideriamo due particelle puntiformi che interagiscono sotto un potenziale di Coulomb centrale. Il potenziale centrale classico consente il disaccoppiamento del movimento del centro di massa e del movimento relativo, scegliamo quindi un conveniente "quadro" con la particella 1 in movimento (incidente sulla particella 2) con parametri: m_1, $q_1 = Z_1 e$(dove eè la carica fondamentale, ed Z_1è un intero positivo) e una velocità diversa da zero $v_1$misurata a grande distanza.

La sezione 3.7 descrive il movimento in un campo centrale di Coulomb (con due particelle puntiformi con cariche opposte), per il quale abbiamo ottenuto la soluzione:

$$p = r(1 + e \cos \theta).$$

(4-20)

La soluzione generale (incluso il movimento illimitato) è strettamente correlata ed è data da:

$$u = u_0 \cos(\theta - \theta_0) - C, \qquad u = \frac{1}{r}.$$

(4-21)

Se ora consideriamo le condizioni al contorno, asintoticamente, per la dispersione degli interessi in entrata/uscita, dobbiamo avere soluzioni che soddisfino:

$$u \to 0 \ and \ r \sin \theta \to b \ as \ \theta \to \pi,$$

110

dove b è il parametro di impatto. Una volta risolto per fornire una relazione tra b e l'angolo di deflessione otteniamo:

$$b = \frac{Z_1 Z_2 e^2}{4\pi\epsilon_0 m v_1^2} \cot\frac{\theta}{2}.$$

(4-22)

Abbiamo ora ottenuto una relazione $b(\theta)$ dalla quale si ottiene facilmente la sezione trasversale utilizzando la formula standard:

$$\frac{d\sigma}{d\Omega} = \frac{b}{\sin\theta}\left|\frac{db}{d\theta}\right|.$$

(4-23)

Prima di procedere, tuttavia, deriviamo nuovamente questa formula e, così facendo, sappiamo esattamente cosa si intende per "sezione d'urto di dispersione". La definizione formale è:

$$\frac{d\sigma}{d\Omega}d\Omega = \frac{number\ scattered\ into\ d\Omega\ per\ unit\ time}{incident\ intensity}.$$

(il numero disperso nell'angolo solido per unità di tempo per intensità incidente)

(4-24)

Consideriamo un fascio di particelle in entrata (assiale), con intensità uniforme, con parametro di impatto compreso tra b e $b + db$, il numero di particelle incidenti con il parametro di impatto desiderato sono quindi:

$$2\pi I b |db| = I\frac{d\sigma}{d\Omega}d\Omega,$$

(4-25)

dove si utilizza la definizione del numero di particelle disperse nell'angolo solido $d\Omega$. Poiché il potenziale di scattering è radialmente simmetrico abbiamo $d\Omega = 2\pi \sin\theta\, d\theta$, quindi:

$$\frac{d\sigma}{d\Omega} = \frac{b}{\sin\theta}\left|\frac{db}{d\theta}\right|.$$

Applicando la formula:

$$\frac{d\sigma}{d\Omega} = \left(\frac{Z_1 Z_2 e^2}{8\pi\epsilon_0 m v_1^2 \sin^2\frac{\theta}{2}}\right)^2 = \left(\frac{Z_1 Z_2 (\alpha\hbar c)}{2m v_1^2 \sin^2\frac{\theta}{2}}\right)^2, \quad \alpha = \frac{e^2}{4\pi\epsilon_0 \hbar c}.$$

(4-26)

4.3.2. Diffusione Compton

Consideriamo ora la diffusione dei raggi X. Non solo i raggi X vengono dispersi in vari angoli in modo simile a una particella, ma la "particella" stessa sembra cambiare in quanto la lunghezza d'onda dei raggi X cambia in base alla quantità (angolo) di diffusione. Compton considererà i fotoni

111

in un formalismo onda-particella utilizzando la formula dell'effetto fotovoltaico di Einstein. Compton considererà anche i fotoni in un contesto relativistico, in modo tale che l'energia-impulso della relatività speciale sia la rappresentazione dell'energia totale. L'esperimento di scattering consisterà in un fascio di raggi X in entrata (collimato) che colpisce un elettrone fisso con diffusione dei raggi X e rinculo dell'elettrone. Quindi dalla conservazione dell'energia (relativistica):

$$hf + mc^2 = hf' + \sqrt{(pc)^2 + (mc^2)^2},$$

(4-27)

dove f è la frequenza dei raggi X in arrivo (usando la relazione di Einstein con la costante di Planck h), m è la massa (a riposo) dell'elettrone, c è la velocità della luce, mc^2 è quindi l'energia a riposo dell'elettrone secondo la relatività ristretta di Einstein. Sulla destra, abbiamo la nuova frequenza dei raggi X f', il momento di rinculo dell'elettrone diverso da zero p, tale che il momento energetico relativistico dell'elettrone di rinculo è $\sqrt{(pc)^2 + (mc^2)^2}$. Per la conservazione della quantità di moto quadrilatera abbiamo:

$$\boldsymbol{p} = \boldsymbol{p}_\gamma - \boldsymbol{p}_{\gamma'}$$

(4-28)

che può essere riscritto come:

$$(pc)^2 = \left(p_\gamma c\right)^2 + \left(p_{\gamma'} c\right)^2 - 2(p_\gamma c)(p_{\gamma'} c) \cos\theta,$$

(4-29)

e se combinata con la relazione di conservazione dell'energia otteniamo la famosa equazione di Compton:

$$\frac{c}{f'} - \frac{c}{f} = \frac{h}{mc}(1 - \cos\theta).$$

(4-30)

La distribuzione angolare sui fotoni diffusi è descritta dalla formula di Klein-Nishina:

$$\frac{d\sigma}{d\Omega} = \frac{\left(\frac{1}{2r_0}\right)[1 + \cos^2\theta]}{\left[1 + 2\varepsilon \sin^2(\frac{\theta}{2})\right]} \left\{ 1 + \frac{4\varepsilon^2 \sin^4(\frac{\theta}{2})}{[1 + \cos^2\theta]\left[1 + 2\varepsilon \sin^2(\frac{\theta}{2})\right]} \right\}$$

(4-31)

Esercizio. Derivare la formula di Klein-Nishina.

4.3.3. Discussione teorica ed esempi
Finora le descrizioni della dispersione hanno coinvolto potenziali con forze attrattive, come la gravità o Coulomb con cariche opposte.

112

Potrebbero anche coinvolgere forze repulsive con più o meno lo stesso risultato, purché intrinsecamente coulombiane (quindi sfericamente simmetriche, tra le altre cose), con l'analisi come prima. Si potrebbe considerare una varietà di potenziali più complessi, ma la qualità essenziale è che ci sono stati asintotici e ci sono, forse, stati legati. Possiamo in gran parte determinare il potenziale dagli stati asintotici entranti che vengono "sparsi" negli stati asintotici uscenti (mediante il potenziale di interazione diverso da zero) o, a sua volta, verificare la nostra previsione teorica su quale sarebbe quel potenziale. È qui che la "gomma incontra la strada" con la fisica teorica che si collega alla fisica sperimentale.

Si noti che quando si parla di stati asintotici non legati, o stati liberi, e stati legati, stiamo parlando di due risultati dinamici esistenti all'interno dello stesso sistema dinamico. Lo abbiamo già visto nel contesto dell'analisi bitemporale e dell'analisi perturbativa in generale (l'analisi perturbativa presuppone la dinamica di un sistema di riferimento, quindi considera un secondo sistema, il sistema perturbato). Possiamo "vedere" gli stati asintotici che sono "liberi" dall'interazione di interesse, asintoticamente, catturandoli nel nostro apparato di rilevamento. Lo stesso non si può dire per gli stati vincolati, che identifichiamo indirettamente.

Ricapitoliamo le domande chiave, secondo Reed e Simon [56], a cui la teoria della dispersione cerca di rispondere (vedi [56] per ulteriori dettagli). Per iniziare, adottiamo la loro notazione per gli stati liberi e vincolati:
ρ_+è asintoticamente libero nel futuro ($t \to \infty$), ρ_-è asintoticamente libero nel passato ($t \to -\infty$) ed ρè uno stato legato. Dalla formulazione hamiltoniana sappiamo di poter parlare di un "operatore di trasformazione del tempo" agente sui suddetti stati rispetto ad una scelta di hamiltoniana, qui con/senza interazione: { $T_t, T_t^{(0)}$ }. Pertanto è possibile considerare i limiti asintotici:

$$\lim_{t \to -\infty} \left(T_t \rho - T_t^{(0)} \rho_- \right) = 0 \qquad \lim_{t \to \infty} \left(T_t \rho - T_t^{(0)} \rho_+ \right) = 0 \,.$$

(4-32)

Questi limiti sono ben definiti solo se le soluzioni si verificano per coppie { ρ_-, ρ} dove per ciascuna ρesiste un solo corrispondente ρ_-, analogamente per { ρ_+, ρ}. Le domande chiave:

(1) Cosa sono gli stati liberi? Possono essere tutti preparati sperimentalmente (completezza della preparazione)?

(2) Esiste unicità nella corrispondenza $\{\rho_-, \rho\}$ e $\{\rho_+, \rho\}$?

(3) Esiste una (debole) completezza sullo scattering? ad esempio, mappa tutto ρ_- su $\rho \in \Sigma$, chiama quel sottoinsieme di Σ, Σ_{in}; ripetere per ρ_+ ottenere Σ_{out}, vero $\Sigma_{in} = \Sigma_{out}$? Questo è noto come completezza asintotica debole [56].

(4) Considerato quanto sopra, possiamo definire una biiezione di Σ su se stesso, tale che diventino ben definite: $\rho_- = \Omega^- \rho$ e $\rho_+ = \Omega^+ \rho$, dove Ω^- e Ω^+ sono le mappature biiettive. Possiamo quindi descrivere lo scattering in termini di una biiezione:

$$S = (\Omega^-)^{-1} \Omega^+.$$

Nella meccanica classica questo esisterà sempre come biiezione sullo spazio delle fasi. Nella meccanica quantistica S sarà una trasformazione lineare unitaria nota come matrice S.

(5) Ci sono simmetrie? A volte S può essere determinato a causa di simmetrie, questo sarà esplorato ulteriormente nel contesto della Meccanica Quantistica in [42].

(6) Qual è la continuazione analitica? Un perfezionamento comune per una teoria Reale, per comprendere i fenomeni ondulatori (come nel passaggio a una teoria quantistica), è passare a una teoria complessa vedendo la teoria Reale come il valore limite di una funzione analitica. L'analiticità della trasformazione S, secondo la scelta, conferisce anche causalità (come con la scelta di Feynman delle definizioni integrali del contorno per i propagatori in [43]).

(7) È asintoticamente completo: $\Sigma_{bound} + \Sigma_{in} = \Sigma_{bound} + \Sigma_{out}$? Per la meccanica classica le operazioni "+" sono insiemi teorici, quindi questo si riduce alla questione se $\Sigma_{in} = \Sigma_{out}$ (completezza asintotica debole) a parte un possibile insieme di misura zero (cioè, ci sono problemi con l'insieme di misura zero – l'insieme degli stati legati può essere di misura zero rispetto al superset). Nella teoria quantistica il "+" è una somma diretta degli spazi di Hilbert, che è più complicato e non verrà discusso qui.

Esempio 4.1. Decadimento classico.

Consideriamo un decadimento classico, A→ 3B, in cui la prima particella decade in tre particelle identiche di massa m. Supponiamo che ciascuna particella finale abbia la stessa energia nel sistema di riferimento del centro di massa, che la particella originale si muova con velocità V lungo l'asse z del laboratorio e che l'energia di decadimento sia ϵ. Se una delle particelle emerge lungo l'asse z positivo, a quale angolo rispetto all'asse z emergono le altre due particelle?

Soluzione

Abbiamo la stessa energia nel sistema di riferimento del centro di massa , cioè lo stesso momento. Quindi nel sistema del baricentro

$$\frac{1}{2}(3m)V^2 = 3\frac{1}{2}(m)V'^2 + \epsilon \;\rightarrow\; (mV') = \sqrt{m^2V^2 - \frac{2}{3}m\epsilon}$$

E

$$\tan\phi = \frac{|(m\vec{V}')|\sin(60°)}{|(3m\vec{V})| - |(m\vec{V}')|\cos(60°)} \qquad \sin 60° = \frac{\sqrt{3}}{2} \qquad \cos 60° = \frac{1}{2}$$

Così,

$$\phi = \tan^{-1}\left\{ \frac{\sqrt{m^2V^2 - \frac{2}{3}m\epsilon}\,\frac{\sqrt{3}}{2}}{3mV - \sqrt{m^2V^2 - \frac{2}{3}m\epsilon}\,\frac{1}{2}} \right\}$$

$$= \tan^{-1}\left\{ \frac{\sqrt{3m^2V^2 - 2m\epsilon}}{6mV - \sqrt{m^2V^2 - \frac{2}{3}m\epsilon}} \right\}$$

Esercizio 4.1. Decadimento classico.

Esempio 4.2. (Avv.&W 1.14)

Consideriamo la diffusione di Rutherford da una superficie nucleare quando la sezione trasversale per colpire la superficie nucleare è $\sigma_r = \pi b^2$ per il parametro di impatto minimo r: $r_{min} = b$. Ricordiamo che l'energia del sistema asintoticamente, con velocità in entrata V_∞, è semplicemente

$$E = \frac{1}{2}mV_\infty^2 \;\rightarrow\; V_\infty = \sqrt{\frac{2E}{m}}.$$

Abbiamo anche per il momento angolare (conservato):

$$M_\theta = mV_\infty b = \sqrt{m2E}\,b.$$

Pertanto, il potenziale efficace con indicato M_θ e potenziale di Coulomb $V_c = \frac{zZe^2}{R}$ è:

$$U_{eff} = \frac{M_\theta^2}{2mR^2} + V_c = E \;\rightarrow\; \frac{m2Eb^2}{2mR^2} + V_c = E \;\rightarrow\; b^2 = R^2\frac{(E - V_c)}{E}$$

Così,

$$\sigma_r = \pi b^2 = \pi R^2 (1 - V_c/E).$$

Esercizi correlati : vedere Fetter&Walecka [29].

Esempio 4.3. (A&W 1.17)
Considera la possibilità di disperdere il potenziale
$$V(r) = \begin{cases} 0 & r > a \\ -V_0 & r < a \end{cases}$$
(1) L'orbita mostrata è identica a un raggio di luce rifratto da una sfera di raggio a e $= \sqrt{(E + V_0)/E}$.
(2) Trovare la sezione trasversale elastica differenziale.

Soluzione
(1) Richiamo$F 2\pi b db = F d\sigma_a(\theta)$ and $d\Omega = 2\pi \sin\theta \, d\theta \Rightarrow \frac{d\sigma}{d\Omega} = \frac{b}{\sin\theta} \left| \left(\frac{db}{d\theta} \right) \right|$

Avere: $mV_1 \sin\theta_1 = mV_2 \sin\theta_2$ e $E = \frac{P_1^2}{2m} + U_1 = \frac{P_2^2}{2m} + U_2$. Così:

$$\sin\theta_1 = \sin\theta_2 \sqrt{1 + \frac{2}{mV_1^2}V_0} \quad \rightarrow \quad \sin\theta_1 = \sqrt{(E + V_0)/E} \sin\theta_2$$

Pertanto, l'orbita è identica a un raggio luminoso rifratto da una sfera di raggio $n = \sqrt{(E + V_0)/E}$ ae

$$\sin\theta_2 = \frac{\sin\theta_1}{\sqrt{(E + V_0)/E}}$$

L'angolo di deflessione corrispondente a θ_1 ed θ_2 è $\theta = (\theta_1 - \theta_2)$. Così, $\theta_1 = \frac{\theta}{2} + \theta_2$ e da allora
$b = a \sin\theta_1$ abbiamo:

$$\sin\theta_1 = \sin\left\{ \frac{\theta}{2} + \theta_2 \right\} = \sin\left(\frac{\theta}{2} \right) \sin\theta_2 + \cos\left(\frac{\theta}{2} \right) \cos\theta_2 = \frac{\sin\left(\frac{\theta}{2}\right)\sin\theta_1}{n} + \cos\left(\frac{\theta}{2} \right) \sqrt{1 - \sin^2\theta_1^2}$$

$$\sin^2\theta_1 = \frac{\sin^2\left(\frac{\theta}{2} \right)}{\left(\frac{1}{n} - \cos\left(\frac{\theta}{2} \right) \right)^2 + \sin^2\left(\frac{\theta}{2} \right)}$$

$$b^2 = a^2 \sin^2 \theta_1 = \frac{a^2 n^2 \sin^2\left(\frac{\theta}{2}\right)}{+n^2 \sin^2\left(\frac{\theta}{2}\right)+\left(1-2n\cos\left(\frac{\theta}{2}\right)+n^2\cos^2\left(\frac{\theta}{2}\right)\right)} = \frac{a^2 n^2 \sin^2\left(\frac{\theta}{2}\right)}{1+n^2-2n\cos\left(\frac{\theta}{2}\right)}$$

$$2b\,db = a^2 n^2 \left\{ \frac{2\sin\left(\frac{\theta}{2}\right)\cdot \frac{1}{2}\cos\left(\frac{\theta}{2}\right)}{1+n^2-2n\cos\left(\frac{\theta}{2}\right)} + \frac{(-1)a^2 n^2 \sin^2\left(\frac{\theta}{2}\right)\left[-2n\left(-\frac{1}{2}\sin\frac{\theta}{2}\right)\right]}{(\boxdot)^2} \right\}$$

$$= \frac{a^2 n^2}{\left(1+n^2-2n\cos\left(\frac{\theta}{2}\right)\right)^2}\left\{ \sin\left(\frac{\theta}{2}\right)\cos\left(\frac{\theta}{2}\right)\left(1+n^2-2n\cos\frac{\theta}{2}\right) - n\sin^3\left(\frac{\theta}{2}\right)\right\}$$

Così,
$$\frac{d\sigma}{d\Omega} = \frac{b}{\sin\theta}\left|\frac{db}{d\theta}\right|$$

$$= \frac{a^2 n^2}{4\cos\left(\frac{\theta}{2}\right)}\frac{1}{\left(1+n^2-2n\cos\left(\frac{\theta}{2}\right)^2\right)}\left\{\cos\left(\frac{\theta}{2}\right)(1+n^2) - 2n + n\left(1-\cos^2\left(\frac{\theta}{2}\right)\right)\right\}$$

$$\frac{d\sigma}{d\Omega} = \frac{a^2 n^2}{4\cos\left(\frac{\theta}{2}\right)}\frac{1}{\left(1+n^2-2n\cos\left(\frac{\theta}{2}\right)\right)^2}\left\{\left(n\cos\left(\frac{\theta}{2}\right)-1\right)\left(n-\cos\left(\frac{\theta}{2}\right)\right)\right\}$$

Esercizi correlati: vedere Fetter&Walecka [29].

Esempio 4.4. (A&W 1.18)
Consideriamo una piccola particella con un grande parametro di impatto b dal potenziale centrale V(r) con solo una leggera deflessione che si verifica durante la diffusione.
(a) Utilizzare un'approssimazione impulsiva per ricavare il piccolo angolo di deflessione.

(b) Esaminare il caso $V(r) = \gamma r^{-n}$, dove sia γ e n sono positivi.

c) Esaminare il caso $V(r) = \gamma e^{-\lambda r}$.

(d) Nella Meccanica Quantistica la piccola parte angolare della sezione trasversale è diversa da quella classica, discutere.

Soluzione

(a) Nell'approssimazione impulsiva abbiamo $\theta_1 \approx \dfrac{P'_{1y}}{m_1 v_\infty} e P'_{1y} =$

$\int_{-\infty}^{\infty} F_y \, dt = \int_{-\infty}^{\infty} -\dfrac{dU}{dr} \dfrac{y}{r} \, dt$

Supponiamo una piccola deflessione $y = b, dt = \dfrac{dx}{v_\infty}$:

$$\theta = \frac{b}{m_1 v_\infty^2} \int_{-\infty}^{\infty} -\frac{dU}{dr} \frac{dx}{r} = \frac{2b}{m_1 v_\infty^2} \left| \int_{b}^{\infty} \frac{dU}{dr} \frac{dr}{\sqrt{r^2 - b^2}} \right|$$

(B)$V(r) = \gamma r^{-n} \qquad r > 0, n > 0$

$$\theta = \frac{2b}{m_1 v_\infty^2} \left| \int_{b}^{\infty} \gamma(-n) r^{-n-1} \frac{dr}{\sqrt{r^2 - b^2}} \right| = \frac{2b}{m_1 v_\infty^2} n\gamma \left| \int_{b}^{\infty} \frac{r^{-(n-1)} dr}{\sqrt{r^2 - b^2}} \right|$$

$$\theta = \frac{2b}{m v_\infty^2} \int_{b}^{\infty} \frac{dr}{\sqrt{r^2 - b^2}} \gamma n r^{-n-1} = \frac{2b}{m v_\infty^2} \int_{1}^{\infty} \frac{\gamma n b \, dx \, b^{-(n+1)} x^{-(n+1)}}{b\sqrt{x^2 - 1}}$$

$$= \frac{2b}{m v_\infty^2 b^n} \int_{1}^{\infty} \frac{x^{-(n+1)}}{\sqrt{x^2 - 1}} dx$$

Così, $\theta = \dfrac{C}{b^n} \quad C = \dfrac{2}{m v_\infty^2} \int_{1}^{\infty} \dfrac{x^{-(n+1)}}{\sqrt{x^2-1}} dx.$

COSÌ,

$$\frac{d\theta}{db} = \frac{-nC}{b^{n+1}} \quad \text{and} \quad \frac{d\sigma}{d\Omega} = \frac{1}{nC} \frac{b^{n+2}}{\sin \theta} \cong \frac{1}{nC} \frac{b^{n+2}}{\theta}$$

Così,

$$b^{n+2} = \left(\frac{C}{\theta}\right)^{\left(\frac{n+2}{n}\right)} \quad \text{and} \quad \frac{d\sigma}{d\Omega} = C'\theta^{-\left(2+\frac{2}{n}\right)}.$$

118

Per $n = 1$, $\quad \frac{d\sigma}{d\Omega} \simeq C'\theta^{-4} \leftarrow$ Rutherford: $\left(\frac{d\sigma}{d\Omega}\right)_{el} = \left(\frac{zZe^3}{4E \sin^2\frac{1}{2}\theta}\right)^2$

$n = 2$, $\quad \frac{d\sigma}{d\Omega} \simeq C'\theta^{-3} \leftarrow \left(\frac{d\sigma}{d\Omega}\right)_{el} = \frac{\gamma\pi^2}{E \sin\theta} \frac{\pi-\theta}{\theta^2(2\pi-\theta)^2}$

Per σ_τ essere ben definiti: $\int \frac{d\sigma}{d\Omega} d\Omega < \infty$. Qui abbiamo:

$$\int_0^\theta C'\theta^{-\left(2+\frac{2}{n}\right)} d\Omega \sim \int_0^\theta C'\theta^{-\left(2+\frac{2}{n}\right)}\theta d\theta \sim \theta^{-\frac{2}{n}}\Big|_0^\theta = \infty \text{ for } n > 0$$

Quindi la sezione d'urto è ben definita solo se n<0.

(c) Avere: $V(r) = \gamma e^{-\lambda r}$ $\quad\quad r = bx$

$$\theta = \frac{2b}{m_1 v_\infty^2}\left|\int_b^\infty -\frac{\gamma\lambda e^{-\lambda r} dr}{\sqrt{r^2 - b^2}}\right| = b^2\left(\frac{\lambda 2\lambda}{m_1 v_\infty^2}\right)\int_1^\infty \frac{xe^{-\lambda bx} dx}{\sqrt{x^2 - 1}}$$

Considera $b\lambda \gg 1$ solo $x \approx 1$ i contributi

$$\theta = \gamma b\lambda\left(\frac{2}{m_1 v_\infty^2}\right)\int_1^\infty \frac{e^{-\lambda b}}{\sqrt{2}}\frac{e^{-\lambda b\epsilon}}{\sqrt{\epsilon}} d\epsilon = \gamma be^{-\lambda b}K \quad\quad K$$

$$= \left(\frac{\sqrt{2}\lambda}{m_1 v_\infty^2}\right)\int_1^\infty \frac{e^{-\lambda b\epsilon}}{\sqrt{\epsilon}} d\epsilon$$

Così,

$$\theta = \gamma\sqrt{\frac{\pi b}{\lambda}}e^{-\lambda b}\left(\frac{\lambda}{m_1 v_\infty^2}\right).$$

Da

$$\log\theta \approx -\lambda b \quad\rightarrow\quad b \sim \lambda^{-1}\log\left(\frac{1}{\theta}\right) \quad\rightarrow\quad \frac{d\sigma}{d\Omega} \sim \frac{b}{\theta}\frac{db}{d\theta}$$

Quindi, σ_τ non ben definito perché $\int_0^x \frac{dx}{x\log x} = \log(\log x)\Big|_{x\to\infty}^{\Box} \to \infty$

(d) Classicamente: nessuna diffusione ad angolo zero per b finito; mentre la Meccanica Quantistica ha una densità di probabilità finita per lo scattering ad angolo zero.

Esercizi correlati: vedere Fetter&Walecka [29].

Capitolo 5. Movimento collettivo

Verrà ora data una breve menzione al movimento collettivo per casi idealizzati come corpi rigidi e corpi materiali semplici, lasciando la discussione fenomenologica che coinvolge i corpi materiali in parte al Capitolo 8 Fenomenologia e analisi dimensionale. Questa breve rassegna inizia con il movimento del corpo rigido.

5.1 Movimento del corpo rigido

Per un corpo rigido tutti i carichi interni sono netti pari a zero. Se la geometria di un corpo rigido è statica, le forze applicate devono essere bilanciate e trasmesse attraverso il corpo rigido in modo tale che le forze e le torsioni nette siano pari a zero. In qualsiasi posizione del corpo possiamo valutare le forze complessive e i momenti di forza secondo sei equazioni scalari di equilibrio:

$$\sum F_x = 0, \sum F_y = 0, \sum F_z = 0, \sum M_x = 0, \sum M_y = 0, \sum M_z = 0.$$
(5-1)

Quando si parla di un materiale omogeneo comprendente il corpo rigido, si può parlare della sollecitazione normale media ad una superficie della sezione trasversale ($\sigma = N/A$, dove N è il carico assiale interno e A è l'area della sezione trasversale) e della sollecitazione di taglio media ad una superficie superficie della sezione trasversale ($\tau_{avg} = S/A$, dove S è la forza di taglio che agisce sulla sezione trasversale A). Consideriamo alcuni problemi classici di Hibbeler [59,60] per lavorare su alcuni di questi problemi di statica e vedere la loro applicazione.

Esempio 5.1. (Hibbeler 1-12)

Una trave è tenuta orizzontalmente con la sua estremità sinistra su un perno montato a parete (punto A). Procedendo da sinistra a destra lungo la trave abbiamo dei punti etichettati come segue: 1 piede a destra di A c'è il punto D, altri 2 piedi e il punto B, altro 1 piede e il punto E, altri 2 piedi e il punto G, e ancora 1 piede a raggiungere l'estremità dove è indicato un carico grazie ad un collegamento via cavo a 30 gradi verso l'esterno (verso destra) rispetto alla verticale. Nel punto B c'è una trave di supporto, diretta verso l'alto verso il muro, che forma un triangolo 3-4-5 con il muro (supporto a perno superiore etichettato C), dove 3 corrisponde a 3 piedi da A a B. Il carico sul cavo è 150 libbre. C'è anche un carico distribuito uniformemente tra il punto B e l'estremità della trave di 75 lb/ft. Lungo la trave di supporto diagonale, a 1 piede dal perno di supporto nel punto C, c'è un punto della trave interna etichettato F.

"Determinare i carichi interni risultanti nelle sezioni trasversali nei punti F e G dell'assieme."

Considerando il diagramma libero per la trave orizzontale, questo ci permetterà di risolvere la forza assiale della trave F_{CB} da cui si può ricavare banalmente il carico interno in F. Un taglio (sezionamento) di un corpo libero nella sezione trasversale di G viene effettuato sul lato destro per un'altra semplice analisi del corpo libero per ottenere il carico interno in G. Innanzitutto, per F_{CB}:

$$\sum M_A = 0 \rightarrow 3(0.8)F_{BC} - 5(300) - 7(150)(0.5)\sqrt{3} = 0 \rightarrow F_{BC}$$
$$= 1,003.9 \, lb.$$

Da questo dobbiamo il carico interno in F:

$$N_F = F_{BC} = 1,003.9 \, lb, \quad S_F = 0, \quad and \quad M_F = 0.$$

Consideriamo ora il carico interno in G attraverso la sezione del corpo libero (vedi [59,60] per i dettagli) costituita dal corpo sul lato destro del taglio:

$$\sum M_G = 0 \rightarrow M_G - (0.5)(75) - (1)(150)(0.5)\sqrt{3} = 0 \rightarrow M_G$$
$$= 167.4 ft \, lb \,.$$
$$\sum F_x = 0 \rightarrow N_G + 150(0.5) = 0 \rightarrow N_G = -75 lb.$$
$$\sum F_y = 0 \rightarrow V_G - 75 - 150(0.5)\sqrt{3} = 0 \rightarrow N_G = 205 lb$$

Esercizio 5.1. *Rifare con 150 libbre* →*250 libbre*

Esempio 5.2. Hibbeler (1-66)

Un "telaio" è formato da un muro verticale e due travi che si uniscono a formare un triangolo 3-4-5 (ipotenusa verso l'alto, quindi trave in tensione, non in compressione). I supporti a parete sono a perni incernierati, così come il collegamento tra le travi. La distanza tra i supporti a parete (lunghezza verticale) è di 2 m e la trave orizzontale ha una lunghezza di 1,5 m. Il supporto a parete inferiore è etichettato come punto A, quello superiore B e il punto di connessione delle travi è il punto C. Pertanto, l'ipotenusa è lunga BC. Nel punto C è indicato un carico P verticalmente verso il basso. Il taglio verticale della trave BC è indicato con un taglio in sezione trasversale etichettato con "aa".

"Determinare il carico maggiore **P** che può essere applicato al telaio senza causare il superamento della sollecitazione normale media o della sollecitazione di taglio media nella sezione aa $\sigma = 150MPa$ e $\tau = 60MPa$, rispettivamente. L'elemento CB ha una sezione trasversale quadrata di 25 mm su ciascun lato.

Partiamo dalla considerazione della trave orizzontale come corpo libero per ottenere F_{BC} in termini di **P** :

$$\sum M_A = 0 \rightarrow \quad 0.8F_{BC} = P.$$

(5-2)

La sezione trasversale in esame non è ortogonale all'asse della trave, quindi è necessario correggere di conseguenza la forza normale e la forza di taglio (diversa da zero):

$$N_{aa} = 0.6F_{BC} = 0.75P \quad and \quad S_{aa} = 0.8F_{BC} = P.$$

L'area della sezione trasversale è: $A_{aa} = A/\cos\theta = (5/3)A$. Pertanto la sollecitazione normale alla sezione trasversale aa indicata è massima quando si trova al limite di sollecitazione indicato:

$$\sigma = \frac{N_{aa}}{A_{aa}} = 150MPa \rightarrow P_{max} = 208kN.$$

(5-3)

Il carico massimo P che può essere sottoposto alla sollecitazione normale è limitato a $P_{max} = 208kN$.
Lo sforzo di taglio indicato in aa può essere al massimo 60MPa da cui si calcola:

$$\tau = \frac{S_{aa}}{A_{aa}} = 60MPa \rightarrow \quad P_{max} = 22.5kN.$$

(5-4)

Il carico massimo P che può subire in base allo sforzo di taglio è limitato a $P_{max} = 22.5kN$, e poiché questo limite viene raggiunto prima, il carico massimo possibile a P è 22,5 kN (per evitare rotture a taglio).

Consideriamo alcune situazioni dinamiche con corpi rigidi (alcune sono già state menzionate, ma con aste idealizzate prive di massa).

Esercizio 5.2. *Rifai con* $\sigma = 250MPa$.

Esempio 5.3. Una tavola appoggiata al muro .

Consideriamo il problema di un'asse appoggiata ad un muro. Se inizialmente l'asse forma un angolo θ_0 con il pavimento ed è libera di scorrere lungo il pavimento (senza attrito), qual è il suo movimento? Quando, se mai, la tavola lascia il contatto con il muro? Quando, se mai, la tavola lascia il contatto con il pavimento? Questo è simile al problema 3.18 a pagina 85 di [29], con tavola di lunghezza L e massa M.

Per iniziare ricordiamo che il momento di inerzia di una tavola (uniforme) rispetto al suo centro di massa è $I = \frac{1}{12}ML^2$. Il termine di energia cinetica può quindi essere dato in termini di movimento lineare del centro di massa e di rotazione attorno a quel centro:

$$T = \frac{1}{2}M(\dot{x}^2 + \dot{y}^2) + \frac{1}{2}I\dot{\theta}^2,$$

dove le coordinate (x, y) del baricentro sono legate da θ e $x = \frac{L}{2}\cos\theta$ ($y = \frac{L}{2}\sin\theta$ mantenendo il contatto con la parete). L'energia potenziale è semplicemente: $V = Mgy$. La Lagrangiana è quindi:

$$L = \frac{1}{2}M(\dot{x}^2 + \dot{y}^2) + \frac{1}{2}I\dot{\theta}^2 - Mgy \quad \rightarrow \quad L$$
$$= \frac{1}{2}M\left(\frac{L}{2}\right)^2\dot{\theta}^2 + \frac{1}{2}I\dot{\theta}^2 - Mg\frac{L}{2}\sin\theta$$

L'equazione di Eulero-Lagrange (EL) per quest'ultimo (forma vincolata) dà quindi:

$$\dot{\theta}^2 = \frac{3g}{l}(\sin\theta_0 - \sin\theta).$$

Poiché siamo interessati ai vincoli di contatto (e quando falliscono), torniamo alla forma iniziale e aggiungiamo i moltiplicatori di Lagrange per i vincoli:

$$L(\lambda, \tau) = \frac{1}{2}M(\dot{x}^2 + \dot{y}^2) + \frac{1}{2}I\dot{\theta}^2 - Mgy + \tau\left(x - \frac{L}{2}\cos\theta\right)$$
$$+ \lambda\left(y - \frac{L}{2}\sin\theta\right).$$

Le equazioni del moto per le coordinate (x, y) del centro di massa e i (λ, τ) moltiplicatori di Lagrange per il vincolo x sono:

$$M\ddot{x} - \tau = 0 \quad \rightarrow \quad \tau = -\frac{ML}{2}(\cos\theta\,\dot{\theta}^2 + \sin\theta\,\ddot{\theta})$$
$$= \frac{3gM}{2}\cos\theta\left(\frac{3}{2}\sin\theta - \sin\theta_0\right)$$

dove il τmoltiplicatore va a zero quando:
$$\frac{3}{2}\sin\theta_C - \sin\theta_0 = 0 .$$

Pertanto la tavola si stacca dal muro quando il punto di contatto è in quota:
$$Y = 2y = 2\left(\frac{L}{2}\right)\sin\theta_C = \frac{2}{3}L\sin\theta_0.$$

Nell'istante in cui la scala lascia il muro la coordinata x è libera e ha:
$$x = \frac{L}{2}\sqrt{1 - \left(\frac{2}{3}\right)^2\sin^2\theta_0} \quad and \quad \dot{x} = -\frac{\sqrt{gL}}{3}(\sin\theta_0)^{\frac{3}{2}} \quad and \quad \ddot{x} = 0$$

Esaminiamo ora il vincolo y prima e dopo che la tavola lascia il muro:
$$M\ddot{y} + Mg - \lambda = 0 \quad \rightarrow \quad \lambda = \frac{ML}{2}(-\sin\theta\,\dot{\theta}^2 + \cos\theta\,\ddot{\theta}) + Mg$$

Prima che la tavola lasci il muro abbiamo $\dot{\theta}^2 = \frac{3g}{L}(\sin\theta_0 - \sin\theta)$e $\ddot{\theta} = -\frac{3g}{2L}\cos\theta$, per questo $\lambda > 0$sempre. Dopo che la tavola lascia il muro abbiamo $\dot{\theta}^2 = \frac{g}{L}\sin\theta_0$e $\ddot{\theta} = 0$, per il quale $\lambda > 0$sempre. Quindi λnon va mai a zero, e la tavola non lascia mai il pavimento, con il movimento com y espresso in modo simile al movimento x di cui sopra.

Esercizio 5.3. Supponiamo che ci sia un lavoratore sulla scala nel punto medio, di massa M, ripeti l'analisi.

Esempio 5.4. Tubo girevole, ad angolo fisso, con sfera interna.
Consideriamo un tubo che ruota con velocità angolare costante attorno ad un asse verticale formando ωcon esso un angolo fisso . αAll'interno del tubo c'è una sfera di massa m che scorre liberamente senza attrito. Usando

le coordinate sferiche, al tempo t=0 lasciamo che la posizione della palla sia $r = ae \frac{dr}{dt} = 0$. Per tutti i tempi di interesse la pallina rimane nella parte superiore del tubo. (a) Trovare la Lagrangiana; (b) Trovare le equazioni del moto; (c) Trovare le costanti del moto; (d) Trovare t in funzione di r sotto forma di integrale.

Soluzione
(a) La lagrangiana del moto della palla è data da

$$L = \frac{1}{2}m\left(\frac{ds}{dt}\right)^2 - mgr cos\alpha$$

dove, per le coordinate sferiche: $ds^2 = dr^2 + r^2(d\theta^2 + sin^2\theta d\varphi^2)$. Quindi,

$$L = \frac{1}{2}m\left(\dot{r}^2 + r^2(\dot{\theta}^2 + sin^2\theta\dot{\varphi}^2)\right) - mgr cos\alpha, \quad with \quad \theta = \alpha, \quad \dot{\varphi} = \omega$$

e otteniamo:

$$L = \frac{1}{2}m(\dot{r}^2 + r^2 sin^2\alpha\omega^2) - mgr cos\alpha$$

(b) L'equazione del moto per r per frequenza di rotazione fissa e angolo di declinazione specificato:

$$m\ddot{r} - mr sin^2\alpha\omega^2 + mg cos\alpha = 0 \rightarrow \frac{d}{dt}\left\{\frac{1}{2}\dot{r}^2 - \frac{1}{2}r^2 sin^2\alpha\omega^2 + rg cos\alpha\right\}$$
$$= 0.$$

(c) La costante del moto è quindi

$$\dot{r}^2 - r^2 sin^2\alpha\omega^2 + r2g cos\alpha = const$$

Da r=ae $\frac{dr}{dt} = 0$ inizializzazione abbiamo

$$const = 2ag cos\alpha - (a\omega sin a)^2.$$

(d) Possiamo scrivere

$$\left(\frac{dr}{dt}\right)^2 = \dot{r}^2 = 2g cos\alpha(a - r) + (\omega sin\alpha)^2(r^2 - a^2)$$

oppure, passando alla forma integrale:

$$dt = \frac{dr}{\sqrt{2g cos\alpha(a - r) + (\omega sin\alpha)^2(r^2 - a^2)}}$$

Così,

$$t = \int \frac{dr}{\sqrt{2g cos\alpha(a - r) + (\omega sin\alpha)^2(r^2 - a^2)}}.$$

Esercizio 5.4. Ripetere l'analisi per un tubo curvo paraboloide rotante con sfera interna.

5.2 Corpi materiali

Finora abbiamo visto come calcolare lo stress come una Forza su un'area ($\sigma = F/A$). Con corpi non idealizzati (come i corpi rigidi), cioè corpi materiali, si avrà una risposta, una deformazione, a questa sollecitazione. Per quantificare questa deformazione definiamo la deformazione:

$$\epsilon = \frac{\Delta L}{L}.$$

(5-5)

La relazione tra la sollecitazione normale applicata e la deformazione deformativa risultante è data dalla legge di Hooke:

$$\sigma = Y\epsilon,$$

(5-6)

dove Y è una costante appropriata al materiale in esame nota come modulo di Young. Da questo possiamo calcolare la densità di energia di deformazione: $u = \sigma\epsilon/2$. Esistono relazioni simili per lo stress di taglio. Se consideriamo un carico costante e un'area della sezione trasversale possiamo raggruppare le equazioni per ottenere una relazione sulla variazione di lunghezza per una data forza applicata (normale):

$$\delta = \frac{FL}{AY}.$$

(5-7)

Se ci sono sezioni collegate con sezioni trasversali diverse, ecc., le loro δ sono cumulative.

Infine, per questa breve panoramica dei corpi materiali, è necessario tenere conto dello stress termico (la maggior parte degli effetti termici non vengono discussi fino a [44]). È noto che i corpi materiali si espandono o si contraggono al variare della temperatura. Ciò è descritto da quanto segue:

$$\delta_T = \alpha\Delta TL,$$

(5-8)

dove α è il coefficiente lineare di dilatazione termica.

Esempio 5.5. Hibbeler (3-8)

Una trave è tenuta orizzontalmente, inizialmente, con lunghezza $10ft$, e un carico distribuito su tutta la sua interezza w. È tenuto all'estremità da un perno incernierato (montato a parete) e all'altra estremità da un supporto in filo metallico a 30 gradi rispetto all'orizzontale.

"La trave rigida è supportata da un perno in C e da un tirante A-36 AB. Se il filo ha un diametro di 0,2 pollici, determinare il carico distribuito w se l'estremità B è spostata di 0,75 pollici. verso il basso".

Dobbiamo prima calcolare la deformazione sul tirante e da questo determinare quale carico è presente. La lunghezza originale AB è 11,547 piedi. La lunghezza tesa del tirante è di 11,578 piedi, quindi la deformazione è di $\epsilon = 0.00269$. Il modulo di Young per il tirante A-36 è $29x10^3 ksi$, quindi si ha:

$$\frac{F}{A} = Y\epsilon \quad \rightarrow \quad F = 2.45 kip \quad \rightarrow \quad w = \frac{0.245 kip}{ft}.$$

Esercizio 5.5. Ripetere per il diametro del filo di 0,3 pollici e lo spostamento dell'estremità B è di 1,0 pollici lungo la lunghezza AB.

Esempio 5.6. Hibbeler (4-70)
Un'asta è montata orizzontalmente tra due pareti utilizzando due molle (identiche) su ciascuna estremità, tra la parete e le estremità dell'asta.

"L'asta è realizzata in acciaio A992 [$\alpha = 6.6x10^{-6}/°F$] e ha un diametro di 0,25 pollici. Se l'asta è lunga 4 piedi quando le molle [$k = 1000 lb/in$] sono compresse di 0,5 pollici e la temperatura dell'asta è $T = 40°F$, determinare la forza nell'asta quando è la temperatura è $T = 160°F$."

Da $\delta_T = \alpha\Delta TL \rightarrow \delta_T = 3.168 \times 10^{-3} ft$. Con le due molle che agiscono insieme abbiamo la forza che agisce verso l'interno su entrambi i lati di:

$$F = k\left(\frac{\delta_T}{2}\right) = 19 \; lb.$$

Esercizio 5.6. Ripetere per T = 360°Fla compressione della molla di 0,75 pollici.

5.3 Idrostatica e flusso di fluido stazionario
Cenni di relatività speciale: Fizeau, l'effetto Doppler relativista e il K-calcolo di Bondi

La relatività speciale viene rivelata quando si passa alla teoria dei campi per descrivere EM. Suggerimenti dell'esistenza della relatività speciale per motivi di consistenza si vedono nei primi esperimenti primitivi con la luce, ma il significato non è stato compreso all'epoca.

Fizeau 1851 [22] scoprì che la velocità della luce nell'acqua che si muove con una velocità v(relativa al laboratorio) potrebbe essere espressa come:

$$u = \frac{c}{n} + kv,$$

$$(5\text{-}9)$$

dove il "coefficiente di trascinamento" è stato misurato essere $k = 0.44$. Il valore di k previsto dalla dipendenza dalla velocità di Lorentz:

$$x = \frac{x' + vt'}{\sqrt{1 - \frac{v^2}{c^2}}} \rightarrow u_x = \frac{dx' + vdt'}{dt' + \frac{v}{c^2}dx'} = \frac{u_x' + v}{1 + \frac{v}{c^2}u_x'}$$

$$(5\text{-}10)$$

Trattando la luce come una particella, l'osservatore di laboratorio troverà che la sua velocità è:

$$u_x = \frac{c/n + v}{1 + \frac{v}{c^2}\frac{c}{n}} \cong \frac{c}{n} + \left(1 - \frac{1}{n^2}\right)v.$$

L'acqua ha $n \cong 4/3$, quindi:

$$u_x \cong \frac{c}{n} + (0.44)v,$$

quindi accordo con l'esperimento fatto nel 1851.

130

Capitolo 6. Trasformazione di Legendre e Hamiltoniana

Cominciamo con la lagrangiana ed eseguiamo una trasformazione di Legendre per ottenere la formulazione hamiltoniana:

$$dL = \sum_i \frac{\partial L}{\partial q_i} dq_i + \frac{\partial L}{\partial \dot{q}_i} d\dot{q}_i$$

Sostituendo la relazione per i momenti generalizzati, $p_i = \frac{\partial L}{\partial \dot{q}_i}$, e le equazioni di Lagrange: $F_i = \dot{p}_i = \frac{\partial L}{\partial q_i}$,

$$dL = \sum_i \dot{p}_i dq_i + p_i d\dot{q}_i.$$

Raggruppando si arriva all'Hamiltoniano del sistema (visto in precedenza come l'energia se il sistema è conservato):

$$dH = d\left(\sum_i p_i \dot{q}_i - L\right) = -\sum_i \dot{p}_i dq_i + \dot{q}_i dp_i,$$

(6-1)

che indica che, $\dot{p}_i = -\frac{\partial H}{\partial q_i}$, e $\dot{q}_i = \frac{\partial H}{\partial p_i}$.

Consideriamo ora la derivata temporale totale dell'Hamiltoniana:

$$\frac{dH}{dt} = \frac{\partial H}{\partial t} + \sum_i \frac{\partial H}{\partial q_i} \dot{q}_i + \frac{\partial H}{\partial p_i} \dot{p}_i = \frac{\partial H}{\partial t}$$

(6-2)

e se H non è esplicitamente dipendente dal tempo si ottiene $\frac{dH}{dt} = 0$, quindi $H = E$, per costante E, l'energia conservata del sistema.

6.1 Mappature di conservazione dell'area

Consideriamo il movimento infinitesimo di un oggetto in termini di coordinate generalizzate che vanno da (q_0, p_0) a (q_1, p_1) nello spazio delle fasi:

$$q_1 = q_0 + \delta t \dot{q}|_{q=q_0} + O(\delta t^2) = q_0 + \delta t \frac{\partial H(q_0, p_0, t)}{\partial p_0} + O(\delta t^2)$$

$$p_1 = p_0 + \delta t \dot{p}|_{p=p_0} + O(\delta t^2) = p_0 - \delta t \frac{\partial H(q_0, p_0, t)}{\partial q_0} + O(\delta t^2)$$

Visto come una trasformazione di coordinate, lo Jacobiano è:

$$\frac{\partial(q_1, p_1)}{\partial(q_0, p_0)} = \begin{vmatrix} \dfrac{\partial q_1}{\partial q_0} & \dfrac{\partial p_1}{\partial q_0} \\ \dfrac{\partial q_1}{\partial p_0} & \dfrac{\partial p_1}{\partial p_0} \end{vmatrix} = 1 + O(\delta t^2).$$

(6-3)

Poiché l'infinitesimale viene portato a zero, vediamo che qualsiasi flusso che soddisfa le equazioni di Hamilton preserva l'area (Jacobian=1). È vero anche il contrario, se il flusso in una regione chiusa sotto la mappatura dello spazio delle fasi o il flusso preserva l'area, allora il flusso soddisfa le equazioni di Hamilton.

6.2 Hamiltoniane e mappe di fase

Poiché l'Hamiltoniana è conservata, implica il movimento nello spazio delle fasi lungo curve di costante $H = E$. Il diagramma di fase per un sistema hamiltoniano, quindi, è costituito da contorni di costante H, come una mappa di contorno. In precedenza,

$$L = \frac{1}{2}m\,\dot{q}^2 - U(q) \rightarrow E = \frac{1}{2}m\,\dot{q}^2 + U(q)$$

(6-4)

utilizzando,

$$H = \sum_i p_i \dot{q}_i - L, \text{with } p_i = \frac{\partial L}{\partial \dot{q}_i}$$

(6-5)

Ora hai:

$$H(p, q) = \frac{p^2}{2m} + U(q).$$

(6-6)

I contorni, o curve di livello, dell'Hamiltoniana sono insiemi invarianti, così come lo sono i punti fissi. I punti fissi nello spazio delle fasi si verificano quando il gradiente dell'Hamiltoniano è zero: $\nabla H = 0$, i.e. $\partial H/\partial q = 0$,e $\partial H/\partial p = 0$. Il sistema è in equilibrio quando si trova in un punto fisso, quindi identificare questi punti, i relativi attrattori e cicli limite, sarà quindi interessante per comprendere la dinamica del sistema e il comportamento asintotico (tutto da discutere).

I casi 1-4 di seguito descrivono esempi di equazioni differenziali ordinarie, con stabilità come indicato. Un'analisi completa in questo senso, a livello locale, rivela i vari tipi di stabilità e criteri generali [31] ed è discussa nella sezione successiva. Se è possibile ottenere una separabilità completamente globale, essa è più chiara nel formalismo hamiltoniano-Jacobi (anch'esso discusso in una sezione successiva).

Cominciamo con un'analisi dei sistemi autonomi del secondo ordine sulla falsariga di [28]. Ciò copre molti sistemi di interesse, nonché l'approssimazione linearizzata (locale) per qualsiasi sistema. Iniziamo descrivendo il sistema tramite un vettore reale, $r(t)$ con 2N componenti se ci sono N gradi di libertà, a cui è associata una "velocità di fase" $\dot{r}(t) = v(t)$, che è un'equazione differenziale vettoriale del primo ordine. L'ordine è definito come il numero minimo di equazioni del primo ordine accoppiate, qui 2N.

I movimenti di un sistema del secondo ordine possono essere descritti in termini di linee di flusso e punti fissi (se presenti) nel loro $\{r(t), v(t)\}$ "ritratto di fase" o "diagramma di fase" associato. Ciò consente un'analisi qualitativa delle proprietà di un sistema, dove i casi speciali analizzati nei casi I-VI forniscono una comprensione degli elementi costitutivi di tale analisi qualitativa.

Seguendo [28], consideriamo prima le mappe dello spazio delle fasi per casi speciali, di ordine più basso q, $U(q)$ quindi descriviamo una classe generale di potenziali ottenuti mediante costruzione da quei casi speciali. Per iniziare, considera $U(q) = aq$:

Esempio 6.1. Caso 1 . $U(q) = aq$. Il campo di forza uniforme. $aq = E - \frac{p^2}{2m}$:

Ricordiamolo $\dot{p}_i = -\frac{\partial H}{\partial q_i}$, e $\dot{q}_i = \frac{\partial H}{\partial p_i}$ e supponiamo $p = 0$ che t_0 e q_0:

$$H(p,q) = \frac{p^2}{2m} + aq \rightarrow \dot{p}_\square = -a \quad \dot{q}_\square = \frac{p}{m}$$

Integrazione delle equazioni del primo ordine:

$$p = -a(t - t_0) \quad q = q_0 - \frac{a}{2m}(t - t_0)^2.$$

Esercizio 6.1. Mostra la mappa dello spazio delle fasi per l'Hamiltoniana con potenziale $U(q) = aq$ (e grafico del potenziale). Dimostrare che non esistono punti fissi.

Esempio 6.2. Caso 2 . $U(q) = +\frac{1}{2}aq^2$. L'oscillatore lineare. $\frac{1}{2}aq^2 +$
$\frac{p^2}{2m} = E$(cerchi/ellissi nello spazio delle fasi):

$$H(p,q) = \frac{p^2}{2m} + \frac{1}{2}aq^2 \rightarrow \dot{p}_\square = -aq \quad and \quad \dot{q}_\square = \frac{p}{m}$$

L'equazione del moto del secondo ordine che ne risulta è:

$$\ddot{q} = -\frac{a}{m}q = -\omega^2 q \rightarrow q = A\cos(\omega t + \delta) \rightarrow p = -m\omega A \sin(\omega t + \delta).$$

Questo è il classico movimento armonico semplice con periodo $T =$
$2\pi/\omega$ e $E = \frac{1}{2}mA^2\omega^2$.

Esercizio 6.2. Mostra la mappa dello spazio delle fasi per l'Hamiltoniano
con potenziale $U(q) = +\frac{1}{2}aq^2$(insieme al grafico del potenziale). Mostra
che le curve di livello sono ellissi e che esiste un punto fisso ellittico in
q=0, p=0.

Esempio 6.3. Caso 3 . $U(q) = -\frac{1}{2}aq^2$. La forza repulsiva lineare
(barriera potenziale quadratica).

$$H(p,q) = \frac{p^2}{2m} - \frac{1}{2}aq^2 \rightarrow \dot{p}_\square = aq \quad \dot{q}_\square = \frac{p}{m}$$

L'equazione del moto del secondo ordine che ne risulta è:
$$\ddot{q} = \frac{a}{m}q = \gamma^2 q \rightarrow q = Ae^{\gamma t} + Be^{-\gamma t} \rightarrow p$$
$$= m\gamma Ae^{\gamma t} - m\gamma Be^{-\gamma t}, and \ E = -2m\gamma^2 AB.$$

Finora abbiamo visto un caso senza punto fisso, un punto fisso ellittico e
un punto fisso iperbolico. Queste sono alcune delle principali categorie di
interesse, ma per essere completi, consideriamo un sistema descritto da
una funzione vettoriale del tempo $r(t) = (q(t), p(t))$che soddisfa
un'equazione differenziale vettoriale del moto del primo ordine:

$$\frac{dr(t)}{dt} = \big(\dot{q}(t), \dot{p}(t)\big) = v(q, p, t)$$

Un punto (q, p)conosciuto $v(q, p, t) = 0$come punto fisso, rappresenta il
sistema in equilibrio. Se come $t \rightarrow \infty$abbiamo $r(t) \rightarrow r_0$, allora r_0è
chiamato attrattore. Un attrattore forte si verifica quando una traiettoria di
fase in un punto qualsiasi delle vicinanze del punto di attrazione $r_0$fa sì
che la traiettoria si unisca (asintotando a) l'attrattore.

La separazione delle variabili è generalmente possibile, dalla teoria delle equazioni differenziali ordinarie [32], e della stabilità [31], e verrà utilizzata per classificare i tipi di flussi (con o senza punti stabili) nel resto di questa sezione (lungo il righe di [28]). Un'ulteriore discussione sulla separabilità si trova in una sezione successiva in cui viene discussa l'equazione di Hamilton-Jacobi [27].

Esercizio 6.3. Mostra la mappa dello spazio delle fasi per l'Hamiltoniana con potenziale $U(q) = -\frac{1}{2}aq^2$. Mostra che le curve di livello sono iperboli, o linee rette se caso degenere (mostra la separatrice). Mostrare che esiste un punto fisso in p=0, q=0 (iperbolico e chiaramente instabile).

Esempio 6.4. Caso 4 . $U(q) = cubic$. La barriera del potenziale cubico, soluzione dello spazio delle fasi costruita dai casi 1-3:

Esercizio 6.4. Mostra la mappa dello spazio delle fasi per l'Hamiltoniano con potenziale $U(q) = cubic$(insieme al grafico del potenziale).

Esempio 6.5. Considera l'Hamiltoniano: $H = a|p| + b|q|$, descrivi tutte le soluzioni coerenti.

$1\,^{\circ}$ caso,$a > 0, b > 0$

$$\text{Quadranti:} \quad \begin{aligned} &\text{I:}H_I = ap + bq \\ &\text{II:}H_{II} = ap - bq \\ &\text{III:}H_{III} = ap - bq \\ &\text{IV:}H_{IV} = ap + bq \end{aligned}$$

Per ottenere la dinamica utilizzare le equazioni di Hamilton:

Consideriamo il quadrante I: $\dot{q} = a, \dot{p} = -b$, quindi $q = at + a_0, p = -bt + b_0$. Quindi, $q = at, p = -bt + \frac{H}{a}$ questo dà il flusso.

$2\,^{\circ}$ caso,$a < 0, b < 0$

$$\text{Quadranti:} \quad \begin{aligned} H_I &= -ap - bq \\ H_{II} &= -ap + bq \\ H_{III} &= ap + bq \\ H_{IV} &= ap - bq \end{aligned}$$

H ≤ 0 è l'unica soluzione coerente di $a < 0, b < 0$.

3° caso, $a > 0, b < 0$

$$H_I = ap - bq$$

$$H_{II} = ap + bq$$

$$H_{III} = -ap + bq$$

$$H_{IV} = ap + bq$$

$$-at, p = -bt - \frac{H}{a}$$

$$\frac{dp}{dq} = \frac{b}{a}, q = 0, p = \frac{H}{a}$$

$$\dot{q} = a, \dot{p} = b$$

$$q = at, p = bt + \frac{H}{a}$$

$$\dot{q} = -a, \dot{p} = -b \quad \to \quad q =$$

4° caso, $a < 0, b > 0$

$$H_I = -ap + bq$$

$$H_{II} = -ap - bq$$

$$H_{III} = ap - bq$$

$$b_0 \, \text{Dove} \, a_0 = 0 \qquad b_0 = \frac{H}{b}$$

$$H_{IV} = ap + bq$$

$$p = 0, q = \frac{H}{b}$$

$$\dot{q} = a, \dot{p} = -b$$

$$q = at + a_0, p = bt +$$

simile

Esercizio 6.5. Cosa succede in $(0, 0)$?

Esempio 6.6. Considera il potenziale per il movimento 1D con $V = -Ax^4$, $A > 0$.

$$H(x, P_x) = \frac{P_x^2}{2m} + V(x)$$

$$2mE = P_x^2 - 2mAx^4 = \left(P_x - \sqrt{2mA}x^2\right)\left(P_x + \sqrt{2mA}x^2\right)$$

C'è un punto fisso nell'origine, $x = P_x = 0$, e i contorni energetici sono costituiti dalle parabole $P_x = \pm\sqrt{2mA}x^2$ che passano attraverso quel punto fisso. La separatrice è la traiettoria instabile che passa attraverso un punto fisso instabile. Avere:

$$\dot{x} = \frac{\partial H}{\partial P_x} = \frac{P_x}{m} = \frac{\sqrt{2mA}x^2}{m} = \sqrt{\frac{2A}{m}}x^2$$

$$t = \frac{1}{x\sqrt{\frac{2A}{m}}} \quad \text{as } x \to 0 \ \text{ and } \ t \to \infty \ \text{motion terminates.}$$

La mozione quindi si estingue.

Esercizio 6.6. Cosa succede quando$sqn(P_0X_0) = 1$? Mostra i grafici del potenziale e della fase.

6 .3 Riesame delle equazioni differenziali ordinarie e classificazione dei punti fissi a livello locale, linearizzato (separabile)

Iniziamo spostando l'origine nel diagramma di fase in un punto di interesse fisso e scriviamo esplicitamente la funzione velocità in termini di espansione della funzione posizione:

$$v(r) = Ar + O(|r|^2),$$

(6-7)

poiché $v(0) = 0$a punto fisso, dove A è una matrice reale non singolare. Seguendo la notazione di Percival [28], lett

$$A = \begin{pmatrix} a & b \\ c & d \end{pmatrix}.$$

(6-8)

Per sufficientemente piccolo $r(x, y)$otteniamo solo il termine lineare e $\dot{r} = Ar$. Vorremmo diagonalizzare la matrice Ae da lì avere una valutazione standardizzata del comportamento del punto fisso. Per ottenere ciò, considera la trasformazione in nuove coordinate$R(X, Y) = Mr \rightarrow \dot{R} = BR$, Dove $B = MAM^{-1}$. Risultano tre casi:

Caso (1) gli autovalori di Bsono reali e distinti, nel qual caso $\dot{X} = \lambda_1 X$, $\dot{Y} = \lambda_2 Y$, quindi

$$\left(\frac{X}{X_0}\right)^{\lambda_2} = \left(\frac{Y}{Y_0}\right)^{\lambda_1}.$$

(6-9)

Se lo abbiamo $\lambda_1 < \lambda_2 < 0$, allora abbiamo un nodo stabile, allo stesso modo $\lambda_2 < \lambda_1 < 0$. Se abbiamo $\lambda_1 > \lambda_2 > 0$, allora abbiamo un nodo instabile, allo stesso modo per $\lambda_2 > \lambda_1 > 0$. Se lo abbiamo $\lambda_1 < 0 < \lambda_2$abbiamo un nodo instabile (un punto iperbolico); e analogamente ma con le frecce invertite se $\lambda_2 < 0 < \lambda_1$.

Caso (2) gli autovalori di Bsono reali e uguali. Ci sono due sottocasi: supponiamo $b = c = 0$, allora deve avere$\lambda_1 = \lambda_2 < 0$ ($b = c = 0$)conosciuta come la stella stabile. Allo stesso modo, il$\lambda_1 = \lambda_2 > 0$ ($b = c = 0$)il caso è la stella instabile. Se, d'altra parte, $c \neq 0$allora hai

$$B = \begin{pmatrix} \lambda & 0 \\ c & \lambda \end{pmatrix},$$

137

con soluzione:

$$\frac{Y}{X} = \frac{c}{\lambda} \ln \left(\frac{X}{X_0}\right)$$

Le curve di fase per questo caso descrivono un nodo improprio che è stabile se $\lambda_1 = \lambda_2 < 0$ ($b \neq 0$ $c \neq 0$), o un nodo improprio instabile se $\lambda_1 = \lambda_2 > 0$ ($b \neq 0$ $c \neq 0$).

Caso (3), gli autovalori di B sono complessi e coniugati tra loro $\lambda_1 = \alpha + i\omega = \lambda_2$ *. Supponiamo che gli autovalori siano puramente immaginari ($\alpha = 0$), questo dà origine ad un punto ellittico, con rotazione in senso orario o antiorario secondo il segno di ω. Supponiamo $\alpha < 0$ di avere allora un punto stabile della spirale, con rotazione secondo il segno di ω. Allo stesso modo, se $\alpha > 0$, avremo allora un punto spirale instabile, con rotazione secondo il segno di ω.

Finora abbiamo identificato i diversi comportamenti del punto fisso. Per i sistemi del primo ordine tutto il movimento tende o ad un punto fisso o all'infinito, quindi abbiamo una 'tassonomia' completa con quanto descritto finora. Per i sistemi del secondo ordine e superiori questo non è necessariamente il caso. Di seguito viene fornito l'esempio esplicito del ciclo limite, mentre gli strani attrattori vengono lasciati in una sezione successiva in cui discutiamo della transizione al caos.

Nella nostra identificazione del comportamento del punto fisso abbiamo trascurato la possibilità di un sottoinsieme fisso che non sia semplicemente un punto. Anche nei sistemi del secondo ordine questi possono verificarsi, dando luogo al classico fenomeno del "ciclo limite". Consideriamo a questo proposito il seguente caso esplicito fornito da [28]. Supponiamo di avere un sistema separabile in coordinate polari secondo:

$$\dot{r} = \alpha r(r - R), \quad R > 0, and \quad \dot{\theta} = \omega.$$

Il cerchio $r = R$ è invariante e per il movimento nelle vicinanze del ciclo è un forte attrattore (stabile) o il contrario (ad esempio, instabile, con linee di flusso invertite).

$$\dot{x} = x^2 \longrightarrow \frac{dx}{dt} = x^2 \longrightarrow -x^{-1} + x_0^{-1} = t$$

$$\dot{y} = -y \rightarrow \frac{dy}{dt} = y \rightarrow y = y_0 e^{-t}$$

Esempio 6.7. Spirale instabile e ciclo limite stabile.
Per i piccoli x_1, x_2 il sistema:

$$\dot{x}_1 = -x_2 + x_1 r(1-r)$$
$$\dot{x}_2 = x_1 + x_2 r(1-r)$$
$$r^2 = x_1^2 + x_2^2$$

si riduce a un sistema lineare avente centro in (0,0). Mostrare che il sistema non lineare ha una spirale instabile in (0,0) e un ciclo limite stabile in r=1.

Soluzione
$$\dot{x}_1 = -x_2 + x_1 r(1-r)$$
$$\dot{x}_2 = x_1 + x_2 r(1-r)$$
$$r^2 = x_1^2 + x_2^2$$
Per (x_1, x_2) entrambi piccoli e quindi piccoli r ($\sim x$), avere

$$\begin{array}{c} \dot{x}_1 = -x_2 \\ \dot{x}_2 = x_1 \\ \lambda^2 + 1 = 0 \end{array} \rightarrow \begin{pmatrix} \dot{x}_1 \\ \dot{x}_2 \end{pmatrix} = \begin{pmatrix} 0 & -1 \\ 1 & 0 \end{pmatrix} \begin{pmatrix} x_1 \\ x_2 \end{pmatrix}$$
$$\lambda^2 + 1 = 0 \quad \rightarrow \quad \lambda = \pm i.$$

Quest'ultimo risultato stabilisce che si tratta di un punto ellissoidale{Percival], con centro in (0,0). Esaminiamo ora il comportamento r. Inizia raggruppando:

$$x_1 \dot{x}_1 + x_2 \dot{x}_2 = (x_1^2 + x_2^2)\gamma(1-r) = r^2(1-r).$$

Questo può essere riscritto:

$$\frac{1}{2}\frac{d}{dt}(x_1^2 + x_2^2) = \frac{1}{2}\frac{d}{dt}\dot{r}^2 = r^3(1-r) \rightarrow \frac{dr}{dt} = r^2(1-r).$$

Un ciclo limite è indicato in $r = 1$. Per confermare,

$$dt = \frac{dr}{r^2(1-r)}, and\ as\ r \rightarrow 1\ we\ get\ dt = \frac{dr}{1-r}.$$

Nel quartiere di $r = 1$:

$$t = -\ln|1-r| \rightarrow r = 1 \pm \exp(-t), and\ as\ t \rightarrow \infty, r$$
$$\rightarrow 1, a\ limit\ cycle.$$

Consideriamo ora quando r è vicino allo zero. Per r vicino allo zero abbiamo $\dot{r} \cong r^2$ e poiché iniziamo $r > 0$ avremo chiaramente $\dot{r} > 0$ quindi si muove a spirale verso l'esterno.

Esempio 6.8. Punto fisso ellittico (vedi Percival [28], p41)
Dimostrare che l'origine è un punto fisso ellittico per il sistema:

$$\dot{x}_1 = -x_2 + x_1 r^2 \sin\left(\frac{\pi}{r}\right)$$

$$\dot{x}_2 = x_1 + x_2 r^2 \sin\left(\frac{\pi}{r}\right).$$

Inoltre, dimostrare che:

(a) i cerchi r=1/n, n=1,2,..., sono curve di fase.

(b) le traiettorie tra due cerchi consecutivi si muovono a spirale in allontanamento o verso l'origine

(c) le curve di fase al di fuori di r=1 sono illimitate

Soluzione

Abbiamo un punto ellittico di centro (0,0) se $\dot{x}_1 = -x_2$ e $\dot{x}_2 = x_1$ precisamente nel caso in cui r tende a zero.

(a) Quando sostituiamo r=1/n identifichiamo queste curve di fase come cerchi concentrici:

$$\dot{x}_1 = -x_2 + x_1 \left(\frac{1}{n}\right)^2 \sin(\pi n) = -x_2$$

$$\dot{x}_2 = x_1 + x_2 \left(\frac{1}{n}\right)^2 \sin(\pi n) = x_1$$

(b) Raggruppando le equazioni per ottenere una derivata totale:

$$x_1 \left(\dot{x}_1 = -x_2 + x_1 \, r^2 \, \sin\left(\frac{\pi}{r}\right)\right)$$

$$+x_2 \left(\dot{x}_2 = x_1 + x_2 \, r^2 \, \sin\left(\frac{\pi}{r}\right)\right)$$

$$x_1 \dot{x}_1 + x_2 \dot{x}_2 = (x_1^2 + x_2^2) r^2 \sin\left(\frac{\pi}{r}\right)$$

Pertanto, abbiamo:

$$\frac{1}{2}\frac{d}{dt}(x_1^2 + x_2^2) = r^4 \sin\left(\frac{\pi}{r}\right) \quad \rightarrow \quad 2r\dot{r} = 2r^4 \sin\left(\frac{\pi}{r}\right) \quad \rightarrow \quad \dot{r}$$
$$= r^3 \sin\left(\frac{\pi}{r}\right).$$

Il segno dei $\dot{r}$ cambiamenti in base a $\sin(\pi/r)$. Se ci raggruppassimo per ottenere la seconda soluzione, vedremmo quel gruppo spiraleggiare verso l'interno. Tra due cerchi consecutivi r=1/n il segno si invertirà. Pertanto, le curve r=1/n saranno cicli limite $\dot{r} < 0$ se al di sopra e $\dot{r} > 0$ al di sotto del ciclo limite r=1/n.

(c) Se $r > 1$, allora $\sin\left(\frac{\pi}{r}\right)$ è sempre positivo, quindi $\dot{r}$ è sempre positivo, con spirale verso l'esterno.

6.4 Sistemi lineari e formalismo del propagatore

Il caso 4 sopra è un esempio di sistema non autonomo, in cui la funzione velocità è una funzione esplicita del tempo. Per un sistema lineare del secondo ordine (possibilmente mediante approssimazione perturbativa di cui parleremo più avanti) abbiamo le equazioni:

$$\frac{d\boldsymbol{r}(t)}{dt} = A(t)\boldsymbol{r}(t) + b(t).$$

(6-12)

Prendiamo $b(t) = 0$, per il quale esiste una funzione con valori di matrice 2x2 che ci permette di scrivere:

$$\boldsymbol{r}(t_1) = \boldsymbol{K}(t_1, t_0)\boldsymbol{r}(t_0),$$

(6-13)

dove la matrice $\boldsymbol{K}(t_1, t_0)$è il propagatore da t_0a t_1. Si noti che il propagatore soddisfa la relazione di Chapman-Kolmogorov (che si verifica nella teoria dell'informazione):

$$\boldsymbol{K}(t_2, t_0) = \boldsymbol{K}(t_2, t_1)\boldsymbol{K}(t_1, t_0)$$

(6-14)

Le matrici propagatrici in questa rappresentazione non necessitano di commutazione. La discussione sul criterio di scambiabilità di Chapman-Kolmogorov e deFinetti viene fatta nelle sezioni successive (varianti quantistiche nel Libro 4, varianti Stat. Mech nel Libro 5 e questioni di teoria dell'informazione nel Libro 9).

Numerosi risultati sono comodamente accessibili nel formalismo del propagatore. Per iniziare, stabiliamo una relazione tra le soluzioni note e la matrice del propagatore, per arrivare ad una rapida trasformazione al formalismo del propagatore. Seguendo la discussione di [28], iniziamo scrivendo il vettore colonna a due elementi come una miscela di qualsiasi coppia di soluzioni:

$$\boldsymbol{r}(t) = c_1\boldsymbol{r}_1(t) + c_2\boldsymbol{r}_2(t).$$

Concentriamoci ora sul caso in cui, in t_0, abbiamo $\boldsymbol{r}_1(t_0) = \binom{1}{0}$e $\boldsymbol{r}_2(t_0) = \binom{0}{1}$, $c_1 = \boldsymbol{x}(t_0)$e $c_2 = \boldsymbol{y}(t_0)$:

$$\begin{pmatrix} x(t_1) \\ y(t_1) \end{pmatrix} = c_1 \begin{pmatrix} x_1(t_1) \\ y_1(t_1) \end{pmatrix} + c_2 \begin{pmatrix} x_2(t_1) \\ y_2(t_1) \end{pmatrix} = c_1 \begin{pmatrix} K_{11} \\ K_{21} \end{pmatrix} + c_2 \begin{pmatrix} K_{12} \\ K_{22} \end{pmatrix},$$

dove i valori della matrice sono scelti come indicato, date le soluzioni speciali scelte in t_0, e per essere coerenti con l'eventuale forma del propagatore che si ottiene:

$$\begin{pmatrix} x(t_1) \\ y(t_1) \end{pmatrix} = \begin{pmatrix} K_{11}x(t_0) \\ K_{21}x(t_0) \end{pmatrix} + \begin{pmatrix} K_{12}y(t_0) \\ K_{22}y(t_0) \end{pmatrix} = \begin{pmatrix} K_{11}x(t_0) + K_{12}y(t_0) \\ K_{21}x(t_0) + K_{22}y(t_0) \end{pmatrix}$$

$$= \begin{pmatrix} K_{11} & K_{12} \\ K_{21} & K_{22} \end{pmatrix} \begin{pmatrix} x(t_0) \\ y(t_0) \end{pmatrix}$$

Così,

$$r(t_1) = K(t_1, t_0)r(t_0),$$

(6-15)

Considera il caso 2 sopra, dove $U(q) = +\frac{1}{2}aq^2$(l'oscillatore lineare). Le soluzioni sono risultate essere:

$$q = A\cos(\omega t + \delta) \quad and \quad p = -m\omega A\sin(\omega t + \delta)$$

(6-16)

Facciamo t_0 corrispondere a $t = 0$, abbiamo quindi per la soluzione 1:

$$r_1(t_0) = \begin{pmatrix} x(t_0) \\ y(t_0) \end{pmatrix} = \begin{pmatrix} A\cos(\delta) \\ -m\omega A\sin(\delta) \end{pmatrix},$$

(6-17)

dove incontriamo il modulo speciale necessario se $\delta = 0$e $A = 1$. Allo stesso modo, per $r_2(t_0)$, scegliamo $\delta = 90$e $A = 1/(-m\omega)$. Così:

$$K(t = t_1, t_0 = 0) = \begin{pmatrix} \cos(\omega t) & (m\omega)^{-1}\sin(\omega t) \\ -m\omega\sin(\omega t) & \cos(\omega t) \end{pmatrix}$$

(6-18)

Si noti che det$K = 1$, descrive quindi una mappatura che preserva l'area, come è necessario per i sistemi hamiltoniani. Per la matrice K abbiamo valutazioni di stabilità simili a quelle precedenti per la matrice B, ulteriori discussioni in questo senso possono essere trovate in [28].

Capitolo 7. Caos

Ci sono molti modi in cui il caos è stato presentato nella letteratura scientifica (vedi [61], altri). Il caos si trova facilmente in molti sistemi unidimensionali che mostrano un raddoppio del periodo in determinati regimi, dove questo regime di raddoppio del periodo alla fine si trasforma in un regime di caos. Esamineremo diversi sistemi di questo tipo nel seguito. Altri percorsi verso il caos, come l'intermittenza e le crisi [61], se visti graficamente, hanno regioni con colli di bottiglia nelle loro mappature iterative, o regioni cicliche semi-stabili, che spiegherebbero la comparsa di comportamenti simili al caos. Pertanto, gli esempi di caos forniti saranno nel complesso abbastanza generali.

Nella Sezione 7.1 discuteremo un percorso generale al fenomeno del caos quando c'è movimento periodico. Questo perché il caos è onnipresente e concentrandoci sul movimento periodico abbiamo un semplice fondamento matematico, tramite una formulazione iterativa della mappa, che consentirà di identificare facilmente i domini del caos.

Prima di passare al caos, tuttavia, riorganizziamoci per un momento e consideriamo qual è il contrario del caos per avere una piccola prospettiva. Il sistema più ordinato è quello "integrabile" o per il quale esiste "integrabilità". Ricordiamo come abbiamo utilizzato le quantità conservate, così come sono state identificate, per ridurre la complessità delle equazioni differenziali, come con l'identificazione del momento angolare. Possiamo rappresentare le simmetrie anche come quantità conservate (teorema di Noether). Se entrambe le costanti del moto e le simmetrie sono sufficienti per avere una soluzione completa delle equazioni del sistema, allora abbiamo integrabilità, altrimenti allora è non integrabile. Ulteriori discussioni sull'integrabilità possono essere trovate in [38,32,37].

Un esempio della criticità dell'integrabilità e della non integrabilità nell'accesso al comportamento caotico è fornito dalla Swinging Atwood's Machine (Figura 7.1) [79]:

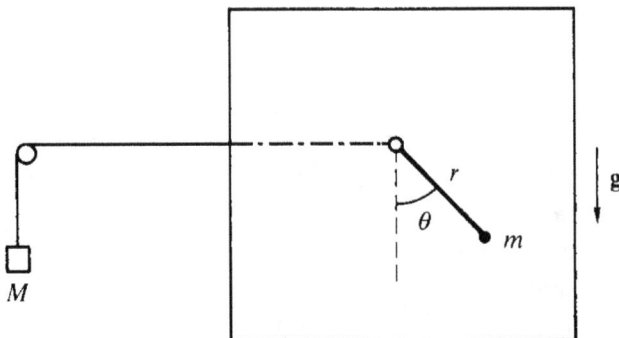

Figura 7.1.

L'Hamiltoniano è

$$H = \frac{p_r^2}{2m(1 + \mu)} + \frac{p_\theta^2}{2mr^2} + mgr(\mu - \cos\theta), \quad \mu = \frac{M}{m},$$

(7-1)

e il moto non è, in generale, integrabile, poiché H è solitamente l'unica costante del moto.

Nel caso $\mu > 1$ il moto di m è sempre delimitato da una curva a velocità nulla (p = 0), che è una
ellisse la cui forma dipende dal rapporto di massa μ e dall'energia H .

Quando $\mu \leq 1$ il moto non è limitato da alcuna energia e alla fine la massa M passa sulla puleggia.

Il sistema è integrabile nel caso $\mu = 3$! In quel caso speciale, esiste una seconda quantità conservata data da

$$J = \frac{p_\theta}{4m}\left(p_r \cos\frac{\theta}{2} - \frac{2p_\theta}{r}\sin\frac{\theta}{2}\right) + mgr^2 \sin\frac{\theta}{2}\cos^2\frac{\theta}{2}.$$

(7-2)

Dove $J = 0$. Quando $\mu = 3$ il moto è completamente ordinato. Per tutti gli altri rapporti di massa esistono regioni di movimento caotico.

7.1. Percorso generale verso il fenomeno del caos: →caos della mappa iterativa a movimento periodico→

Supponiamo che un sistema lineare in studio, $dr(t)/dt = A(t)r(t)$con opportuna scelta del tempo, abbia parametri periodici nel tempo:

144

$A(t + T) = A(t)$ per ogni t. Se consideriamo il propagatore attraverso uno di questi periodi T, abbiamo, con una scelta conveniente per l'origine del tempo, il propagatore $K = K(T, 0) =$. $K(nT, (n - 1)T)$ Consideriamo ora il propagatore per nT passi nel tempo (e utilizziamo la relazione di Chapman-Kolmogorov) per ottenere:

$$K(nT, 0) = K^n.$$

(7-3)

Dall'equazione di cui sopra possiamo vedere che nei sistemi con parametri dipendenti dal tempo che sono periodici nel tempo, il propagatore, $K(t, 0)$, ha la proprietà di poter essere determinato in determinati tempi successivi, nT, semplicemente mediante ripetute propagazioni da parte del propagatore del periodo K. Considerando che il propagatore del periodo è una mappa lineare (e che preserva l'area per i sistemi hamiltoniani), ciò indica che gran parte del comportamento futuro (stabile o meno) di un sistema a parametri periodici può essere determinato dalle classi di comportamento sotto mappature ripetute del propagatore del periodo . In altre parole, il comportamento del sistema è per lo più ridotto all'analisi del comportamento della sua mappa iterata di propagazione del periodo.

Consideriamo ora la definizione formale di "mappa" nel senso di un sistema a tempo discreto. Il tempo discreto potrebbe essere dovuto alla definizione dei dati (una sequenza di letture annuali), o alla periodicità (con misurazioni effettuate con campionamento periodico), o per una serie di altri motivi. Descriviamo il sistema con un vettore a valori reali $r(t)$, ora con n componenti, e per lo scenario a tempo discreto con mappa, supponiamo che $r(t + 1) = F(r(t), t)$, dov'è F la funzione mappa (una funzione a valori vettoriali) dello spazio delle fasi su se stesso. Per le funzioni mappa che non sono esplicitamente dipendenti dal tempo otteniamo la notazione $r_{t+1} = F(r_t)$. Pertanto, il formalismo della mappa è molto naturale per le equazioni differenziali lineari quando sono presenti funzioni di velocità periodiche (ad esempio, $dr(t)/dt = A(t)r(t)$ con $(t + T) = A(t)$). La condizione di una funzione di velocità periodica sembra molto potente a questo riguardo, e se allentiamo la condizione di linearità scopriamo che il risultato della mappa iterativa è ancora valido.

Considera $dr(t)/dt = v(r, t)$ con $v(r, t + T) = v(r, t)$ in generale (non lineare). Al primo passo temporale discreto, t=1, abbiamo $r(1) = F(r(0))$ la definizione della mappa introdotta. Vediamo allora che $dr(t + 1)/dt = v(r(t + 1), t)$, quindi $r(2) = F(r(1))$ con la stessa funzione di

145

mappatura, e per induzione deve avere $r_{t+1} = F(r_t)$ in generale. In altre parole, sia i sistemi autonomi che quelli non autonomi, se hanno funzioni di velocità periodiche, possono essere descritti in termini di una funzione di mappatura associata ad un sistema autonomo a tempo discreto. Ciò porta a un processo in due fasi per risolvere le equazioni differenziali: (1) Determinare la funzione di mappatura$F$ dall'esame della soluzione durante un periodo di moto (da t=0 a t=1); (2) Determinare il comportamento della soluzione mediante l' applicazione ripetuta della funzione di mappatura. Da ciò vediamo che il comportamento caotico del sistema è onnipresente. Anche semplici sistemi hamiltoniani con un grado di libertà possono mostrare caos, o semplici sistemi hamiltoniani *conservativi* con 2 o più gradi di libertà. Infatti, per i sistemi con moto limitato, una porzione significativa dello spazio delle fasi coinvolge punti di fase che subiscono un movimento caotico.

Nell'esempio del pendolo smorzato forzato che descriveremo di seguito (un semplice sistema hamiltoniano), troveremo un movimento caotico in un insieme generale di circostanze. In altre parole, vedremo che il comportamento caotico (da definire con precisione) è un risultato 'normale' quando si spingono i limiti perturbativi di un sistema, o anche se ben all'interno di un dominio perturbativo se lo spazio dei parametri spinge la 'fase-caos' del sistema. Quest'ultima descrizione di una "fase" di caos in un dato parametro è accurata poiché il parametro che entra in una fase di caos (movimento classico ma indeterministico) per il sistema può uscire da quella fase di caos, tornando a un dominio di movimento deterministico classico (e indietro e avanti). Quest'ultimo comportamento è universale nei sistemi del primo e del secondo ordine [19], descrivendo un insieme di parametri universali per i sistemi classici al "margine del caos". In [45] vedremo che la massima emanazione/propagazione dell'informazione è al limite del caos.

7.2 Il caos e il pendolo spinto smorzato
In precedenza, per piccole oscillazioni, l'oscillatore a pendolo veniva approssimato come il classico oscillatore a molla (forza di richiamo lineare), dove l'equazione differenziale che descrive l'oscillazione forzata con smorzamento era (forma reale):

$$\ddot{x} + 2\lambda\dot{x} + \omega^2 x = \left(\frac{F}{m}\right)\cos\gamma t,$$

(7-4)

per il quale abbiamo trovato le soluzioni:

146

$$x(t) = a \exp(-\lambda t) \cos(\omega t + \alpha) + b \cos(\gamma t + \delta),$$

$$(7\text{-}5)$$

Dove

$$b = \frac{F}{m\sqrt{(\omega^2 - \gamma^2)^2 + (2\lambda\gamma)^2}}, \qquad \tan\delta = \frac{(2\lambda\gamma)}{(\omega^2 - \gamma^2)}.$$

$$(7\text{-}6)$$

Se non usiamo l'approssimazione del piccolo angolo per fare $\sin x \cong x$, e assumiamo che il filo del pendolo sia rigido (quindi un'asta del pendolo), allora abbiamo:

$$\ddot{x} + 2\lambda\dot{x} + \omega^2 \sin x = \left(\frac{F}{m}\right) \cos\gamma t.$$

$$(7\text{-}7)$$

Consideriamo ora questo sulla falsariga dello studio condotto da [34]. Per prima cosa, cambiamo le variabili e normalizziamo complessivamente in modo tale che $\omega = 1$:

$$\ddot{\theta} + \frac{1}{q}\dot{\theta} + \sin\theta = \alpha \cos\gamma t.$$

$$(7\text{-}8)$$

Utilizzando la notazione della [34] dobbiamo $\omega = \dot{\theta}$, da non confondere con la precedente ω, ottenere tre equazioni del primo ordine indipendenti:

(1) $\dot{\omega} = -\omega/q - \sin\theta + \alpha \cos\varphi$, dove, q è il fattore di qualità.
(2) $\dot{\theta} = \omega$
(3) $\dot{\varphi} = \gamma$

A questo punto abbiamo soddisfatto le due condizioni generali affinché esistano domini di soluzione caotici:

(1) Il sistema ha tre o più variabili dinamiche.
(2) Le equazioni del moto contengono termini di accoppiamento non lineare.

Per il nostro problema, la condizione (2) è soddisfatta dai termini di accoppiamento $\sin\theta$ e $\alpha \cos\varphi$. Dalla [34], per il caso in cui $q = 2$, otteniamo il seguente comportamento all'aumentare dell'ampiezza di guida α:

(1) $\alpha = 0.5$, il pendolo moderatamente guidato, con comportamento periodico di tipo pendolo semplice una volta stabilizzato in uno stato

stazionario (la traiettoria è un ciclo limite, quindi asintoticamente un ciclo come con un pendolo semplice).

(2) $\alpha = 1.07$, il pendolo con una traiettoria a doppio anello nel suo diagramma di fase ma con la stranezza che la sua traiettoria in un diagramma di configurazione deve ancora completare un anello anche se possono verificarsi oscillazioni superiori a 180 gradi.

(3) $\alpha = 1.15$, il movimento del pendolo non ha uno stato stazionario, è caotico, tuttavia il suo diagramma di fase indica una struttura che è meglio rivelata in termini di una sezione di Poincaré (che traccia la posizione a multipli del periodo dell'oscillazione forzante). Per il movimento caotico, la struttura delle sezioni di Poincaré (traiettorie dello spazio delle fasi) è *autosimile* , ciò consente di determinare una precisa dimensione frattale [34] per il movimento caotico.

(4) $\alpha = 1.35$, il pendolo ora completa un ciclo nello spazio delle configurazioni (reale).

(5) $\alpha = 1.45$, il pendolo ora completa due giri nello spazio delle configurazioni (reale).

(6) $\alpha = 1.50$, il movimento del pendolo è caotico

Come interpolare tra le osservazioni di cui sopra, qual è il confine tra i sistemi con stato stazionario e quelli senza (caotici). Questo è più facilmente rappresentabile nel cosiddetto diagramma di biforcazione (vedi Figura 7.2). Nel diagramma di biforcazione le frequenze istantanee osservate su una gamma di oscillazioni motrici da $\alpha = 1$ a $\alpha = 1.50$ mostrano un chiaro comportamento di raddoppio del periodo che si moltiplica rapidamente quando ci si avvicina a un dominio di caos (dettagli da seguire).

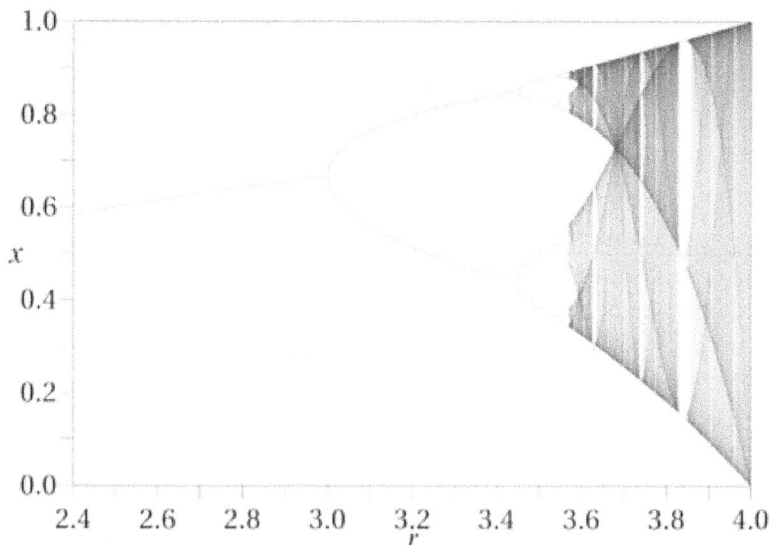

Figura 7.2. Diagramma di biforcazione per la mappa logistica: $x_{n+1} = rx_n(1 - x_n)$[80].

Il diagramma di biforcazione cattura più chiaramente la transizione dal comportamento del sistema che ha uno stato stazionario a un comportamento caotico. Il precedente sistema a pendolo è onnipresente, ma generare risultati numerici precisi richiede molto tempo se tutto ciò che si vuole è dimostrare il comportamento universale dei sistemi caotici. Questo perché la transizione al caos con raddoppio del periodo è un tratto distintivo sia dei sistemi dinamici del secondo ordine che dei sistemi dinamici del primo ordine le cui mappature iterative (Sezioni di Poincaré) coinvolgono funzioni di posizioni di mappatura precedenti che hanno un massimo semplice [19]. Le condizioni generali per cui un sistema dinamico con specifica dipendenza dalla mappatura dà origine a un comportamento caotico sono state dimostrate da [19] con la rivelazione anche delle costanti universali (dettagli da seguire). Invece di lavorare con una valutazione complessa ad ogni passo della Sezione di Poincaré per, ad esempio, il pendolo, esploriamo il diagramma di mappatura e di biforcazione nella Figura 7.2 che risulta per la mappa logistica molto più semplice, che è del primo ordine, ma le cui costanti chiave sono presumibilmente universali, quindi più facili da valutare in questo modo. Ecco la sinossi da [34]: "Variando il parametro r, si osserva il seguente comportamento:

- Con r compreso tra 0 e 1, la popolazione alla fine morirà, indipendentemente dalla popolazione iniziale.

149

- Con r compreso tra 1 e 2, la popolazione si avvicinerà rapidamente al valore $r-1/r$, indipendentemente dalla popolazione iniziale.

- Con r compreso tra 2 e 3, anche la popolazione alla fine si avvicinerà allo stesso valore $r-1/r$, ma prima oscillerà attorno a quel valore per un certo periodo. La velocità di convergenza è lineare, tranne che per $r=3$, quando è drammaticamente lenta, meno che lineare (vedi Memoria della biforcazione).

- Con r compreso tra 3 e $1+\sqrt{6}\approx 3,44949$ la popolazione si avvicinerà a oscillazioni permanenti tra due valori. Questi

  due valori dipendono da r e sono dati da   .

- Con r compreso tra 3,44949 e 3,54409 (approssimativamente), da quasi tutte le condizioni iniziali la popolazione si avvicinerà a oscillazioni permanenti tra quattro valori. Quest'ultimo numero è la radice di un polinomio di 12° grado (sequenza A086181 nell'OEIS).

- Con r crescente oltre 3,54409, da quasi tutte le condizioni iniziali la popolazione si avvicinerà a oscillazioni tra 8 valori, poi 16, 32, ecc. Le lunghezze degli intervalli dei parametri che producono oscillazioni di una data lunghezza diminuiscono rapidamente; il rapporto tra le lunghezze di due successivi intervalli di biforcazione si avvicina alla costante di Feigenbaum $\delta \approx 4.66920$. Questo comportamento è un esempio di una cascata di raddoppio del periodo.

- A $r \approx 3,56995$ (sequenza A098587 nell'OEIS) c'è l'inizio del caos, alla fine della cascata del raddoppio del periodo. Da quasi tutte le condizioni iniziali non si vedono più oscillazioni di periodo finito. Piccole variazioni nella popolazione iniziale producono risultati drammaticamente diversi nel tempo, una caratteristica principale del caos.

- La maggior parte dei valori di r oltre 3,56995 mostrano un comportamento caotico, ma ci sono ancora alcuni intervalli isolati di r che mostrano un comportamento non caotico; queste sono talvolta chiamate *isole di stabilità*. Ad esempio, a partire da $1+\sqrt{8}$ (circa 3,82843) c'è un intervallo di parametri r che mostrano l'oscillazione tra tre valori, e per valori leggermente più alti di r oscillazione tra 6 valori, quindi 12 ecc."

Se la prima biforcazione avviene per $\mu = \mu_1$, e la seconda per $\mu = \mu_2$, allora è possibile definire una costante universale F, secondo Feigenbaum [19]:

$$F = \lim_{k \to \infty} \frac{\mu_k - \mu_{k-1}}{\mu_{k+1} - \mu_k} = 4.66920160910299 \ldots,$$

(7-9)

dove, sorprendentemente, questo è un comportamento universale per tutte le mappe con massimo quadratico. Quindi, in altre parole, per una mappa quadratica semplice (reale) o una mappa quadratica complessa (generatore dell'insieme di Mandelbroit [35]) arriviamo esattamente alla stessa costante dalle loro mappe di biforcazione in base alla parametrizzazione dei loro eventi di biforcazione. Allo stesso modo:

Mappa massima quadratica: $x_{n+1} = a - x_n{}^2$ ha $\lim_{k \to \infty} \frac{a_k - a_{k-1}}{a_{k+1} - a_k} = F$.

Mappa massima quadratica complessa Mandelbroit): $z_{n+1} = c + z_n{}^2$ ha $\lim_{k \to \infty} \frac{c_k - c_{k-1}}{c_{k+1} - c_k} = F$.

7.3 Il valore speciale C_∞

Per la mappa quadratica complessa, l'asintoto effettivo del valore c al "margine del caos" viene indicato come C_∞ e ha il valore $C_\infty = -1.401155189 \ldots$. La costante $|C_\infty| = 1.401155189 \ldots$ è anche conosciuta come costante di Myrberg [36]. La costante di Myrberg, chiamata semplicemente C_∞ qui e in [45], giocherà un ruolo importante nelle discussioni.

Esempio 7.1. Consideriamo un'altra mappa 1D continuamente differenziabile con un unico massimo sull'intervallo (0,1): $f(x) = \left(\frac{A}{\pi}\right) \sin \pi x$, in modo da avere la relazione iterativa:

$$x_{n+1} = \left(\frac{A}{\pi}\right) \sin \pi x_n$$

(7-10)

Al primo punto di biforcazione abbiamo

$$x_{n+2} = \left(\frac{A}{\pi}\right) \sin \pi \left(\left(\frac{A}{\pi}\right) \sin \pi x_n\right) = x_n$$

Disegniamo un grafico del diagramma di biforcazione rivelato dai risultati computazionali:

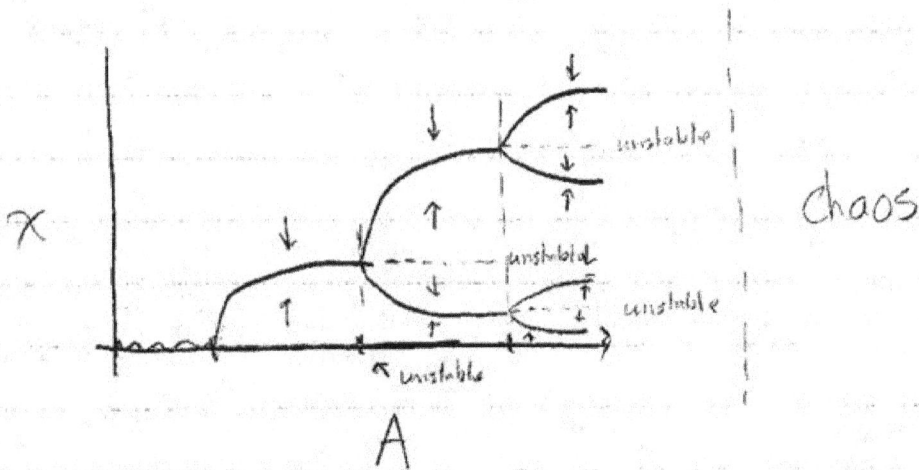

I valori di A dove sono presenti le biforcazioni indicate sono:

$a_0 = 1$

$a_1 = 2.253804$

$a_2 = 2.614598$

$a_3 = 2.696126$

$a_4 = 2.714118$

$a_5 = 2.718112$

Il numero di Feigenbaum:

$$F = \lim_{j \to \infty} \frac{a_j - a_{j-1}}{a_{j+1} - a_j} \cong \frac{a_4 - a_3}{a_5 - a_4} = 4.505$$

$$(7\text{-}11)$$

Esercizio 7.1. Ripeti l'analisi di cui sopra per un'altra mappa 1D che è continuamente differenziabile con un singolo massimo nell'intervallo $(0,1)$.

Esempio 7.2. Utilizzando metodi analitici, valutare il periodo 1,2,... punti fissi della mappa standard:

$$R \to R + \varepsilon \sin \theta$$
$$\theta = \theta + R + \varepsilon \sin \theta$$

Considera i punti fissi del periodo 1 indicati dalla mappatura

$$R_1 = R_0 + \varepsilon \sin \theta_0 \quad and \quad \theta_1 = R_0 + \theta_0 + \varepsilon \sin \theta_0$$

mentre il punto 1 indica: $R_1 = R_0 \quad and \quad \theta_1 = \theta_0$, con uguaglianza angolare fino ad una differenza di $2m\pi$. Così,

$$\sin \theta_0 = 0 \to \theta_0 = n\pi, \quad n = 0,1,2,....$$

Si noti che per qualsiasi soluzione $\theta_0 = n\pi$ nella funzione seno esiste ancora la soluzione $\theta_0 = n\pi + 2m\pi$ dalla multivalore. È utile ricordarlo quando si considerano le soluzioni a $\theta_1 = R_0 + \theta_0$:
$$R_0 = 2n\pi,$$
(non semplicemente $R_0 = 0$). Pertanto i punti fissi al periodo 1 sono: { $\theta_0 = n\pi$, $R_0 = 2n\pi$}.

Consideriamo ora i punti fissi del periodo 2:
$$R_2 = R_1 + \varepsilon sin\theta_1 = R_0 + \varepsilon sin\theta_0 + \varepsilon \sin(R_0 + \theta_0 + \varepsilon sin\theta_0)$$
$$\theta_2 = R_1 + \theta_1 + \varepsilon sin\theta_1$$
$$= 2(R_0 + \varepsilon sin\theta_0) + \theta_0 + \varepsilon \sin(R_0 + \theta_0 + \varepsilon sin\theta_0)$$
$$R_2 = R_0 \quad \rightarrow \quad sin\theta_0 + \sin(R_0 + \theta_0 + \varepsilon sin\theta_0) = 0 \quad \rightarrow \quad \theta_0 =$$
$n\pi \quad and \quad R_0 = n\pi \quad or \quad R_0 = 2n\pi$
$$\theta_2 = \theta_0 \quad \rightarrow \quad 2(R_0 + \varepsilon sin\theta_0) + \varepsilon \sin(R_0 + \theta_0 + \varepsilon sin\theta_0) = 0 \quad \rightarrow \quad R_0$$
$$= n\pi \quad indicated.$$
Pertanto i punti fissi al periodo 2 sono: { $\theta_0 = n\pi$, $R_0 = n\pi$}.

Consideriamo ora i punti fissi del periodo 3:
$$R_3 = R_2 + \varepsilon sin\theta_2$$
$$= R_0 + \varepsilon sin\theta_2 + \varepsilon sin(R_0 + \theta_0 + \varepsilon sin\theta_0)$$
$$+ \varepsilon sin[2R_0 + \theta_0 + \varepsilon \sin(R_0 + \theta_0)]$$
Ancora una volta abbiamo $\theta_0 = n\pi$.
$$\theta_3 = R_2 + \theta_2 + \varepsilon sin\theta_2$$
$$= 3(R_0 + \varepsilon sin\theta_0) + 2\varepsilon \sin(R_0 + \theta_0 + \varepsilon sin\theta_0) + \theta_0$$
$$+ \varepsilon sin[2(R_0 + \varepsilon sin\theta_0) + \theta_0 + \varepsilon \sin(R_0 + \theta_0)]$$
$\theta_3 = \theta_0$:
$$0 = 3R_0 + 2\varepsilon \sin(R_0 + \theta_0) + \varepsilon sin[2R_0 + \theta_0 + \varepsilon sin(R_0 + \theta_0)].$$
Pertanto, i punti fissi nel periodo 3 sono: { $\theta_0 = n\pi$, $R_0 = 2n\pi$}, e ora lo schema è evidente:

Anche i periodi hanno punti fissi in: { $\theta_0 = n\pi$, $R_0 = n\pi$}.
I periodi dispari hanno punti fissi in: { $\theta_0 = n\pi$, $R_0 = 2n\pi$}.

Esercizio 7.2. Tentativo
$$R \longrightarrow R + \varepsilon[x(1-x)]$$
$$x = x + R + \varepsilon[x(1-x)]$$

Capitolo 8. Trasformazioni di coordinate canoniche

In precedenza abbiamo dimostrato che un movimento infinitesimo di un oggetto in termini di coordinate generalizzate, andando da (q_0, p_0) a (q_1, p_1) nello spazio delle fasi, può essere descritto in termini del sistema Hamiltoniano. La trasformazione delle coordinate indotta dall'Hamiltoniana è "canonica" poiché il suo Jacobiano è 1 (la proprietà di conservazione dell'area delle trasformazioni canoniche):

$$\frac{\partial(q_1, p_1)}{\partial(q_0, p_0)} = 1$$

(8-1)

Consideriamo ora la classe generale di tali trasformazioni di coordinate canoniche. Lascia che le coordinate iniziali siano $\{q_a, p_a\}$ per $a = 1, 2, \ldots, n$. Lasciamo che le coordinate trasformate siano $\{Q_a, P_a\}$ (dove $a = 1, 2, \ldots, n$), e abbiamo le relazioni di trasformazione:

$$q_a = q_a(\{Q_a, P_a\}; t) \ and \ p_a = p_a(\{Q_a, P_a\}; t)$$

(8-2)

Quanto è generale l'espressione che possiamo ottenere per le nuove coordinate $\{Q_a, P_a\}$? Iniziare. scriviamo il Principio di Hamilton di prima (con i pedici soppressi):

$$S(q, \dot{q}) = \int_{t_1}^{t_2} L(q, \dot{q}, t) dt \ ; \ \delta S$$

$$= \left[\frac{\partial L}{\partial \dot{q}} \delta q \right]_{t_1}^{t_2} + \int_{t_1}^{t_2} \left[\left(\frac{\partial L}{\partial q} \right) - \frac{d}{dt} \left(\frac{\partial L}{\partial \dot{q}} \right) \right] \delta q dt$$

in termini di hamiltoniano e di azione in un principio hamiltoniano modificato (con pedici espressi):

$$S(q_a, p_a) = \int_{t_1}^{t_2} \sum_a p_a \dot{q}_a - H(q_a, p_a, t) dt \ ; \ \delta S$$

$$= \int_{t_1}^{t_2} \left[\sum_a \delta p_a \dot{q}_a + p_a \delta \dot{q}_a - \delta H(q_a, p_a, t) \right] dt$$

Come con la Lagrangiana, le derivate temporali totali non danno alcun contributo a causa degli endpoint fissi (l'allentamento di questa condizione verrà esplorato più avanti). Pertanto, la variazione dell'azione può essere riscritta:

$$\delta S = \int_{t_1}^{t_2} \left[\sum_a \delta p_a [\dot{q}_a - \frac{\partial H}{\partial p_a}] + \delta q_a [-\dot{p}_a - \frac{\partial H}{\partial q_a}] \right] dt$$

(8-3)

che dà origine alle equazioni di Hamilton quando $\delta S = 0$:

$$\dot{q}_a = \frac{\partial H}{\partial p_a} \quad and \quad \dot{p}_a = -\frac{\partial H}{\partial q_a}.$$

(8-4)

Quindi, ad occhio e croce, per mantenere le equazioni del moto di Hamilton nelle nuove variabili che dobbiamo essere in grado di esprimere

$$\sum_a p_a \dot{q}_a - H(q_a, p_a, t)$$

$$= \sum_a P_a \dot{Q}_a - \tilde{H}(Q_a, P_a, t) + \{total\ time\ derivative\}$$

(8-5)

In [25] sono descritti i quattro tipi di funzioni generatrici di derivate del tempo totale delle trasformazioni canoniche, con dipendenza dalle vecchie e nuove variabili canoniche secondo { qQ }, { q,P }, { p,Q }. { p,P } (non è necessario utilizzare la stessa funzione generatrice per tutte le variabili, dando origine a un'analisi mista molto simile all'analisi Routhiana che prevede che alcune variabili siano descritte in termini di lagrangiana e altre in termini di hamiltoniana). Il racconto dei vari casi è fatto in dettaglio in [25] quindi non verrà fatto qui. Per prendere un caso specifico, consideriamo la funzione generatrice di trasformate di tipo { qQ } e analizziamo le trasformate canoniche che può produrre (seguendo le convenzioni di [29]). Nello specifico, variazione su:

$$\sum_a P_a \dot{Q}_a - \tilde{H}(Q_a, P_a, t) + \frac{d}{dt} F(q_a, Q_a, t),$$

(8-6)

che produce l'equazione di Hamilton per le nuove variabili come previsto:

$$\dot{Q}_a = \frac{\partial \tilde{H}}{\partial P_a} \quad and \quad \dot{P}_a = -\frac{\partial \tilde{H}}{\partial Q_a}.$$

(8-7)

Se ora prendiamo le varie derivate parziali per riscrivere la derivata temporale totale, possiamo arrivare alla coerenza con le equazioni hamiltoniane di cui sopra se:

$$p_a = \frac{\partial}{\partial q_a} F(q_a, Q_a, t),$$

$$P_a = -\frac{\partial}{\partial Q_a} F(q_a, Q_a, t), \quad \tilde{H}(Q_a, P_a, t)$$

$$= H(q_a, p_a, t) + \frac{\partial}{\partial t} F(q_a, Q_a, t)$$

(8-8)

Pertanto, la descrizione dell'azione in un principio hamiltoniano modificato offre una notevole flessibilità nella scelta delle rappresentazioni equivalenti del movimento. La cosa più semplice da scegliere è una situazione in cui le nuove coordinate sono cicliche ($\dot{Q}_a = 0$ and $\dot{P}_a = 0$), e questo è ciò che viene fatto nella teoria di Hamilton-Jacobi descritta nella sezione successiva.

8.1 L'equazione hamiltoniana-Jacobi

Utilizzando la derivazione e la notazione di [29] esiste ora un modo semplice per arrivare a quella che è nota come teoria di Hamilton-Jacobi. L'idea è di avere una trasformazione tale che le coordinate siano cicliche. Prima di intraprendere la trasformazione canonica, però, è utile passare da una funzione $F(q_a, Q_a, t)$ad una nuova funzione, denotata $S(q_a, P_a, t)$, attraverso una trasformata di Legendre. Questa nuova funzione per la condizione delle coordinate cicliche sarà l'Azione come indicato in Sprecedenza. Quindi considera prima la trasformazione di Legendre (funziona qui poiché tutti i termini di superficie sono zero a causa delle condizioni al contorno fisse):

$$F(q_a, Q_a, t) = -\sum_a P_a Q_a + S(q_a, P_a, t)$$

(8-9)

Innanzitutto il differenziale è per definizione in termini di variabili dipendenti:

$$dF = \sum_a (\frac{\partial F}{\partial q_a} dq_a + \frac{\partial F}{\partial Q_a} dQ_a) + \frac{\partial F}{\partial t} dt$$

$$= \sum_a (p_a dq_a - P_a dQ_a) + \frac{\partial F}{\partial t} dt$$

ma dall'alto hanno anche:

$$dF = -\sum_a (P_a dQ_a + dP_a Q_a) + dS$$

$$(8\text{-}10)$$

Così,

$$dS = \sum_a (p_a dq_a + Q_a dP_a) + \frac{\partial F}{\partial t} dt,$$

$$(8\text{-}11)$$

dove possiamo vedere che la dipendenza funzionale è effettivamente $S(q_a, P_a, t)$. Se prendiamo per definizione le seguenti relazioni di derivata parziale per:

$$p_a = \frac{\partial}{\partial q_a} S(q_a, P_a, t),$$

$$Q_a = \frac{\partial}{\partial P_a} S(q_a, P_a, t), \quad \frac{\partial}{\partial t} S(q_a, P_a, t) = \frac{\partial}{\partial t} F(q_a, Q_a, t)$$

$$(8\text{-}12)$$

otteniamo quindi:

$$\tilde{H}(Q_a, P_a, t) = H(q_a, p_a, t) + \frac{\partial}{\partial t} S(q_a, P_a, t)$$

$$(8\text{-}13)$$

Qualunque $S(q_a, P_a, t)$ dato i parziali di cui sopra genererà una trasformazione canonica per costruzione. Scegliamo ora una trasformazione canonica con $S(q_a, P_a, t)$ tale che $\tilde{H}(Q_a, P_a, t) = 0$, poiché $\tilde{H}$ in tal modo non ha alcuna dipendenza Q_a e P_a sono coordinate cicliche. In tal caso arriviamo a:

$$0 = H(q_a, p_a, t) + \frac{\partial}{\partial t} S(q_a, P_a, t) = H\left(q_a, \frac{\partial S}{\partial q_a}, t\right) + \frac{\partial}{\partial t} S(q_a, P_a, t)$$

e poiché Q_a e P_a sono costanti del moto, otteniamo l'equazione di Hamilton-Jacobi:

$$H\left(q_a, \frac{\partial S}{\partial q_a}, t\right) + \frac{\partial}{\partial t} S(q_a, t) = 0$$

$$(8\text{-}14)$$

Questa è un'equazione alle derivate parziali del primo ordine che può essere risolta introducendo $(n+1)$ costanti di integrazione ($\{c_a\}$ and S_0):

$$S = S(q_a, c_a, t) + S_0$$

Se scegliamo le costanti $\{c_a\}$ come costanti $\{P_a\}$ torniamo alla forma classica della soluzione nota come Funzione Principio di Hamilton:

158

$$S = S(q_a, P_a, t) + S_0$$

(8-15)

Dove

$$p_a = \frac{\partial}{\partial q_a} S(q_a, P_a, t), \qquad Q_a = \frac{\partial}{\partial P_a} S(q_a, P_a, t).$$

(8-16)

Il motivo per cui questa forma è significativa è dovuto a quest'ultima relazione dato che $\{P_a\}$e $\{Q_a\}$sono costanti del moto è invertibile dare una descrizione del moto che sia solo funzione del tempo:

$$q_a = q_a(\{Q_a\}, \{P_a\}, t)$$

Pertanto, il movimento è chiaramente definito come un percorso (parametrizzato da t). Consideriamo la derivata di Slungo questo percorso:

$$\frac{dS}{dt} = \sum_a \frac{\partial S}{\partial q_a} \dot{q}_a + \frac{\partial S}{\partial t} = \sum_a p_a \dot{q}_a - H = L(q_a, \dot{q}_a, t)$$

Così,

$$S = \int_{t_0}^{t} L(q_a, \dot{q}_a, \tau) d\tau + S_0(t_0)$$

(8-17)

Oppure, modificando leggermente la notazione della variabile tempo, arriviamo alla forma originariamente postulata come la "formulazione dell'azione" di Hamilton menzionata all'inizio del capitolo 3:

$$S = \int_{t_1}^{t_2} L(q, \dot{q}, t) dt$$

(8-18)

Esempio 8.1. Iniziamo con un'espressione per l'azione:

$$S = (q, q_0, t, t_0) = \frac{m\omega}{2sin\omega t}\{(q^2 + q_0^2)cos\omega t - 2qq_0\}; \qquad T = t - t_0.$$

Quali risultati di sistema? Cos'è l'Hamiltoniano? Quali sono le traiettorie?

Soluzione:

$$H = -\frac{\partial S}{\partial t} = \frac{m\omega^2}{(2sin\omega t)^2}\{-4qq_0cos\omega t + 2(q^2 + q_0^2)\}.$$

159

Da cui possiamo ricostruire

$$p = \frac{\partial S}{\partial q} = \frac{m\omega}{2sin\omega t}\{2qcos\omega t - 2q_0\}$$

$$p^2 = 2m\left[\frac{m\omega^2}{2sin^2\omega t}\right][q^2cos^2\omega t - 2qq_0cos\omega t + q_0{}^2]$$

$$\frac{p^2}{2m} = \frac{m\omega^2}{(2sin\omega t)^2}\{-2q^2sin^2\omega t - 4qq_0cos\omega t + 2(q^2 + q_0{}^2)\}.$$

Pertanto l'Hamiltoniano può essere scritto come:

$$H = \frac{p^2}{2m} + \frac{m\omega^2}{(2sin\omega t)^2}\{2q^2sin^2\omega t\} = \frac{p^2}{2m} + \frac{m\omega^2 q^2}{2} = \frac{1}{2m}[p^2 + m^2\omega^2 q^2].$$

Pertanto la quantità conservata, l'energia, è:

$$E = \frac{1}{2m}[p^2 + m^2\omega^2 q^2].$$

Questo è un oscillatore armonico. Prendiamo ora le traiettorie:

$$\dot{q} = \frac{\partial H}{\partial p} = \frac{p}{m} \quad and \quad \dot{p} = -\frac{\partial H}{\partial q} = m\omega^2 q.$$

Una possibile serie di soluzioni:

$$q = \sqrt{2E/m\omega^2}cos\omega t \quad and \quad p = \sqrt{2mE}sin\omega t.$$

Esercizio 8.1. Trova tutte le soluzioni.

Esempio 8.2. Risolvi l'equazione HJ per il movimento in una dimensione poiché una particella è influenzata da una forza costante sia nello spazio che nel tempo.

Soluzione

L'equazione HJ in 1D:

$$H(q,p) + \frac{\partial S}{\partial t} = 0, \quad p = \frac{\partial S}{\partial q}, \quad H\left(q, \frac{\partial S}{\partial q}\right) + \frac{\partial S}{\partial t} = 0.$$

(a) Per le particelle in 1D, non relativistiche, con forza costante nello spazio e nel tempo, si ha:

$$F = -\frac{\partial V}{\partial q} = \alpha \quad \rightarrow \quad V = -\alpha q,$$

e per l'energia cinetica abbiamo il solito:

$$T = \frac{1}{2}m\dot{q}^2.$$

La Lagrangiana è quindi:

$$L = T - V = \frac{1}{2}m\dot{q}^2 + \alpha q.$$

Ora per costruire l'Hamiltoniana, prima la quantità di moto:

$$p = \frac{\partial L}{\partial \dot{q}} = m\dot{q},$$

Così:

$$H(q, p, t) = \dot{q}p - L = \frac{p^2}{m} - \frac{1}{2}m\left(\frac{p}{m}\right)^2 - \alpha q = \frac{p^2}{2m} - \alpha q.$$

Usandolo nell'equazione 1D HJ, otteniamo:

$$\frac{1}{2m}\left(\frac{\partial S}{\partial q}\right)^2 + \alpha q + \frac{\partial S}{\partial t} = 0.$$

Se indoviniamo una soluzione della forma:

$$S(q, E, t) = w(q, E) - Et \longrightarrow \frac{\partial S}{\partial t} + H = 0 \longrightarrow H = E.$$

Risolvere la funzione $w(q, E)$:

$$\frac{1}{2m}\left(\frac{\partial w}{\partial q}\right)^2 = E - \alpha q \quad \rightarrow \quad \frac{\partial w}{\partial q} = \sqrt{2m(E - \alpha q)}\,.$$

Così,

$$S = \sqrt{2mE}\int dq \sqrt{1 - \frac{\alpha q}{E}} - Et \quad \rightarrow \quad S$$

$$= \sqrt{2mE} \cdot \frac{2\sqrt{\left(1 - \frac{\alpha q}{E}\right)^3}}{3\left(-\frac{\alpha}{E}\right)} - Et + f(x_0)$$

Esercizio 8.2. Risolvi l'equazione HJ per il movimento in una dimensione poiché una particella è influenzata da una forza che è costante nello spazio e aumenta linearmente nel tempo.

8.2 Dall'equazione di Hamilton-Jacobi all'equazione di Schrodinger

La meccanica classica finora è stata non relativistica e priva di campo, tranne che in senso idealizzato per quest'ultima. Inoltre, quando la materia si accumula gravitazionalmente, comprendiamo che il suo collasso verrà arrestato ad un certo punto dalle proprietà di compressione del materiale che a loro volta riconducono a soluzioni elettrodinamiche di non collasso. Quindi i nostri oggetti finora sono stati semplificati al loro classico comportamento non elettrodinamico. Una volta che tentiamo di spiegare la relatività o di descrivere i campi come dinamici di per sé, incontriamo nuove complicazioni (come il collasso radiativo dell'elettrodinamica) e viene indicata una teoria quantistica. Esistono tre formalismi principali che collegano la teoria classica a una teoria quantistica (Schrodinger, Heisenberg e Feynman-Dirac). C'è anche la vecchia quantizzazione di Bohr-Sommerfeld in un precedente tentativo che comprendeva una soluzione semiclassica nella teoria attuale. La prima da discutere è la forma di quantizzazione dell'equazione d'onda di Schrodinger, che è direttamente correlata all'equazione di Hamilton-Jacobi con opportuna sostituzione degli operatori.

La classica equazione di Hamilton-Jacobi ha il differenziale $\partial/\partial q_a$:

$$H\left(q_a, \frac{\partial S}{\partial q_a}, t\right) + \frac{\partial}{\partial t} S(q_a, t) = 0$$

(8-19)

Nella teoria quantistica di Schròdinger passiamo al formalismo dell'operatore della funzione d'onda, che inizia con una funzione d'onda della forma:

$$\psi(q_a, t) \propto e^{\frac{i}{\hbar} S(q_a, t)},$$

(8-20)

dove vediamo l'azione entrare come una fase nella funzione d'onda. L'azione sulla funzione d'onda è un'espressione di operatore in cui p_a non viene sostituito da $\frac{\partial S}{\partial q_a}$ (espressione classica) ma da $\frac{\partial}{\partial q_a}$ come parte di un'espressione di operatore:

$$H(q_a, p_a, t) + \frac{\partial}{\partial t} S(q_a, t) = 0 \rightarrow \left\{ H\left(q_a, \frac{\partial}{\partial q_a}, t\right) + \frac{\partial}{\partial t}\right\} \exp \frac{i}{\hbar} S(q_a, t)$$
$$= 0$$

(8-21)

quest'ultima è una forma dell'equazione di Schròdinger (ulteriori dettagli in [42]). L'equazione quantistica del moto, al primo ordine $\frac{S}{\hbar}$, riprende poi la meccanica classica, poiché

$$\left\{ H\left(q_a, \frac{\partial S}{\partial q_a}, t\right) + \frac{\partial S}{\partial t}\right\} \exp \frac{i}{\hbar} S(q_a, t) = 0 \rightarrow H\left(q_a, \frac{\partial S}{\partial q_a}, t\right) + \frac{\partial}{\partial t} S(q_a, t)$$
$$= 0.$$

(8-22)

La fisica semiclassica descrive quindi il mix iniziale di termini di secondo e di ordine superiore che danno origine a effetti non classici.

Per configurazioni limitate sono possibili soluzioni complete alle equazioni di Schròdinger, come per l'atomo critico di idrogeno. Quando applicata all'atomo di idrogeno, la fisica quantistica risolve un enigma dell'elettrostatica classica per cui l'atomo di idrogeno ha stati legati stabili (e non semplicemente collassa).

Esempio 8.3. Consideriamo l'equazione di Schrodinger dipendente dal tempo per una singola particella in un potenziale $U(r, t)$. Questo problema della meccanica quantistica sarà studiato approfonditamente in [42], ma visto in senso generale ora è molto istruttivo riguardo al nuovo "posto" che attende la meccanica classica nel più ampio mondo della meccanica quantistica). Considera l'ansatz in cui può essere scritta la soluzione della funzione d'onda:

$$\Psi(r,t) = A(r,t) \exp\left[\frac{i}{\hbar}\theta(r,t)\right],$$

(8-23)

dove A e θ sono reali e analitici in $\hbar$. (a) Mostrare lo sviluppo in $\hbar$ porta, all'ordine più basso, ad θ essere una soluzione della corrispondente equazione HJ (è l'Azione classica). (b) Mostrare all'ordine successivo $\hbar$ che A^2 soddisfa un'equazione di continuità (questo aiuterà a motivare l'interpretazione di Born in [42]).

Soluzione

(a) Abbiamo per l'equazione di Schrödinger dipendente dal tempo:

$$i\hbar\frac{\partial}{\partial t}\Psi(r,t) = \hat{H}\Psi(r,t).$$

Per una singola particella in un potenziale abbiamo:

$$\hat{H} = \frac{\hat{p}^2}{2m} + \hat{U}(r,t) = -\frac{\hbar^2}{2m}\nabla^2 + U(r,t),$$

così,

$$i\hbar\frac{\partial}{\partial t}\Psi(r,t) = -\frac{\hbar^2}{2m}\nabla^2\Psi(r,t) + U(r,t)\Psi(r,t).$$

Proviamo ora la soluzione indicata per ottenere un'equazione in termini di $\{A, \theta\}$:

$$i\hbar\frac{\partial A}{\partial t} - A\frac{\partial\theta}{\partial t} = -\frac{\hbar^2}{2m}\nabla^2 A - \frac{i\hbar}{m}\nabla A\nabla\theta + \frac{A}{2m}(\nabla\theta)^2 - \frac{i\hbar}{2m}A\nabla^2\theta + AU.$$

All'ordine zero in $\hbar$, $\hbar^0$, abbiamo i termini:

$$\frac{\partial\theta}{\partial t} = -\left[\frac{(\nabla\theta)^2}{2m} + U\right].$$

L'equazione HJ (Hamilton-Jacobi) per la θ variabile è:

$$H(r,\nabla\theta) + \frac{\partial\theta}{\partial t} = 0 \rightarrow \frac{\partial\theta}{\partial t} = -\left[\frac{(\nabla\theta)^2}{2m} + U\right],$$

che è proprio la relazione di ordine zero.

(b) Al primo ordine in $\hbar$, $\hbar^1$, abbiamo i termini:

$$i\hbar\frac{\partial A}{\partial t} = -\frac{i\hbar}{m}\nabla A\nabla\theta - \frac{i\hbar}{2m}A\nabla^2\theta,$$

moltiplicando per A e raggruppando:

163

$$\frac{\partial A^2}{\partial t} = -\frac{1}{m}\nabla(A^2\nabla\theta) \ \rightarrow \ \frac{\partial \rho}{\partial t} = -\nabla\left(\rho\frac{\nabla\theta}{m}\right), where \ \rho = A^2,$$

Pertanto, otteniamo:

$$\frac{\partial \rho}{\partial t} + \nabla \cdot (\rho v) = 0, where \ v = \frac{\nabla\theta}{m},$$

dove ρ è come la densità di un fluido ed v è come il campo vettoriale della velocità del flusso.

Esercizio 8.3. Cosa viene rivelato al secondo ordine in $\hbar$?

8.3 Variabili dell'angolo di azione e quantizzazione di Bohr/Sommerfeld-Wilson

Per il caso speciale del moto conservativo limitato, separabile e periodico, possiamo passare alle cosiddette variabili dell'angolo di azione. Le "variabili d'azione" sono definite come l'integrale dell'area nello spazio delle fasi su un periodo del movimento per ogni grado di libertà:

$$J_a = \oint p_a dq_a$$

(8-24)

I risultanti J_a dipendono solo dalle costanti del moto, qui indicate con { α_a} e seguendo la notazione di [29]:

$$J_a = J_a(\{\alpha_a\}).$$

(8-25)

Oppure, invertendo e rinominando $\alpha_1 = E$:

$$E = H(\{J_a\}).$$

(8-26)

Ulteriori dettagli sulla derivazione possono essere trovati in [29]. Da qui possiamo determinare le frequenze fondamentali del sistema in termini dell'Hamiltoniana di cui sopra espressa tramite variabili di azione:

$$v_a = \frac{\partial}{\partial J_a} H(\{J_a\}).$$

(8-27)

Nella quantizzazione di Sommerfeld-Wilson è stato proposto che le variabili di azione dovessero essere quantizzate con quantità intere della costante di Plank:

$$J_a = \oint p_a dq_a = nh$$

(8-28)

8.4 Parentesi di Poisson

Le parentesi di Poisson assumono una forma speciale quando si lavora in coordinate canoniche e sono definite in termini di hamiltoniana a prescindere, quindi la presentazione delle parentesi di Poisson è posta qui per questo motivo. In coordinate canoniche consideriamo due funzioni $f(q_i, p_i, t)$ e $g(q_i, p_i, t)$, dove le coordinate canoniche (su qualche spazio delle fasi) sono date da $\{ p_i, q_i \}$ dove $i = 1..N$. La funzione parentesi di Poisson di queste due funzioni è indicata con $\{ f, g \}$ e definita da:

$$\{f, g\} = \sum_{i=1}^{N} \left(\frac{\partial f}{\partial q_i} \frac{\partial g}{\partial p_i} - \frac{\partial f}{\partial p_i} \frac{\partial g}{\partial q_i} \right).$$

(8-29)

Quindi per definizione abbiamo:

$$\{q_i, q_j\} = 0, \quad \{p_i, p_j\} = 0, \quad and \quad \{q_i, p_j\} = \delta_{ij},$$

(8-30)

dove viene utilizzato il delta Kronecker ($\delta_{ij} = 1 \; if \; i = j$ e $\delta_{ij} = 0$ altrimenti).

Spesso, esaminiamo l'evoluzione temporale di una funzione sulla varietà simplettica indotta dalla famiglia di simplectomorfismi ad un parametro (diffeomorfismi canonici e che preservano l'area) [37], dove le parentesi di Poisson sono conservate.

Vedremo nuovamente le parentesi di Poisson in [42] sulla meccanica quantistica come parentesi di Poisson generalizzate, che dopo la quantizzazione si deformano in parentesi di Moyal (una generalizzazione dell'algebra di Lie, l'algebra di Poisson, associata alle parentesi di Poisson). In termini di spazio di Hilbert, arriviamo a commutatori quantistici diversi da zero.

Capitolo 9. Teoria delle perturbazioni, Analisi dimensionale, e fenomenologia

9.1 Teoria delle perturbazioni hamiltoniane

Nella teoria delle perturbazioni consideriamo una soluzione o un sistema noto (tipicamente una descrizione hamiltoniana con le sue costanti del movimento rese chiare) e consideriamo una piccola "perturbazione" di quel sistema. Eseguiamo quindi un'espansione perturbativa per la nostra soluzione risolvendo separatamente a vari ordini quelli che sono problemi differenziali più semplici (vedere l'Appendice A. per alcune discussioni ed esempi di metodi di soluzione delle perturbazioni delle equazioni differenziali ordinarie in generale).

Esempio 9.1. Teoria delle perturbazioni che coinvolgono un'Hamiltoniana completa.

Consideriamo ora la teoria delle perturbazioni che coinvolge un'Hamiltoniana completa $H(q, p, t)$, un'Hamiltoniana più semplice con soluzioni note $H_0(q, p, t)$, e la parte perturbativa $\Delta H(q, p, t)$, dove $\Delta H \ll H_0$:

$$H(q, p, t) = H_0(q, p, t) + \Delta H(q, p, t).$$

(9-1)

Espandiamo tutte le variabili a vari ordini in un parametro di perturbazione (che appare in ΔH).

Consideriamo l'esempio del movimento libero con la forza di ripristino della molla vista come perturbazione. In questo caso conosciamo la soluzione completa senza alcuna teoria delle perturbazioni, quindi possiamo vedere come si comporta il nostro risultato. Quindi, per H_0 abbiamo $H_0 = p^2/2me$ per perturbazione utilizziamo la forma di soluzione del potenziale primaverile in coordinate canoniche: $\Delta H = (m\omega^2/2)x^2$. Possiamo quindi valutare le equazioni di Hamilton per ottenere il solito risultato:

$$\dot{x} = \frac{p}{m} \quad ; \quad \dot{p} = -m\omega^2 x$$

(9-2)

(senza alcuna approssimazione). Trattata come una perturbazione, consideriamo ω^2 come parametro della perturbazione, quindi all'ordine zero abbiamo $\dot{p}_0 = 0$ e $\dot{x}_0 = p_0/m$. Così

$$p^{(0)} = p_0 = const. \quad ; \quad x^{(0)} = x_0 = \left(\frac{p_0}{m}\right)t,$$

(9-3)

dove scegliamo la condizione iniziale $x(t = 0) = 0$. Ora, al primo ordine otteniamo:

$$\dot{p}^{(1)} = -m\omega^2 x^{(0)} = -\omega^2 p_0 t \quad \rightarrow \quad p^{(1)}(t) = p_0 - \frac{1}{2}\omega^2 p_0 t^2$$

(9-4)

E

$$\dot{x}^{(1)} = \frac{p^{(1)}}{m} = \frac{p_0}{m} - \frac{1}{2m}\omega^2 p_0 t^2 \quad \rightarrow \quad x^{(1)}(t) = \frac{p_0}{m}t - \frac{1}{6m}\omega^2 p_0 t^3.$$

(9-5)

Se ora confrontiamo con la soluzione completa nota:

$$p(t) = p_0 \cos \omega t \quad ; \quad x(t) = \frac{p_0}{m\omega}\sin \omega t,$$

(9-6)

attraverso il primo ordine possiamo vedere l'esatto accordo.

Se esiste una perturbazione dipendente dal tempo, allora spesso si passa da una formulazione hamiltoniana a quella hamiltoniana-Jacobi [37]. Consideriamo la $H = H_0 + \Delta H$ configurazione come prima, ma ora abbiamo l'informazione aggiuntiva di aver ottenuto la funzione principale S che è la funzione generatrice della trasformazione canonica da $\{q, p\} \rightarrow \{\alpha, \beta\}$ tale che:

$$H_0\left(q, \frac{\partial S}{\partial q}, t\right) + \frac{\partial}{\partial t}S(q, \alpha, t) = 0.$$

(9-7)

In relazione a H_0, le variabili $\{\alpha, \beta\}$ sono canoniche e quindi costanti. In relazione a H esse non saranno costanti ma verranno comunque scelte come nostre variabili canoniche (let $\{P = \alpha, Q = \beta\}$):
$$P = \alpha(q, p) \quad ; \quad Q = \beta(q, p).$$

(9-8)

Rifusione alla forma HJ standard per l'Hamiltoniano H perturbato con la perturbazione dipendente dal tempo:

$$H(\alpha, \beta, t) = H_0(\alpha, \beta, t) + \Delta H(\alpha, \beta, t) + \frac{\partial S}{\partial t} = \Delta H(\alpha, \beta, t),$$

(9-9)

e since $\dot{Q} = \frac{\partial H}{\partial P}$ e $\dot{P} = -\frac{\partial H}{\partial Q}$ otteniamo le relazioni esatte:

$$\dot{\alpha} = -\frac{\partial \Delta H}{\partial \beta} \quad ; \quad \dot{\beta} = \frac{\partial \Delta H}{\partial \alpha}.$$

(9-10)

Spesso le soluzioni esatte non sono possibili, quindi eseguiamo le espansioni perturbative come prima. Qui, qualunque valore $\{\alpha, \beta\}$ ottenuto all'ordine zero viene quindi utilizzato nel calcolo del primo ordine, come prima:

$$\dot{\alpha}^{(1)} = -\frac{\partial \Delta H}{\partial \beta}, \quad \alpha = \alpha^{(0)}, \quad \beta = \beta^{(0)},$$

(9-11)

e allo stesso modo per $\dot{\beta}^{(1)}$, e poi ripetuto in ordine superiore secondo necessità.

Esercizio 9.1. Applicare l'approccio perturbativo HJ al sistema a molle considerato in precedenza e ottenere nuovamente il risultato nel formalismo HJ.

9.2 Analisi dimensionale
La fisica ha quantità dimensionali, a differenza della matematica differenziale utilizzata finora (anche se si possono introdurre elementi matematici che possono fungere da quantità dimensionali). Le quantità adimensionali possono essere raggruppate in prodotti adimensionali. Ad esempio, la Legge di Stefan-Boltzmann (descritta in [42,45]), fornisce una relazione tra l'energia radiante E in una cavità, di volume V, con pareti a Temperatura T:

$$\frac{E}{V} = \frac{8\pi^5}{15} \frac{k_B^4 T^4}{c^3 h^3}.$$

(9-12)

Le formule matematiche della fisica devono avere coerenza sulla dimensionalità dei termini.

Esempio 9.2. Una biglia che rotola in un'orbita circolare
Considera una biglia che rotola in un'orbita circolare all'interno di un cono rovesciato (vedi [62] per altri esempi simili), con semiangolo (dalla verticale) pari a θ. Le variabili del sistema sono quindi il periodo orbitale τ, la massa m, il raggio dell'orbita R, l'accelerazione di gravità g e le suddette θ. Realizziamo un prodotto adimensionale:

$$\tau^\alpha m^\beta R^\gamma g^\delta = [T]^\alpha [M]^\beta [L]^\gamma [LT^{-2}]^\delta = T^{\alpha - 2\delta} M^\beta L^{\gamma + \delta},$$

(9-13)

che è adimensionale se $\alpha - 2\delta = 0$ e $\beta = 0$ e $\gamma + \delta = 0$, oppure semplificando otteniamo:

$$\beta = 0 \text{ E } \gamma = -\delta = -\alpha/2.$$

Abbiamo quindi la relazione:

169

$$\tau = \sqrt{\frac{R}{g}} f(\theta).$$

(9-14)

Con uno sforzo molto maggiore, un'analisi dettagliata lo mostra $f(\theta) = 2\pi\sqrt{\tan\theta}$.

Esercizio 9.2. Mostralo $f(\theta) = 2\pi\sqrt{\tan\theta}$.
Una formulazione più generale della soluzione parziale possibile mediante l'analisi dimensionale è data dal ΠTeorema di Buckingham [62].

9.2.1 ΠTeorema di Buckingham
1. Se un'equazione è dimensionalmente omogenea può essere ridotta a una relazione tra un insieme completo di prodotti adimensionali indipendenti [63]
2. Il numero di Prodotti adimensionali completi e indipendenti N_Pè uguale al numero di Variabili (e costanti) adimensionali $N_V$meno il numero di Dimensioni $N_D$necessarie per esprimere le formule: $N_P = N_V - N_D$.

Il chiarimento dei metodi di cui sopra è meglio mostrato con alcuni esempi.

Esempio 9.3. Analisi dimensionale del pendolo.
Per un pendolo con periodo τ, massa m, lunghezza del braccio l, accelerazione dovuta alla gravità g:
$$\tau^\alpha m^\beta l^\gamma g^\delta = [T]^\alpha [M]^\beta [L]^\gamma [LT^{-2}]^\delta = T^{\alpha-2\delta} M^\beta L^{\gamma+\delta},$$
che ha la stessa soluzione di prima (ma senza θ), quindi abbiamo:
$$\tau = C\sqrt{\frac{l}{g}},$$

dove Cè una costante.

Esercizio 9.3. Ripetere per il movimento orizzontale della molla su una superficie priva di attrito, un'estremità attaccata, l'altra con una massa non trascurabile.

Esempio 9.4. Analisi delle esplosioni nucleari di GI Taylor [33]
Questo è un famoso esempio in cui la resa (energia) di un'esplosione nucleare è stata determinata da una sequenza di fotografie ad alta velocità

170

pubblicate su un giornale (con i necessari timestamp che mostrano la diffusione dell'esplosione). Indichiamo R il raggio di un'onda d'urto in espansione, sia il tempo trascorso dall'esplosione t, sia l'energia rilasciata E e sia la densità atmosferica (iniziale) ρ.

Esercizio 9.4. Dimostralo $E = k\rho R^5/t^2$ per qualche costante (adimensionale) k.

Esempio 9.5. Consideriamo l'Hamiltoniano:

$$H = \frac{1}{2}\left(P_x{}^2 + P_y{}^2\right) + 2x^3 + xy^2$$

Per cui le equazioni hamiltoniane danno:

$$\dot{x} = P_x; \quad \dot{y} = P_y; \quad \dot{P}_x = -(6x^2 + y^2); \quad \dot{P}_y = -(2xy).$$

Abbiamo la nostra prima quantità conservata, l'Energia $E = H$, e riferendoci alla dimensionalità dell'Energia costruiamo una tabella di termini:

Termine	Ordine in E
x, y	1/3
P_x, P_y	½
$\dfrac{d}{dt}$	1/6
H	1

Vogliamo una seconda quantità conservata W tale che $\dot{W}$ possa essere costruita da ($x, y, P_x, P_y, \dot{x}, \dot{y}, \dot{P}_x, \dot{P}_y$) in modo da dare zero coerente con la forma dei "mattoni" di cui sopra. Poiché $\dot{P}_x, \dot{P}_y$ sono l'unico posto in cui i termini sono accoppiati, devono essere in formato W. Poiché $\dot{P}_x, \dot{P}_y$ sono di ordine 2/3, dobbiamo avere $\dot{W}$ di ordine $\geq 2/3$. Inoltre, W deve essere un differenziale esatto (come con H).

Caso 1: consideriamo $\dot{W}$ di ordine 2/3, ciò significa che:

$$\dot{W} = \alpha\dot{P}_x + \beta\,\dot{P}_y + ax^2 + bxy + cy^2,$$

dove i coefficienti sono tutte costanti che possiamo scegliere. Tuttavia, questa espressione non è un differenziale esatto per alcuna scelta di costanti, quindi questo caso non funziona.

Caso 2: considerato $\dot{W}$ ordine 5/6, ciò significa che:

$$\dot{W} = \alpha x P_x + \beta y P_x + \gamma y P_y + \delta x P_y + a x\dot{x} + b x\dot{y} + c y\dot{x} + d y\dot{y}.$$

Anche questa espressione non è un differenziale esatto, quindi questo caso non funziona.

Caso 3: considerare $\dot{W}$ l'ordine 6/6, ... avere termini come $x\dot{P}_x$e, ancora una volta, nessuna soluzione.

Caso 4: considerato $\dot{W}$ ordine 7/6, funziona, ma recupera la prima quantità conservata, l'Hamiltoniano stesso.

Caso 5: considerare $\dot{W}$ l'ordine 8/6, ... avere termini come $x^2\dot{P}_x$e, ancora una volta, nessuna soluzione.

Caso 6: considera $\dot{W}$ l'ordine 9/6, ... funziona. La forma generale ora è:
$$\dot{W} \propto E^{3/2} \quad \to \quad W \propto E^{4/3}$$
L'espressione generale per W ora è:
$$W = a_1 x^4 + a_2 x^3 y + a_3 x^2 y^2 + a_4 x y^3 + a_5 y^4$$
$$+ b_1 x P_x^2 + b_2 x P_x P_y + b_3 x P_y^2 + b_4 y P_x^2 + b_5 y P_x P_y + b_6 y P_y^2$$

L'espressione generale di $\dot{W}$ è quindi:
$$\dot{W} = x^3 P_x (4a_1 - 12b_1) + \cdots,$$
dove i coefficienti costanti per ciascun termine sono ciascuno separatamente uguale a zero. Ci sono quindi 12 equazioni per le 11 incognite indicate. Risolvendo troviamo che:
$$W = x^2 y^2 + \frac{1}{4}y^4 - x P_y^2 + y P_x P_y.$$

9.2.2 L'analisi dimensionale mostra 22 quantità dimensionali uniche [62]
Se iniziamo con l'insieme di 6 costanti dimensionali fondamentali, $\{G, \varepsilon_0, c, e, m_e, h\}$ troviamo che ci sono 22 raggruppamenti dimensionali unici [62] e 2 raggruppamenti adimensionali (il numero di Eddington-Dirac e la costante di struttura fine). In [45] troveremo nuovamente indicati 22 parametri fondamentali, dimensionali .

Esercizio 9.5. Identificare i 22 raggruppamenti dimensionali .

9.3 Fenomenologia
Quando non hai una teoria fondamentale ma vuoi comunque stabilire un modello scientifico basato su alcuni dati empirici di qualche fenomeno,

allora quello che stai stabilendo è un modello fenomenologico. Un modello fenomenologico non si basa su alcun principio primo. Le teorie fondamentali spesso iniziano come modelli fenomenologici finché non vengono comprese meglio. Feynman nelle sue descrizioni della legge fisica [64], ad esempio, descrive il processo di scoperta della legge fisica come un'ipotesi illuminata. La termodinamica è spesso vista come una teoria fenomenologica che ha preso in prestito leggi fisiche da altri ambiti (come la conservazione dell'energia). In parte per questa ragione, e in attesa di altri sviluppi della teoria, la discussione della fenomenologia nei contesti della termodinamica e della meccanica statistica non viene fatta fino a [44].

Alcuni dei problemi più difficili della fisica teorica moderna sono stati affrontati sotto forma di modelli fenomenologici (fisica delle particelle, fisica della materia condensata, fisica del plasma). Se tutto il resto fallisce, prova la fenomenologia. Un famoso esempio di questo dal film "Dark Star" ha a che fare con la disattivazione di una bomba " termostellare " che si è attivata accidentalmente (è l'oggetto a forma di semi-camion mostrato nella Figura 8.1). La bomba è controllata da un'intelligenza artificiale e l'equipaggio ha ritenuto che la migliore possibilità per disattivare la bomba fosse "insegnarle la fenomenologia", in modo che possa vedere il quadro generale e rendersi conto che non deve esplodere se non vuole. a... Sfortunatamente, dopo aver rivalutato con una prospettiva maggiore, l'IA decide che è dio, dice "Sia la luce" ed esplode. Questo è di solito il modo in cui funzionano le cose anche in Fisica, ma per questo bisognerà attendere un altro giorno e un altro libro (vedere l'imminente [40] per la descrizione dell'elettromagnetismo).

173

Figura 9.1 Membro dell'equipaggio mostrato mentre insegna la fenomenologia dell'IA della bomba, dal film "Dark Star".

Capitolo 10. Esercizi aggiuntivi

Esercizio 10.1.

Consideriamo una collisione di due sistemi identici, ciascuno costituito da due punti materiali muniti da una molla di costante k. Prima della collisione, ogni molla è "rilassata" o non compressa. Prima dell'urto, un sistema si muove velocemente v verso l'altro, lungo la linea delle molle, mentre il secondo sistema è fermo. Le particelle che si scontrano si uniscono per formare un sistema di 3 particelle come mostrato nell'immagine "dopo". Se il tempo di collisione è breve rispetto

a $\sqrt{\frac{m}{k}}$, $find$

(a) La velocità di ciascuna delle tre particelle finali immediatamente dopo la collisione.

(b) La posizione della particella all'estrema destra in funzione del tempo t successivo alla collisione

Esercizio 10.2.

Due particelle di massa m_1 e m_2 posizione $\vec{r}_1$, $\vec{r}_2$ rispettivamente, interagiscono con l'energia potenziale $U(r)$, dove r $= \left| \vec{r}_1 - \vec{r}_2 \right|$.

(a) Scrivi la lagrangiana L di questo sistema.

(b) Definire la coordinata relativa $\vec{r} = \vec{r}_1 - \vec{r}_2$ e la coordinata del

centro di massa $\vec{R} = \frac{\left(m_1 \vec{r}_1 + m_2 \vec{r}_2 \right)}{(m_1+m_2)}$. Esprimi la Lagrangiana L in termini di queste coordinate generalizzate. Dimostrare che $L = L_R + L_r$, dov'è L_R la parte della lagrangiana contenente la coordinata $\vec{R}$ ed L_r è la parte contenente la coordinata $\vec{r}$. Scrivi L_r sotto forma di lagrangiana di una singola particella avente coordinata $\vec{r}$ e massa m. Date l'espressione di questa "massa ridotta m in termini di m_1 e m_2.

(c) Nel resto del problema consideriamo il moto della particella descritto dalla Lagrangiana L_r

(*the subscript r on L will be dropped for brevity*). Scegli le coordinate cilindriche con l'asse z che punta nella direzione del momento angolare $\underset{l}{\to} = \underset{r}{\to} x \underset{p}{\to}$ dove $P_i = \partial L/\partial \dot{r}_i$. Scrivi la lagrangiana in coordinate cilindriche (r, ϕ, z).

(d) Dimostra ora che il momento angolare si conserva. Poiché $\underset{l}{\to}$ si conserva, si può assumere che la particella si muova nel piano. $z = 0$. Ciò semplifica la Lagrangiana.

(e) Mostrare che come risultato delle equazioni di Lagrange esiste un'energia conservata E e fornirla esplicitamente in termini di r, ϕ e delle loro derivate temporali. Scrivi l'espressione per l'angolo conservato

(f) Dall'espressione per E esprimere t come funzione integrale di r e le costanti del moto E e l.

(g) Allo stesso modo, espresso ϕ come funzione integrale di r, E, e l.

Esercizio 10.3.
Una particella di massa m si muove in un campo di forza della forma

$$\underset{F}{\to} - \left(-\frac{a}{r^2} + \frac{b}{r^{\frac{3}{2}}} \right) \hat{r}$$

Dove a e b sono costanti positive.

(a) Per quale intervallo di radiali sono possibili orbite circolari?

(b) Per quale intervallo di radiali le orbite circolari sono stabili?

(c) Trovare la frequenza delle piccole oscillazioni attorno ad un'orbita circolare di raggio r $= \dfrac{a^2}{4b^2}$

Esercizio 10.4.
(a) Mostrare che una particella isolata con massa a riposo finita m non può decadere in una singola particella con massa a riposo nulla.

(b) Può una singola particella con massa a riposo zero decadere in n particelle, tutte aventi massa a riposo zero ed energia positiva? Se è così, fai un esempio. Altrimenti dimostrare che è impossibile per tutti gli n > 1

Esercizio 10.5.
Un'asta di lunghezza a e massa m è sospesa a un filo privo di massa di lunghezza a/3. Ottenere le frequenze di modo normale (frequenze proprie) per piccoli spostamenti dalla posizione di equilibrio stabile di questo sistema.

Esercizio 10.6.

Consideriamo il moto trasversale (cioè il moto perpendicolare alla corda) delle due masse, M e m, fissate su un filo privo di massa di lunghezza 4a. l'intero sistema giace su un tavolo privo di attrito.

Esercizio 10.7.

Un cilindro (di massa M_1. Raggio R e altezza h) poggia su un disco privo di massa e ruota attorno ad un asse fisso al centro del disco (raggio del disco -D). sul bordo del disco è fissata una massa puntiforme M_2. C'è attrito tra il cilindro e il disco. Lat D – 2R e M_1-2 M_2. Il coefficiente adimensionale dell'attrito dinamico è c, e l'accelerazione di gravità è g. la velocità angolare iniziale del cilindro (ω_1^0)è quattro volte quella del disco (ω_2^0), cioè ω_1^0-4 ω_2^0. Solo in termini di R, M_1eg σ, trovare

(A) Il tempo t necessario affinché il sistema raggiunga uno stato stazionario.
(B) La velocità angolare finale del disco e del cilindro.

Esercizio 10.8.

Una corda di lunghezza L è fissata ad entrambe le estremità, ha massa totale M ed è tesa sotto tensione T. Al tempo t = 0, la corda viene colpita da un martello di larghezza d nella posizione x = a (vedi diagramma) in tale un modo per far vibrare la corda con le condizioni iniziali.

$y(x, t = 0) = 0$tutto x
$\dot{y}(x, 0) = 0 \qquad 0 \leq x \leq a - \frac{d}{2}$
$\dot{y}(x, 0) = v_0$UN $-\frac{d}{2} \leq x \leq a + \frac{d}{2}$
$\dot{y}(x, 0) = 0$un$+\frac{d}{2} \leq x \leq L$

(a) Trovare un'espressione per l'energia cinetica (dipendente dal tempo) del n^{th}modo normale di vibrazione della corda nella $\hat{y}$direzione. (Non c'è vibrazione longitudinale). Esprimi la velocità e la frequenza dell'onda in termini di costanti indicate nel problema.

177

(b) Trovare una posizione x = a e una larghezza d del martello che massimizzi l'energia nella modalità di vibrazione n = 3.

Esercizio 10.9.

Una particella è costretta a muoversi sulla cicloide:
$$x = a\cos^{-1}\left(\frac{a-y}{a}\right) + \sqrt{2ay - y^2} \ (0 \leq y \leq 2a)$$
Sotto l'influenza della gravità (l'asse y punta verso l'alto).
(i) Scrivi la Lagrangiana per questo sistema.
(ii) Ottenere le equazioni di Eulero.
(iii) Supponiamo che la particella parta da un punto $y = y_0$ con velocità iniziale nulla: dimostrare che il tempo impiegato per raggiungere il fondo della curva (y = 0) è indipendente da y_0.

$$\left[You \ may \ need \ the \ integral \int \frac{du}{\sqrt{u - u^2}} = \sin^{-1}(2u - 1)u\right.$$
$$\left. < 1\right]$$

Esercizio 10.10.

(a) Nel decadimento
$$A + p + \pi^-$$
Qual è l'energia del pione, misurata nel sistema di riferimento a riposo della A?
(*Find E_π in terms of the rest masses m_Δ, m_p, m_π*).

(b) Un neutrone con energia 939 x 10^{10}MeV viaggia attraverso una galassia il cui diametro è di 10^5anni luce. Se il tempo di dimezzamento di un neutrone è di 640 s... dovresti scommettere che il neutrone decade prima di attraversare la galassia? (Giustifica la tua risposta.)
$$m_n = 939 \ MeV \qquad 1 \ year = \pi \ x \ 10^7 \ 5.$$

Esercizio 10.11.

La metrica che descrive un guscio sferico di materia di raggio R può essere scritta
$$ds^2 = -\left(1 - \frac{2M}{r}\right)dt^2 + \left(1 - \frac{2M}{r}\right)^{-1} dr^2$$
$$+r^2(d\theta^2 + \sin^2\theta d\phi^2). \ outside$$
$$ds^2 = -dt^{-2} + dr^{-2} + r^{-2}(d\theta^2 + \sin^2\theta d\phi^2). \ inside.$$

a) Trova le funzioni $\bar{t}(r,t), \bar{r}(r,t)$ vicino a $r = R$, per le quali la metrica è continua in r = R.

b) Un neutrino, emesso da un neutrone in decadimento al centro del guscio ($\bar{r} = 0$).Ha energia E misurata da un osservatore a riposo a $\bar{r} = 0$. Qual è la sua energia quando raggiunge l'infinito (r >> R), misurata da un osservatore all'infinito? (It passa attraverso il guscio senza interazione.)

Esercizio 10.12.

Una particella di massa m e carica e si muove in un campo magnetico $\underset{B}{\rightarrow} = b(x^2 + y^2)\hat{k}$, dove b è una costante.

(a) Trova un potenziale vettoriale per $\underset{B}{\rightarrow}$ della forma

$$\underset{A}{\rightarrow} = f(x^2 + y^2) \underset{\phi}{\rightarrow}, \text{ dove} \underset{\phi}{\rightarrow} = x\hat{j} - y\hat{i}.$$

(b) Trova l'Hamiltoniano della particella, usando questo $\underset{A}{\rightarrow}$.

(c) Dimostrare che $\underset{p}{\rightarrow} * \underset{\phi}{\rightarrow}$ è una costante del moto verificando che

la parentesi di Poisson $\left[\underset{p}{\rightarrow} * \underset{\phi}{\rightarrow}, H\right]_{PB}$ è nulla.

(d) Trovare una quantità conservata diversa da H e $\underset{p}{\rightarrow} * \underset{\phi}{\rightarrow}$.

Esercizio 10.13.

Considera i seguenti tre modi in cui potresti iniziare con un fotone di raggi y di energia 3 Mev e finire con un elettrone in movimento. Calcolare il valore numerico dell'energia cinetica massima che un elettrone potrebbe avere in ciascun caso.

(a) Effetto fotoelettrico

(b) Produzione di coppie di elettroni

(c) Scattering Compton (ricava qualsiasi espressione utilizzata per lo scattering Compton.)

$H = 6.63 \times 10^{-34} J \times s$

$= 4.136 \times 10^{-15} eV \times s$

Se hai bisogno di più dati che non conosci, fai una stima (di entità ragionevole, se possibile) e utilizza quel valore per il tuo calcolo. Sii esplicito riguardo alla stima che stai utilizzando.

Esercizio 10.14.

Un urto relativistico avviene lungo una linea retta tra una particella di massa a riposo m_0 e un'altra di massa a riposo $n m_0$. Si attaccano insieme dopo l'urto e hanno una massa a riposo combinata di M_0, che parte con velocità v. prima dell'urto, m_0è a riposo e l'altra particella si avvicina alla velocità u. se chiamiamo

$$Y = \frac{1}{\sqrt{1 - \dfrac{u^2}{c^2}}}$$

Allora trova

A) V in funzione di u e y. E

B) $\dfrac{M_0}{m_0}$in funzione di u e y.

Esercizio 10.15.

Nelle coordinate Eddington-Finkelstein si trova la metrica di un buco nero di Schwarzschild

$$ds^2 = -\left(1 - \frac{2M}{r}\right) dv^2 + 2\, dvdr + r^2\{d\theta^2 + sin^2\theta d\phi^2).$$

(a) mostrare che il caso M=0 è uno spazio piatto trovando un grafico (sistema di coordinate)
$\underset{t,}{\to} \underset{r,}{\to} \theta, \phi$ per cui la metrica (1) ha la forma
$$ds^2 = -dt^{-2} + dr^{-2} + r^{-2}(d\theta^2 + sin^2\theta d\phi^2)\ (M = 0).$$

(b) Sia r(v) una curva radiale di tipo temporale il cui punto iniziale giace all'interno dell'orizzonte r(0) < 2M. mostrare che r(v) < r(0) quando v > 0 (cioè la curva non può emergere dall'orizzonte).

(c) Una torcia e un osservatore, entrambi sull'asse $\theta = \phi = 0$, si trovano a raggi fissi $r = r_f$ e $r = r_o$. La torcia emette luce di lunghezza d'onda λ(misurata nella sua cornice). Quale lunghezza d'onda misura l'osservatore?

(d) Mostrare che le superfici v = costanti sono nulle, $g^{ab\nabla} a^{v\nabla} b^v = 0$

Esercizio 10.16.

Una particella con carica 2 q si muove nel campo elettromagnetico di una particella fissa che trasporta sia una carica elettrica Q che una carica magnetica b: il campo magnetico della particella fissa è

$$B = \frac{b \underset{}{\to}}{r^3}$$

Dimostrare che il vettore

$$\underset{L}{\to} - \frac{qb}{c} \frac{\vec{r}}{r}$$

È una costante di movimento per la particella q, dove $\underset{L}{\to}$è il momento angolare orbitale.

Esercizio 10.17.

Nel doppio pendolo mostrato, le masse puntuali 3m e m sono collegate *l*tra loro e ad un punto di supporto tramite aste di lunghezza senza peso. Le masse sono libere di oscillare su un piano verticale. A volte $t = d, \theta = 0, \frac{d\theta}{dt} = 0, \phi = \phi_0 \ll 1$ *and* $\frac{d\phi}{dt} = 0$.

Trovare $\theta(t)$ *and* $\phi(t)$.

Capitolo 11. Prospettive della serie

Sono state descritte le formulazioni classiche del moto delle particelle puntiformi: utilizzando equazioni differenziali (1a e 2a legge di Newton) ; utilizzando una formulazione di funzione variazionale per selezionare l'equazione differenziale (variazione lagrangiana); utilizzando una formulazione funzionale variazionale (formulazione dell'azione) per selezionare la formulazione della funzione variazionale. Sono stati descritti anche i due domini del movimento in molti sistemi: non caotico; e caotico.

Dalla formulazione variazionale lagrangiana dell'"azione" per il movimento delle particelle definiremo infine il percorso integrale della formulazione variazionale funzionale che coinvolge quella stessa lagrangiana per arrivare a una descrizione quantistica per il movimento quantistico delle particelle non relativistico (descritto in dettaglio nel Libro 4 [42] , e relativistico nel Libro 5 [43]). Dalla descrizione quantistica si arriva al formalismo del propagatore per descrivere la dinamica (questo esiste anche nella formulazione classica, ma tipicamente non è molto utilizzato in quel contesto). Si scoprirà quindi che i propagatori complessi hanno legami con la meccanica statistica e le proprietà termodinamiche (Libro 6 [44]). I legami con la meccanica statistica sono ulteriormente enfatizzati quando ci si trova sull'orlo del caos, ma con il movimento dell'orbita ancora confinato. Questo può essere associato ad un equilibrio e ad un regime martingala, la cui esistenza può poi essere utilizzata all'inizio del Libro 6 [44], derivazioni della meccanica statistica e della termodinamica con l'esistenza di equilibri stabiliti all'inizio. L'esistenza delle misure entropiche familiari è già indicata nella descrizione della neurovarietà (Libro 3 [41]), quindi, insieme agli equilibri, la descrizione della termodinamica del Libro 6 può iniziare con un fondamento ben stabilito che non è rivendicato dal fiat, piuttosto rivendicato come diretta conseguenza di quanto già accertato nella teoria/esperimento descritta nei precedenti Libri della Collana.

Quando si passa da una teoria delle particelle puntiformi a una teoria dei campi, non c'è molta discussione nei libri di fisica fondamentali sui campi in senso generale, di solito si salta direttamente al campo di rilevanza principale, l'elettromagnetismo (EM). Se avanzata, potrebbe coprire anche la Relatività Generale (GR), come nel caso di [92]. Nei prossimi due libri della serie tratteremo questi argomenti, ma tratteremo anche i campi di base in 1, 2 e 3D (inclusa la fluidodinamica), nonché le formulazioni del Campo Lorentziano 4D (per la Relatività Speciale), il Campo di Gauge formulazione (così trattata da Yang Mills in un contesto classico) e le formulazioni geometriche e di Gauge della GR. Ciò stabilisce le basi per le forze standard e, dopo la quantizzazione (libri 4 e 5 della serie), pone le basi per le forze rinormalizzabili standard (tutte tranne la gravitazione).

Nel Libro 2 l'attenzione è focalizzata sulla teoria classica dei campi in una geometria fissa, l'esempio fisico principale è EM. In questo contesto alfa appare, ad esempio, nella descrizione di una coppia elettrone-positrone: $F = e^2/(4\pi\varepsilon a^2)$ per la distanza elettrone-positrone 'a', dove alfa appare come costante di accoppiamento. Successivamente, nella meccanica quantistica, sia moderna che del primo modello di Bohr, abbiamo che alpha $= [e^2/(4\pi\varepsilon)]/(c\hbar)$. La comparsa di alfa nelle situazioni si verifica nei sistemi legati. Se invece esaminiamo le interazioni EM non legate, come con la forza di Lorentz $F = q(E \times v)$, qui non emerge alcun parametro alfa, né con le prime analisi quantomeccaniche di tali sistemi come con lo scattering Compton. Pertanto, vediamo un ruolo iniziale per alfa, ma solo nei sistemi vincolati, quindi solo nei sistemi con espansioni perturbative (convergenti) nelle variabili di sistema.

Nel Libro 3, teoria classica dei campi con geometria *dinamica* , cioè GR, non vediamo affatto l'alfa. Vediamo invece molteplici costrutti e la matematica della geometria differenziale (e in una certa misura la topologia differenziale e la topologia algebrica). I molteplici costrutti sono descritti nel contesto matematico fornito nel Libro 3 e nell'Appendice. Un'applicazione nell'area delle neurovarietà (vedi [24]), mostra che l'equivalente di un percorso geodetico in questo contesto è l'evoluzione che coinvolge passi minimi di entropia relativa. Simile alla descrizione di uno spazio-tempo localmente piatto troveremo una descrizione di 'entropia' che aumenta/evolve secondo un'entropia relativa minima.

Appendice

A. Una sinossi delle equazioni differenziali ordinarie

Questa sinossi è al livello del corso di laurea in matematica applicata del Caltech AMa101 ca. 1985, dove il testo principale utilizzato era di Bender & Orszag [39]. Sono stati assegnati molti problemi e per molti di questi problemi vengono fornite soluzioni complete. Pertanto, indirettamente, le soluzioni a diversi problemi presentati in [39] sono incluse anche in quanto segue. Il materiale principale sulle equazioni differenziali e sugli esempi pratici è selezionato per educare rapidamente alla straordinaria complessità possibile e per chiarire i metodi di soluzione standard.

Questa sinossi include un'introduzione alle equazioni differenziali ordinarie; analisi delle equazioni differenziali ordinarie locali (uno studio dei punti singolari); Equazioni differenziali ordinarie non lineari; Metodi perturbativi (inclusa la teoria WKB); e la teoria di Sturm-Liouville. Gli ultimi due argomenti sono più rilevanti per i problemi della meccanica quantistica, quindi sono inseriti come appendice al Libro 4 sulla Meccanica Quantistica.

A.1 Introduzione alle equazioni differenziali ordinarie

Definire un'equazione differenziale ^{ordinaria} di ordine n come:

$$\frac{d^n y}{dx^n} = F\left(x, y, \frac{dy}{dx}, \dots, \frac{d^{n-1}y}{dx^{n-1}}\right) \rightarrow y^{(n)} = F\left(x, y, y^{(1)}, \dots, y^{(n-1)}\right),$$

(A-1)

e c'è la notazione alternativa $y' = y^{(1)}; y'' = y^{(2)}$; ecc., anche. Se F è lineare in $y, y^{(1)}, \dots, y^{(n-1)}$, allora l'equazione differenziale ordinaria è un'equazione differenziale ordinaria lineare [39]. La soluzione di un'equazione differenziale ordinaria lineare di ordine n è una funzione di n costanti di integrazione. Se F è non lineare ci sono ancora n costanti di integrazione ma potrebbero esserci soluzioni aggiuntive che non possono essere costruite scegliendo le costanti. Le equazioni differenziali ordinarie lineari sono spesso scritte in "notazione dell'operatore":

$$\mathcal{L}\, y(x) = f(x),$$

(A-2)

dov'è $\mathcal{L}$ l'operatore differenziale:

$$\mathcal{L} = p_o(x) + p_1(x)\frac{d}{dx} + \cdots + p_{n-1}(x)\frac{d^{n-1}}{dx^{n-1}} + \frac{d^n}{dx^n}.$$

Se $f(x) = 0$, allora è omogeneo, altrimenti è non omogeneo (avente soluzioni omogenee più soluzioni particolari). Abbiamo un problema di valore iniziale (IVP) se conosciamo $y, y^{(1)}, ..., y^{(n-1)}$ un valore (iniziale) $x = x_0$:$y(x_0) = a_0$, $y'(x_0) = a_1$,..., $y^{(n-1)}(x_0) = a_{n-1}$, per il quale esiste una soluzione generale $y(x) = \sum_{j=1}^{n} c_j y_j(x)$, dove le c_j sono costanti arbitrarie di integrazione e le $\{ y_j \}$ sono un insieme di soluzioni linearmente indipendenti. Per determinare se il nostro insieme di soluzioni sono veramente indipendenti dobbiamo valutare il loro Wronskiano [39]. Il Wronskiano emerge naturalmente anche quando si rivolge all'IVP, per cui di questo parleremo in seguito. Nota, a differenza dell'IVP, per un problema di valore al contorno (BVP) poniamo valori (e/o derivate) in più di un punto. Si tratta necessariamente di un contesto di soluzione globale e non locale, quindi più complicato.

Per mostrare l'esistenza e l'unicità degli IVP $y^{(n)} = F(x, y, y^{(1)}, ..., y^{(n-1)})$ possiamo sempre convertire l'equazione di ordine n ^{in} un sistema di n equazioni del primo ordine:

$$\frac{dy_i}{dx} = f_i(y_1, y_2, ..., y_n, x), \quad i = 1..n, \ where \ y_i = \frac{d^{i-1}}{dx^{i-1}} y(x).$$

$$(A-4)$$

Questo è spesso scritto in notazione vettoriale:

$$\vec{Y} = \begin{pmatrix} y_1(x) \\ ... \\ y_n(x) \end{pmatrix}, \qquad \vec{F} = \vec{F}(\vec{Y}, x) = \begin{pmatrix} f_1(x) \\ ... \\ f_n(x) \end{pmatrix}, \qquad \frac{d\vec{Y}}{dx}$$

$$= \vec{F}(\vec{Y}, x), \quad with \ IVP: \ \vec{Y}(x = x_0) = \vec{Y_0}$$

$$(A-5)$$

Per risolvere questo usiamo un'approssimazione ricorsiva (iterazione Picard) partendo dalla forma integrale:

$$\vec{Y}(x) = \vec{Y_0} + \int_0^x F(Y, t)dt .$$

$$(A-6)$$

Assumendo $x_0 = 0$ senza perdita di generalità (wlog .), scriviamo:

$$\vec{Y_0}(x) = \vec{Y_0}; \quad \vec{Y_1}(x) = \vec{Y_0} = + \int_0^x \vec{F}(\vec{Y}, t)dt; \quad .....; \quad \vec{Y_{n+1}}(x)$$

$$= \vec{Y} + \int_0^x \vec{F}(\vec{Y_n}, t)dt .$$

La convergenza della sequenza dipende da $\vec{F}$. Mostriamo che l'iterazione converge in un intorno di $x = 0$. Primo. mostriamo che $\vec{F}$ soddisfa una condizione di Lipschitz:

$$\left\| \vec{F}(\overrightarrow{Y_1}, x) - \vec{F}(\overrightarrow{Y_2}, x) \right\| \leq K \left\| \overrightarrow{Y_1} - \overrightarrow{Y_2} \right\|,$$

per tutti $||\vec{Y} - \overrightarrow{Y_0}|| \leq a$ e tutti X: $\|x\| \leq b$. Se lavori con numeri puri (o monodimensionali), hai $\|x\| = |x|$, e, $|x - y| \geq 0$, con uguaglianza solo quando x=y. Hanno anche $|x - y| = |y - x|$(simmetria) e $|x - z| \leq |x - y| + |y - z|$(disuguaglianza del triangolo). Per i vettori: $\|\vec{x} - \vec{y}\| = |\sqrt{(\vec{x} - \vec{y}) \cdot (\vec{x} - \vec{y})}|$, e abbiamo ancora la simmetria e la disuguaglianza triangolare. Richiediamo inoltre che $\vec{F}$ sia limitato:

$$\vec{F}(\vec{Y}, x) \leq M.$$

Se queste condizioni sono soddisfatte allora l'iterazione Picard converge. Per dimostrarlo, considera:

$$\vec{Y}_n(x) = \overrightarrow{Y_0} + \int_0^x \vec{F}(\vec{Y}_{n-1}, t)dt \quad and \quad \vec{Y}_{n+1}(x) = \overrightarrow{Y_0} + \int_0^x \vec{F}(\overrightarrow{Y_n}, t)dt.$$

Abbiamo allora:

$$\vec{Y}_{n+1} - \vec{Y}_n = \int_0^x [\vec{F}(\overrightarrow{Y_n}, t) - \vec{F}(\vec{Y}_{n-1}, t)]dt$$

$$\left\| \vec{Y}_{n+1} - \vec{Y}_n \right\| \leq \int_0^x \left\| \vec{F}(\overrightarrow{Y_n}, t) - \vec{F}(\vec{Y}_{n-1}, t) \right\| dt \leq K \int_0^x \left\| \vec{Y}_n - \vec{Y}_{n-1} \right\| dt.$$

Per valutare l'RHS, considerare:

$$\left\| \vec{Y}_2 - \vec{Y}_1 \right\| \leq K \int_0^x ||Y_1 - Y_0|| dt \leq K \int_0^x dt \int_0^t du \|F(Y_0, u)\|$$

$$\leq KM \int_0^x dt \int_0^t du.$$

Utilizzando l'induzione si può dimostrare che:

$$\left\| \vec{Y}_{n+1} - \vec{Y}_n \right\| \leq \frac{MK^n x^{n+1}}{(n+1)!}.$$

Se poi scriviamo:

$$\vec{Y}_n(x) = \overrightarrow{Y_0} + \left(\overrightarrow{Y_1} - \overrightarrow{Y_2}\right) + \left(\overrightarrow{Y_2} - \overrightarrow{Y_3}\right)\cdots,$$

quindi, se la serie norma converge, allora $\vec{Y}_n$ convergerà (probabilmente ha fattori neganti):

$$\left\|\vec{Y}_n\right\| \leq \left\|\overrightarrow{Y_0}\right\| + \sum_{m=0}^{\infty} \frac{MK^m x^{m+1}}{(m+1)!} = \left\|\overrightarrow{Y_0}\right\| + \frac{M}{K}(e^{kx} - 1).$$

(A-9)

Abbiamo quindi una condizione sulla soluzione che è sufficiente ma non necessaria. Dobbiamo mostrare unicità per completare la soluzione generale. Mostriamo l'unicità con un controesempio, iniziando con:

$$\vec{X} = \overrightarrow{X_0} + \int_0^x F(x,t)dt \quad and \quad \vec{Y} = \overrightarrow{Y_0} + \int_0^x F(y,t)dt,$$

(A-10)

Poi

$$\left\|\vec{X} - \vec{Y}\right\| \leq \int_0^x \left\|F(\vec{X},t) - F(\vec{Y},t)\right\| dt \leq K \int_0^x \left\|\vec{X} - \vec{Y}\right\| dt$$

$$\leq K^2 \int_0^x dt \int_0^1 du \left\|\vec{X} - \vec{Y}\right\|,$$

così

$$\left\|\vec{X} - \vec{Y}\right\| \leq \frac{K^{n+1}}{(n+1)!} \int_0^x (x-t)^n \left\|\vec{X} - \vec{Y}\right\| dt.$$

(A-11)

Quando n tende all'infinito, il lato destro va a zero, e vediamo che $\left\|\vec{X} - \vec{Y}\right\| = 0$, e per la condizione di Lipschitz abbiamo quindi $\vec{X} = \vec{Y}$, ad esempio, l'unicità. Vediamo quindi che una soluzione (unica) è generalmente possibile. In pratica, qual è questa soluzione generale?

Soluzione omogenea generale (seguendo la notazione di [39])
Prendere in considerazione:

$$\mathcal{L}\, y(x) = 0$$

(A-12)

Come al solito con le equazioni differenziali ordinarie, consideriamo una soluzione che coinvolge un termine esponenziale: e^{rx}. sostituendola come funzione di prova nell'equazione dell'operatore otteniamo:

$$\mathcal{L}\, e^{rx} = e^{rx}\, P(r),$$

188

dove $P(r)$ è un polinomio di ordine ennesimo:

$$P(r) = r^n + \sum_{j=0}^{n-1} p_j r^j .$$

Le soluzioni corrispondono agli zeri di $P(r)$, $r_1, r_2, ...,$ cioè :

$$y = e^{r_1 x}, e^{r_2 x}, ...$$

L'unica complicazione sorge se ci sono zeri ripetuti. Supponiamo che la prima radice sia m-fold, quindi abbiamo una soluzione della forma:

$$\mathcal{L} \, e^{rx} = e^{rx} (r - r_1)^m \, Q(r),$$

dove Q è un polinomio di grado $n - m$. Una combinazione lineare di tutte le soluzioni costituisce quindi una soluzione generale.

Soluzione generale disomogenea

Considera l'equazione disomogenea,

$$\mathcal{L} \, y(x) = f(x).$$

Una tecnica per trovare una soluzione specifica è nota come variazione dei parametri, che funziona meglio se si dispone di una soluzione indipendente (Wronskian diversa da zero) (vedere [39]). Verranno esplorati alcuni esempi che coinvolgono questa tecnica. In questa breve sinossi passiamo a considerare i metodi delle funzioni di Green per risolvere l' equazione disomogenea . Per questo utilizziamo le funzioni delta. Per quanto segue definiremo la funzione delta come:

$$\delta(x - a) = \begin{cases} 0 & x \neq a \\ \infty & x = a \end{cases},$$

tale che:

$$\int_{-\infty}^{\infty} \delta(x - a) dx = 1 \quad and \quad \int_{-\infty}^{\infty} \delta(x - a) f(a) dx = f(x) .$$

Se integriamo parzialmente otteniamo la classica funzione Heaviside Step (con passo in x=a):

$$\int_{-\infty}^{\infty} \delta(x - a) dx = h(x - a).$$

Il metodo della funzione di Green è quindi ottenere la soluzione particolare a

$$\mathcal{L}\, G(x,a) = \delta(x - a),$$

(A-21)

dove la soluzione dell'equazione generale disomogenea segue quindi banalmente da:

$$y_p(x) = \int\limits_{-\infty}^{\infty} da\, f(a) G(x,a).$$

(A-22)

In quanto segue, specializziamoci in un'equazione differenziale del secondo ordine (banale 2x2 Wronskian). In tal caso arriviamo al modulo:

$$\frac{d^2}{dx^2} G(x,a) + p(x)\frac{d}{dx} G(x,a) + p_0(x) G = \delta(x - a).$$

(A-23)

Ora, L:HS deve corrispondere alla singolarità della funzione delta su RHS. Pertanto, una tesi secondo cui $d^2 G/dx^2 \sim \delta(x - a)$(quindi G deve essere meno singolare di $\delta(x - a)$. Allo stesso modo, non dobbiamo avere dG/dxpiù singolare di una funzione a gradino, ad esempio, $dG/dx \sim h(x - a)$. Coerente con ciò è che G non deve essere più variante di una funzione di rampa (zero fino a rampa inizia da x=a), che sarà indicato con 'r': $G \sim r(x - a)$. Questo è tutto quello che ci serve sapere per arrivare ad una formulazione generale della soluzione. il trucco è ora analizzare l'equazione differenziale ordinaria integrando da $a - \varepsilon$a $a + \varepsilon$e lasciando $\varepsilon \to 0$:

$$\int\limits_{a-\varepsilon}^{a+\varepsilon} \frac{d^2 G}{dx^2} dx + \int\limits_{a-\varepsilon}^{a+\varepsilon} p\frac{dG}{dx} dx + \int\limits_{a-\varepsilon}^{a+\varepsilon} G p_0\, dx = \int\limits_{a-\varepsilon}^{a+\varepsilon} \delta(x - a) = 1.$$

Così,

$$\left.\frac{dG}{dx}\right|_{a+\varepsilon} - \left.\frac{dG}{dx}\right|_{a-\varepsilon} = 1.$$

(A-24)

Lavorando con due soluzioni omogenee (indipendenti), $y_1(x)$e $y_2(x)$, sappiamo che possiamo esprimere la soluzione disomogenea su entrambi i lati della singolarità nella forma 'omogenea' per quel lato. Scriviamo la funzione di Green in questo modo:

$$G(x,a) = \begin{cases} A_1 y_1(x) + A_2 y_2(x) & x < a \\ B_1 y_1(x) + B_2 y_2(x) & x \geq a \end{cases}$$

(A-25)

Poiché G è continuo in x=a abbiamo allora:

$$A_1 y_1(a) + A_2 y_2(a) = B_1 y_1(a) + B_2 y_2(a)$$
$$B_1 y_1'(a) + B_2 y_2'(a) - A_1 y_1'(a) - A_2 y_2'(a) = 1$$

Nella notazione matriciale:

$$\begin{bmatrix} y_1(a) & y_2(a) \\ y_1'(a) & y_2'(a) \end{bmatrix} \begin{bmatrix} B_1 - A_1 \\ B_2 - A_2 \end{bmatrix} = \begin{bmatrix} 0 \\ 1 \end{bmatrix},$$

che può essere risolto da

$$B_1 - A_1 = \frac{-y_2(a)}{W(y_1(a), y_2(a))}$$

$$B_2 - A_2 = \frac{y_1(a)}{W(y_1(a), y_2(a))}$$

dove W è il Wronskiano, che è

$$W = det \begin{bmatrix} y_1(a) & y_2(a) \\ y_1'(a) & y_2'(a) \end{bmatrix}.$$

Usando questo,

$$y(x) = \int_{-\infty}^{\infty} G(x, a) f(a) da$$

è l'intera soluzione se $y(x)$ soddisfa $\mathcal{L}y(x) = f(x)$ e $y(x)$ soddisfa i BC o i valori iniziali specificati. Consideriamo un semplice esempio:

$$y'' = f(x) \quad \text{with} \quad \begin{matrix} y(0) = 0 \\ y'(1) = 0 \end{matrix}$$

Otteniamo $W = \begin{bmatrix} 1 & x \\ 0 & 1 \end{bmatrix} = 1$, e

$$B_1 - A_1 = -a$$
$$B_1 - A_1 = 1$$

Così,

$$G(x, a) = \begin{cases} A_1 y_1(x) + A_2 y_2(x) & x < a \\ B_1 y_1(x) + B_2 y_2(x) & x \geq a \end{cases} = \begin{cases} A_1 + A_2 x & x < a \\ B_1 + B_2 x & x \geq a \end{cases},$$

(A-26)

da cui determiniamo:

$$\begin{matrix} A_1 = 0 & B_1 = -a \\ B_2 = 0 & A_2 = -1 \end{matrix}.$$

Così,

$$G = \begin{cases} -x & x < a \\ -a & x \geq a \end{cases}.$$

Risolvere per $y(x)$:

$$y(x) = \int_0^1 da\, G(x, a) f(a) = \int_0^a da\, (-x) f(a) + \int_a^1 da\, (-a) f(a)$$

(A-27)

Equazioni differenziali ordinarie non lineari (vedere [65] per molti esempi)

Per la nostra prima equazione differenziale ordinaria non lineare , consideriamo l'equazione di Bernoulli:

$$y'(x) = a(x)y + b(x)y^p .$$

(A-28)

Proviamo a risolvere sostituendo $u(x) = y(x)^{1-p}$, dove:

$$\frac{du}{dx} = (1 - p)y^{-p}\frac{dy}{dx}.$$

(A-29)

Otteniamo così:

$$\frac{du}{dx} = [a(x)y^{-p} + b(x)](1 - p),$$

(A-30)

che è un'equazione differenziale ordinaria del primo ordine e quindi direttamente risolvibile.

Se lavoriamo con la stessa forma del primo ordine, tranne che ora con quadratica in y, otteniamo l'equazione di Riccati. Una semplice trasformazione mostra che l'equazione generale di Riccati è correlata all'equazione differenziale generale (lineare) del secondo ordine. Pertanto, abbiamo già riscontrato un limite nell'ottenimento di soluzioni generali anche per l'apparentemente 'semplice' equazione di Riccati. Questo perché non esiste una soluzione generale dell'equazione differenziale lineare del secondo ordine (quindi non esiste una soluzione generale dell'equazione di Riccati). Detto questo, proviamo a risolvere la seguente equazione di Riccati:

$$y' = y^2 + \frac{y}{x} + x^2.$$

(A-31)

Troviamo una soluzione con $y = x$, consideriamo quindi una soluzione generale della forma: $y = x + u(x)$:

$$u' = \left(2x + \frac{1}{x}\right)u + u^2$$

(A-32)

che è un'equazione del primo ordine e quindi risolvibile.

Vale la pena menzionare alcune altre tecniche, a cominciare dal "fattorizzazione" degli operatori. Prendere in considerazione

$$\frac{d^2y}{dx^2} + p(x)\frac{dy}{dx} + q(x)y = f(x).$$

(A-33)

192

Possiamo considerarlo come

$$\left(\frac{d}{dx} + a(x)\right)\left(\frac{dy}{dx} + b(x)\right)y = f(x).$$

(A-34)

Le due forme sono concordi se $(b + a) = p$ e $b' + ab = q$.

Consideriamo poi la possibilità di un'equazione 'esatta', ad esempio, dove abbiamo la forma

$$M(x,y) + N(x,y)\frac{dy}{dx} = 0,$$

(A-35)

tale che

$$M(x,y)dx + N(x,y)dy = dF(x,y) = \left[\frac{\partial F}{\partial x}\right]dx + \left[\frac{\partial F}{\partial y}\right]dy = 0.$$

Pertanto, il test per avere una forma esatta è quello

$$\frac{\partial M}{\partial y} = \frac{\partial N}{\partial x}.$$

(A-36)

Consideriamo ora la nozione di "fattore integrativo". Questa situazione si verifica se

$$M(x,y)dx + N(x,y)dy \neq dF(x,y),$$

ma moltiplicando per un fattore (integrante) troviamo che:

$$\mu(x,y)M(x,y)dx + \mu(x,y)N(x,y)dy = dF(x,y).$$

Quest'ultima espressione è quindi una forma esatta se

$$\frac{\partial(M\mu)}{\partial y} = \frac{\partial(N\mu)}{\partial x}.$$

(A-37)

Per le equazioni differenziali ordinarie non lineari di ordine superiore sono possibili importanti semplificazioni se esistono forme specifiche, consideriamo alcune di queste:

(i) Autonoma – un'equazione differenziale ordinaria è autonoma se non ha una dipendenza esplicita dalla variabile dipendente.

(ii) Equidimensionale – un'equazione differenziale ordinaria è equidimensionale se la sostituzione $x \to ax$ lascia l'equazione invariante. Tale equazione può essere banalmente spostata in forma autonoma con la sostituzione $x = e^t$.

(iii) Invariante di scala: un'equazione differenziale ordinaria è invariante di scala se le sostituzioni $x \to ax$ e $y \to a^p y$ lasciano l'equazione. Tale equazione può essere banalmente spostata alla forma equidimensionale (e da qui alla forma autonoma) con la sostituzione $y = x^p u$. Passiamo ora alla questione dei punti singolari nella risoluzione delle equazioni differenziali ordinarie.

I metodi di soluzione di cui sopra per le equazioni differenziali ordinarie sono così robusti che anche quando non è possibile ottenere soluzioni esatte, è generalmente possibile ottenere soluzioni approssimative localmente vicino a un punto di interesse. Spesso questo è comunque tutto ciò che serve. Quindi l'unica cosa che può andare storta è se il punto di interesse di riferimento non è "ordinario", cioè se il punto è "singolare". Esploriamo ora questa possibilità.

Punti singolari di equazioni lineari omogenee
Ricordiamo la notazione introdotta per l'equazione differenziale lineare omogenea:

$$\mathcal{L}\, y(x) = f(x),$$

Dove

$$\mathcal{L} = p_o(x) + p_1(x)\frac{d}{dx} + \cdots + p_{n-1}(x)\frac{d^{n-1}}{dx^{n-1}} + \frac{d^n}{dx^n}.$$

(A-38)

La teoria generale per l'analisi dei punti singolari inizia con la forma sopra descritta quando si considerano argomenti complessi, non solo reali [39,65, 66]. I risultati teorici ottenuti [67] classificano quindi i punti singolari in termini di analiticità (proprietà complesse) delle funzioni coefficiente:

Punto ordinario
Un punto x_0 è ordinario se tutte le funzioni dei coefficienti sono analitiche nell'intorno di x_0. Fuchs dimostrò nel 1866 che tutte le n soluzioni linearmente indipendenti per un'equazione differenziale ordinaria lineare del [th] ordine (ottenute da metodi di analisi precedenti) saranno analitiche nell'intorno di un punto ordinario.

Punto singolare regolare
Un punto x_0 è un punto regolare singolare se non tutte le funzioni dei coefficienti sono analitiche ma se tutti i termini in $\mathcal{L}\, y(x)$ sono localmente analitici (intorno al punto di riferimento x_0), cioè quando le seguenti funzioni sono analitiche: $(x - x_0)^n p_o(x)$, $(x - x_0)^{n-1} p_1(x)$, ... , $(x - x_0) p_{n-1}(x)$. Si noti che una soluzione può essere analitica x_0 anche se x_0 è un punto singolare regolare. Se non è analitica in un punto

singolare regolare, una soluzione deve coinvolgere un polo o un punto di diramazione algebrica o logaritmica. Di conseguenza, Fuchs ha dimostrato che esiste sempre una soluzione della forma (seguendo la notazione di [39]:

$$y = (x - x_0)^{\alpha} A(x),$$

(A-39)

dove α è noto come esponente indiciale ed $A(x)$ è una funzione analitica al punto singolare regolare x_0. Se l'ordine è secondo o maggiore, esiste una seconda soluzione in una delle due forme possibili:

$$y = (x - x_0)^{\beta} B(x),$$

(A-40)

o

$$y = (x - x_0)^{\beta} B(x) + (x - x_0)^{\alpha} A(x) \ln(x - x_0).$$

(A-41)

Andando al livello superiore al secondo, le soluzioni aggiuntive hanno un comportamento singolare, nel peggiore dei casi, della forma:

$$y = (x - x_0)^{\delta} \sum_{i=0}^{n-1} [\ln(x - x_0)]^i A_i(x),$$

(A-42)

dove tutte le funzioni A_i sono analitiche. Pertanto, i punti singolari regolari possono essere trattati in una teoria globale in modo molto simile ai punti ordinari.

Punto singolare irregolare

Un punto x_0 è un punto singolare irregolare se non è regolare o ordinario. Non esiste una teoria completa da utilizzare per risolvere un punto singolare irregolare. Da Fuchs sappiamo che se un insieme completo di soluzioni avesse tutte le forme indicate nella sezione precedente, allora il punto deve essere regolare. viceversa, se abbiamo un punto singolare irregolare, allora almeno una delle soluzioni non avrà le forme sopra indicate. Tipicamente, infatti, le soluzioni hanno tutte singolarità essenziali (non analitiche) nel punto di riferimento x_0 dove esiste il punto singolare irregolare (ISP).

Esempio A.1.

$$x^2 y'' - x(x + 1) y' + y = 0$$

vediamo che $x_0 = 0$ è irregolare, prova:

$$y(x) = \sum_{n=0}^{\infty} \frac{a_n}{x^{n+\alpha}}.$$

195

Quindi avere:

$$y'(x) = -\sum_{n=0}^{\infty} (n+\alpha)\frac{a_n}{x^{n+\alpha+1}} \quad and \quad y''(x)$$

$$= \sum_{n=0}^{\infty} (n+\alpha)(n+\alpha+1)\frac{a_n}{x^{n+\alpha+2}}.$$

Così

$$a_{n+1} = -(n+1)a_n \quad \rightarrow \quad y(x) = a_0 \sum_{n=0}^{\infty} \frac{(-1)^n n!}{x^n}.$$

Finora la nostra unica soluzione non è nemmeno buona (diverge) indicando alcuni dei problemi che possono sorgere con i punti singolari irregolari (ISP). La soluzione, tuttavia, suggerisce una risposta. Prendere in considerazione

$$y(x) = x \int_0^{\infty} \frac{e^{-t}}{x+t} dt.$$

Poi abbiamo:

$$x^2 y'' - x(x+1)y' + y$$

$$= \int_0^{\infty} e^{-t}\left[\frac{-2x^2}{(x+t)^2} + \frac{2x^2}{(x+1)^3} - \frac{x^2+x}{x+t} + \frac{x^3+x^2}{(x+t)^2}\right.$$

$$\left. + \frac{x}{x+t}\right] dt = 0,$$

che funziona. Lavorando con la soluzione indicata, espandiamo per $x \rightarrow \infty$:

$$y(x) = \int_0^{\infty} \frac{e^{-t}}{1+t/x} dt$$

lasciamo $t = x$ Sottenere:

$$y(x) = \int_0^{\infty} \frac{e^{-xs}}{1+S} ds \approx \sum_{n=0}^{\infty} \frac{(-1)^n n!}{x^n}.$$

Consideriamo ora il comportamento esponenziale vicino all'ISP per quanto segue:

$$y'' - (x^2+1)y = 0$$

dove si trova l'ISP $x_0 = \infty$. Abbiamo soluzioni

$$y_1(x) = e^{x^2/2} \quad and \quad y_2(x) = e^{x^2/2} erfc(x) \approx \frac{1}{\sqrt{\pi}}\frac{1}{x}e^{\frac{x^2}{2}} \quad as \quad x \rightarrow \infty.$$

Se $x_0 \neq \infty$ allora il comportamento tipico potrebbe essere $\exp\left(-\frac{1}{(x-x_0)^2}\right)$. Per determinare il comportamento guida scrivere:

196

$$y(x) = e^{S(x)}, \quad y' = S'e^{S(x)}, \quad and \quad y'' = [(S')^2 + S'']e^S.$$
Così
$$S'' + (S') - (x^2 + 1) = 0 \quad as \quad x \to \infty.$$

Utilizzando il metodo **_dell'equilibrio dominante_** :

Nota che x ^{2} sta diventando grande, cosa lo bilancia?
   (i) S'' diventa grande più velocemente di $(S')^2$, e $S'' \gg$
            $(S')^2$ $as \ x \to \infty$.
   (ii) $S'' \ll (S')^2$ $as \ x \to \infty$ (sempre vero per l'ISP).
   (iii)   Tutti e tre i termini sono nello stesso ordine (cattivo, non è
            possibile utilizzare il metodo).

Consideriamo il caso (i): $S'' \approx x^2$ $as \ x \to \infty$, che dà $S' \approx x^3/3$, ma questo non è coerente con $S'' \gg (S')^2$ COME $x \to \infty$.
Consideriamo il caso (ii): $(S')^2 \approx x^2$ $as \ x \to \infty$, che dà $S' \approx \pm x$, quindi $S'' \approx \pm 1$. Dal momento $S'' \ll (S')^2$ che come $x \to \infty$ questo è coerente. Vediamo che $S \approx \pm x^2/2$ funziona. In effetti, $+ x^2/2$ è una soluzione esatta. Per l'altra soluzione, proviamo: $S(x) = -x^2/2 + C(x)$. Ciò genera un'analisi separata dell'equilibrio dominante e scopriamo che l'unica scelta valida è $C(x) \sim -\ln(x)$, e
$$S \sim -x^2/2 - ln(x) + \cdots$$
Così,
$$y(x) \sim e^{-\frac{1}{2}x^2} \sum_{n=1}^{\infty} a_n x^{-n} = e^{-\frac{1}{2}x^2} F(x)$$
da qui possiamo procedere con il metodo classico di Frobenius [65]:
$$y'' - (x^2 + 1)y = e^{-\frac{1}{2}x^2}[F'' - 2xF' - 2F] = 0$$
Utilizzare l'espansione in serie standard per F:
$$0 \cdot a_1 + 2 \cdot a_2 + \sum_{n=3}^{\infty} [(n-2)(n-1)a_{n-2} + 2(n-1)a_n]x^{-n} = 0$$
Quindi, abbiamo che: a_1 è arbitrario, $a_2 = 0$, e $a_{n+2} = -\frac{n}{2}a_n$. Così,
$$a_{2n+1} = \frac{(-1)^n(2n-1)!!}{2^n}a_1$$
$$y(x) \sim e^{-\frac{1}{2}x^2} \sum_{n=0}^{\infty} \frac{(-1)^n(2n-1)!!}{2^n x^{2n+1}}a_1.$$

Consideriamo l'espansione sistematica intesa come punto singolare regolare, specializzato al secondo ordine:

$$\mathcal{L}y = y'' + \frac{p(x)}{x}y' + \frac{q(x)}{x^2}y = 0$$

Assumiamo un punto singolare regolare in x=0 e che p(x), q(x) siano analitici rispetto a x=0. Sostituire

$$y = \sum_{n=0}^{\infty} a_n x^{n+\alpha}.$$

Esempio A.2.
Risolvere:

$$y'' + \frac{1}{x}y' - \left(1 + \frac{v^2}{x^2}\right)y = 0.$$

Abbiamo: $p(x) = 1$, $p_0 = 1$, $q(x) = -x^2 - v^2$, $q_0 = -v^2$.Quindi,

All'ordine $x^{\alpha-2}$; $(\alpha(\alpha - 1) + \alpha - v^2)a_0 = 0 \rightarrow \alpha^2 - v^2 = 0 \rightarrow$
$\alpha = \pm v$. Se vè un numero frazionario ($v \neq 0$ *and* $2v \neq n$) otteniamo due soluzioni, così fatte, e abbiamo:
All'ordine $x^{\alpha-1}$: $x^{\alpha-1}[(\alpha + 1)^2 - v^2]a_1 = 0 \rightarrow a_1 = 0$
All'ordine $x^{\alpha+n-2}$:$x^{\alpha+n-2}[(\alpha + n)^2 - v^2]a_n = a_{n-2} \rightarrow 0 = a_1 = a_3 = a_5 \ldots$
La soluzione è quindi:

$$y(x) = a_0\Gamma(v + 1)x^v \sum_{n=0}^{\infty} \frac{(x/2)^{2n}}{n!\,\Gamma(n + v + 1)}.$$

Notare che $a_n = (a_n - 2)/[(-v + n)^2 - v^2]$. Quindi, poiché $\alpha = -v$il denominatore svanisce quando $n = 2v$. Se vè semi-intero, cioè $1/2, 3/2, \ldots$, allora $2v$è intero dispari. Dopo $2v$i passaggi abbiamo una nuova costante arbitraria a_{2v}(ad esempio accade per le funzioni di Bessel) e la relazione di ricorsione genera quindi due soluzioni linearmente indipendenti.

Caso doppia radice:$\alpha_1 = \alpha_2$
Consideriamo la forma di Frobenius per la prima soluzione:
$x^\alpha \sum_{n=0}^{\infty} a_n(\alpha)x^n = y(x, \alpha)$. Quando esiste una radice doppia si può dimostrare che dalla relazione (derivata in [39]) segue una seconda soluzione:

$$\mathcal{L}\left[\frac{\partial}{\partial \alpha}y(x, \alpha)\bigg|_{\alpha=\alpha_1}\right] = 0.$$

Esempio A.3. La funzione di Bessel modificata per $v = 0$:

$$y'' + \frac{1}{x}y' - y = 0,$$

dove c'è una doppia radice al $\alpha = 0$ momento della sostituzione con la forma Frobenius sopra. Valutazione su vari ordini:

Iniziamo con a_0 l'essere una costante arbitraria.

A $\mathcal{O}(x^{\alpha-1})$ abbiamo $[(\alpha+1)^2 a_1] = 0 \to a_1 = 0$.

A $\mathcal{O}(x^{\alpha+n-2})$ abbiamo $[(\alpha+n)^2 a_n - a_{n-2}] = 0$, quindi, perché $n \geq 2$ abbiamo

$$a_2 = \frac{a_0}{(\alpha+2)^2}$$

$$a_4 = \frac{a_0}{(\alpha+4)^2(\alpha+2)^2}$$

$$a_4 = \frac{a_0}{(\alpha+6)^2(\alpha+4)^2(\alpha+2)^2}$$

Pertanto, abbiamo una soluzione (per $\alpha = 0$):

$$I_0(x) = a_0\left[1 + \frac{(x/2)^2}{(1!)^2} + \frac{(x/2)^4}{(2!)^2}\cdots\right] = a_0 \sum_{n=0}^{\infty}\frac{(x/2)^{2n}}{(n!)^2}.$$

L'altra soluzione è $\frac{\partial}{\partial\alpha}x^{\alpha}\sum_{n=0}^{\infty}a_n(\alpha)x^n\big|_{\alpha=0}$. L'altra soluzione è quindi:

$$y(x) = \ln x\, I_0(x) + \sum_{n=0}^{\infty}\frac{\partial}{\partial\alpha}a_n(\alpha)\Big|_{\alpha=0}x^n = \ln x\, I_0(x) + \sum_{n=0}^{\infty}b_n x^n$$

$$= K_0(x).$$

In generale, vediamo che il dispari b_n svanisce (come con a_n), e per n pari:

$$b_{2n} = \frac{-a_0}{2^{2n}n!}[1 + 1/2 + 1/3 + 1/4 + \cdots 1/n].$$

Per un'ulteriore discussione sulle soluzioni Bessel modificate, per $v =$ intero, vedere [39] e gli esempi pratici che seguono.

Utilizzo del bilancio dominante per risolvere equazioni disomogenee
Esempio A.4.

$$y' + xy = 1/x^4$$

Considera il comportamento asintotico come x→0:

(1) Bilancia $y' + xy \sim 0$ *asymptotic to zero* (*authors don't like*)
   Questo ha y asintotico pari a zero, il che non è coerente con
   $y \sim A exp(-x^2/2) \to 0$.
(2) $xy \sim 1/x^4 \to y \sim 1/x^5$ (che è incoerente).
(3) $y' \sim \frac{1}{x^4} \to y = -\frac{1}{3}x^{-3}$, che è coerente con $xy \sim x^{-2}$.

199

Quindi, prova: $y = -\frac{1}{3}x^{-3} + C(x)$, che è bilanciato se $C = -\frac{1}{3}x^{-1}$ rappresenta la soluzione.

Esempio A.5. (Equazione di Airy disomogenea)
$$y'' = xy - 1$$
dove consideriamo gli asintotici per $y(x \to +\infty) \to 0$. Questo può essere risolto variando i parametri. Dal secondo ordine, abbiamo due tipi di soluzioni indipendenti per l'equazione di Airy omogenea, denotiamoli con:
$$y_1 = Ai(x), \qquad y_2 = Bi(x).$$
La soluzione generale mediante variazione dei parametri è quindi
$$y(x) = \pi \left[Ai(x) \int_0^x Bi(t)dt + Bi(x) \int_x^\infty Ai(t)dt \right] + CAi(x)$$

Il comportamento asintotico di Ai, Bi è:
$$Ai(x) \sim \frac{1}{2\sqrt{\pi}} x^{-1/4} \exp\left(-\frac{2}{3}x^{\frac{3}{2}}\right)$$
$$Bi(x) \sim \frac{1}{\sqrt{\pi}} x^{-1/4} \exp\left(-\frac{2}{3}x^{\frac{3}{2}}\right)$$

Così,
$$\int_0^x Bi(t)dt \sim \int_0^x \frac{1}{\sqrt{\pi}} t^{-1/4} \exp\left(\frac{2}{3}t^{3/2}\right) dt$$
$$= \int_0^x \frac{1}{\sqrt{\pi}} t^{-\frac{1}{4}} t^{-\frac{1}{2}} \frac{d}{dt} \exp\left(\frac{2}{3}t^{3/2}\right) dt$$
$$\int_0^x Bi(t)dt \sim \frac{1}{\sqrt{\pi}} x^{-3/4} \exp\left(\frac{2}{3}x^{3/2}\right) + \cdots$$

$$\int_x^\infty Ai(t)dt \sim \int_x^\infty \frac{1}{2\sqrt{\pi}} t^{-1/4} \exp\left(-\frac{2}{3}t^{3/2}\right) dt$$
$$= \frac{1}{2\sqrt{\pi}} x^{-3/4} \exp\left(-\frac{2}{3}x^{3/2}\right) + \cdots$$

Così,

$$y(x) = \pi \frac{1}{2\sqrt{\pi}} x^{-1/4} \exp\left(-\frac{2}{3}x^{3/2}\right) \frac{1}{\sqrt{\pi}} x^{-3/4} \exp\left(\frac{2}{3}x^{3/2}\right) +$$
$$\pi \frac{1}{\sqrt{\pi}} x^{-1/4} \exp\left(\frac{2}{3}x^{3/2}\right) \frac{1}{2\sqrt{\pi}} x^{-3/4} \exp\left(-\frac{2}{3}x^{3/2}\right)$$
$$+ C\, Ai(x)$$

che si semplifica per essere semplicemente:

$$y(x) \sim \frac{1}{x}.$$

Ripetiamo l'analisi utilizzando il metodo del bilancio dominante:
Considera $y'' \sim -1 \rightarrow y \sim -x^2/2$, che è incoerente.
Considera $-xy \sim -1 \rightarrow y \sim \frac{1}{x}$, che è coerente e fatto.

Finora abbiamo ottenuto il comportamento del primo ordine, consideriamo ora il termine di correzione:

$y = 1/x + C(x) \rightarrow y = -1/x^2 + C' \rightarrow y'' = 2/x^3 + C''$, quindi sostituendo abbiamo:

$$\frac{2}{x^3} + C'' - 1 - xC(x) = -1 \rightarrow C'' - xC \sim -\frac{2}{x^3}$$

Un equilibrio dominante separato sull'ultima espressione rivela coerenza con $C(x) \sim \frac{2}{x^4}$. Abbiamo quindi i primi due ordini, scriviamo la soluzione generale nella forma:

$$y(x) \sim \frac{1}{x} \sum_{n=0}^{\infty} a_n x^{-3n} \qquad as\ x \rightarrow \infty$$

Supponiamo

$$y(x) = \frac{1}{x} \sum_{n=0}^{\infty} a_n x^{-3n}$$

Poi

$$y'(x) = -\frac{1}{x^2} \sum a_n x^{-3n} + \frac{1}{x} \sum (-3n) a_n x^{-3n-1}$$
$$y''(x) = \frac{2}{x^3} \sum a_n x^{-3n} - \frac{2}{x^2} \sum_{n=0}^{\infty} a_n(-3n)x^{-3n-1} + \frac{1}{x}\sum(-3n)a_n x^{-3n-2}$$

Quindi, da $y'' - xy = -1$ abbiamo:

$$\sum_{n=0}^{\infty} (2 + 6n + (3n)(3n+1)) a_n x^{-3n-3} - \sum_{n=0}^{\infty} a_n x^{-3n} = -1$$

Le relazioni dei coefficienti sono quindi:

$$a_0 = 1$$

E

201

$$a_{n+1} = (3n+1)(3n+2)a_n$$

Così,

$$y(x) = \frac{1}{x} \sum_{n=0}^{\infty} \frac{(3n)!}{3^n(n!)} \frac{1}{x^{3n}}$$

Esempio A.6.
Consideriamo ora un esempio in cui il bilanciamento di soli 2 termini fallisce:

$$y' - \frac{y}{x} = \frac{\cos x}{x^2} \quad want\ behaviour\ as\ x \to 0^+$$

Cerca di bilanciare con $y' - y/x \sim 0 \to y' \sim cx$ (*inconsistent*).
Cerca di bilanciare con $-\frac{y}{x} \sim \frac{\cos x}{x^2} \to y \sim \frac{-\cos x}{x}$ (*inconsistent*).
Cerca di trovare un equilibrio con $y' \sim \frac{\cos x}{x^2} \to y \sim -$
$\frac{1}{x}$ (*also inconsistent, but close*)

Quindi passiamo ad un equilibrio dominante a tre termini con $\cos x \to 1$:

$$y' - \frac{y}{x} \sim \frac{1}{x^2} \to y \sim \frac{C}{x} \to y \sim -\frac{C}{x^2}$$

che è coerente per $C = -1/2$.

Le equazioni differenziali non lineari hanno posizioni dei poli dipendenti dalle condizioni iniziali (non possono essere trovate mediante ispezione). In generale, anche se l'equazione è regolare e il teorema di Picard garantisce una soluzione localmente, è ancora difficile sapere dove si trova la singolarità più vicina. Ad esempio, considera:

$$y^1 = \frac{y^2}{1-xy} \qquad y(0) = 1$$

Sostituire con $y = \sum_{n=0}^{\infty} a_n x^n \to a_n = \frac{(n+1)^{n-1}}{n!}$. Possiamo ora valutare il raggio di convergenza R:

$$R = \lim_{n\to\infty} \left| \frac{a_n}{a_{n+1}} \right| = \lim_{n\to\infty} \left| \frac{n+1}{n+2} \frac{(n+1)^{n-2}}{(n+2)^{n-1}} \right| = \lim_{n\to\infty} \left| \left(1 - \frac{1}{n+2}\right)^n \right| = \frac{1}{e}.$$

Consideriamo ora un'equazione differenziale del secondo ordine avente forma 'Sturm-Liouville' (SL):

$$\frac{d}{dz} p \frac{d\Psi}{dz} + (q + \lambda R)\Psi = 0 \quad with \ BC's \ \Psi(a) = \Psi(b)$$
$$= 0 \qquad a < z < b.$$

(A-43)

Proprietà dell'equazione SL:

- Nessuna soluzione in generale a meno che $\lambda = \lambda_m$, $\Psi = \Psi_m$
- Sono λ_m arrotondati dal basso ed è sempre possibile regolare le cose in questo modo $\lambda_0 = 0$
- IL $\lambda_m's \to +\infty$ as $n \to \infty$
- $\int_a^b R(z)\,\Psi_n(z)\,\Psi_m(z)dz = E_n^2 \delta_{nm}$
- Affermazione: possiamo usare le autofunzioni per adattare una funzione arbitraria nel senso dei minimi quadrati:

$$f(z) = \sum_{n=0}^{\infty} A_n\,\Psi_n(z),$$

$$(A\text{-}44)$$

Dove

$$\int_a^b R(z)f(z)\,\Psi_m(z)dz = \sum_{n=0}^{\infty} A_n \int_a^b dz\,R\,\Psi_n\,\Psi_m = A_n E_n^2.$$

$$(A\text{-}45)$$

Così,

$$A_n = \frac{\int_a^b R(z)f(z)\,\Psi_m(z)dz}{E_n^2}.$$

$$(A\text{-}46)$$

Quindi, affermiamo che questa $\sum_{n=0}^{N} A_n\,\Psi_n(z)$ è una soluzione al problema di trovare un quadrato iniziale adatto a $f(z)$. Per dimostrarlo vorremmo minimizzare $I = \int_a^b R(z)dz[f(z) - \sum_{n=0}^{N} A_n\,\Psi_n(z)]^2$:

$$\frac{\partial I}{\partial A_m} = 0 = \int_a^b R(z)dz\left[f(z) - \sum_{n=0}^{N} A_n\,\Psi_n(z)\right]\left[-\sum_{n=0}^{N} \delta_{nm}\,\Psi_n(z)\right].$$

Vogliamo dimostrare che $N \to \infty$ l'errore, nel senso dei minimi quadrati, tende a zero. Possiamo dimostrare che risolvere uno Sturm-Liouville equivale a minimizzare:

$$\Omega = \int_a^b \left[p(z)\left(\frac{d\Psi}{dz}\right)^2 - q(z)\,\Psi^2\right]dz$$

$$(A\text{-}47)$$

203

Soggetto a $\int_a^b \Psi^2 R(z)dz = constant$. Supponiamo di scegliere una funzione di prova $\Psi(z)$ che soddisfi i BC $z = a, b$ e normalizzata in modo tale

$$\int_a^b R(z)dz\,\Psi^2(z) = 1$$

Calcolare:

$$\Omega(\Psi_0) = \int_a^b \left[p\left(\frac{d\Psi_0}{dZ}\right)^2 - q\,\Psi_0{}^2 \right] dz$$

$$= \left[p\,\Psi_0 \frac{d\Psi_0}{dz} \right]_a^b - \int_a^b \Psi_0 \left[\frac{d}{dz}\left(p\frac{d\Psi_0}{dz} + q\,\Psi_0{}^2 \right) \right]$$

Così

$$\Omega(\Psi_0) = \int_a^b \Psi_0 R\lambda_0\,\Psi_0 dz = \lambda_0$$

(dove λ_0 in genere è l'autovalore più basso). Allo stesso modo, con $\Psi = \sum_{n=0}^N A_n \Psi_n(z)$ otteniamo:

$$\Omega(\Psi) = \int_a^b Rdz \sum_{n=0}^N A_n \Psi_n \sum_{m=0}^M \lambda_m A_m \Psi_m = \sum_{n=0}^N A_n^2 \lambda_m E_N^2 .$$

(A-48)

Per completare la dimostrazione utilizzando quanto sopra dobbiamo mostrare che l'errore dei minimi quadrati diminuisce con N, ma questo è lasciato ai riferimenti [65].

Appropriazioni asintomatiche per autofunzioni e autovalori SL
Ricordiamo l'equazione SL:

$$\frac{d}{dz}p\frac{d\Psi}{dz} + (q + \lambda R)\,\Psi = 0$$

(A-49)

Facciamo una "trasformazione ispirata":

$$y = (pR)^{1/4}\,\Psi$$

(A-50)

e definire nuovi valori:

$$\varepsilon = \frac{1}{J}\int_a^z \sqrt{\frac{R}{P}}dz \quad and \quad J = \frac{1}{\pi}\int_a^b \sqrt{\frac{R}{P}}dz .$$

(A-51)

L'equazione SL diventa quindi risolvibile in termini dell'equazione integrale di Volterra:

$$\frac{d^2y}{d\varepsilon^2} + \left(k^2 + \omega(\varepsilon)\right)y(\varepsilon) = 0,$$

(A-52)

Dove

$$k^2 = J^2\lambda \quad and \quad \omega = \left[\frac{1}{(pR)^{1/4}}\frac{d^2}{d\varepsilon^2}(pR)^{1/4} - J^2\frac{q}{R}\right],$$

(A-53)

e abbiamo $a < z < b$ (come prima) e $0 < \varepsilon < \pi$. Le soluzioni possono essere scritte:

$$y(\varepsilon) = A\sin(k\varepsilon) + B\cos(k\varepsilon) + \frac{1}{k}\int_{\varepsilon_0}^{\varepsilon}\sin(k(\varepsilon - t))\,w(t)y(t)dt.$$

Supponiamo che $\Psi(a) = \Psi(b) = 0$, allora $k = ne$

$$\Psi_n \sim \frac{1}{(Rp)^{1/4}}\sin(n\varepsilon) \quad and \quad \lambda_n = \left(\frac{n}{J}\right)^2$$

Supponiamo di avere BC generali $\alpha\Psi + \beta\frac{d\Psi}{dz} = 0$ at $z = a, b$, allora abbiamo

$$k_n \sim \frac{J}{\pi n}\left[\frac{\alpha}{\beta}\sqrt{\frac{P}{R}}\right]_a^b$$

(A-54)

Esempio: la SL singolare con $p(a) = 0$ or $p(b) = 0$ or $both$ come si verifica con l'equazione di Bessel:

$$\frac{d}{dz}\left(z\frac{d\Psi}{dz}\right) + \left(\lambda z - \frac{m^2}{z}\right)\Psi = 0,$$

(ad esempio, l'equazione SL con $p = z$; $R = z$; e $q = -m^2/z$). Qui, il punto singolare è $z = 0$ e abbiamo:

$$\Psi = \frac{1}{\sqrt{z}}y, \quad J = \frac{1}{\pi}\int_0^b dz = \frac{b}{\pi}, \quad \varepsilon = \frac{\pi z}{b}, \quad k^2 = \frac{b^2\lambda}{\pi^2}$$

dare:

$$\frac{d^2y}{d\varepsilon^2} + \left[k^2 - \frac{(m^2 - 1/4)}{\varepsilon^2}\right]y = 0$$

con soluzioni:

$$y(\varepsilon) = \cos(k\varepsilon + \theta) - \frac{1}{k} \int_{\varepsilon}^{\infty} \sin(k(\varepsilon - t)y(t) \left(\frac{m^2 - 1/4}{t^2} \right) dt$$

Le funzioni di Bessel hanno un comportamento locale della forma
$z^{\pm m}[Taylor\ series\ in\ z]$ and $J_n \sim z^n [\sum A_n z^{2n}]$.

A.2 Equazioni differenziali ordinarie di forma Sturm-Liouville – approssimazioni asintotiche

(Parte di questo materiale è stata trattata in Ama101b nella primavera del 1986.)

Esempio A.7. Verifica la formula di Abel per il Wronskiano. Cioè, mostralo se

$$\frac{d^n y}{dx^n} + p_{n-1}(x) \frac{d^{(n-1)} y}{dx^{(n-1)}} + \cdots p_0(x)y(x) = 0$$

allora il Wronskiano W(x) soddisfa

$$\frac{dW}{dx} = -p_{n-1}(x)W(x).$$

Soluzione
Quando prendiamo la derivata del Wronskiano, distribuiamo per ottenere le derivate all'interno del determinante riga per riga. Ciò rende due righe uguali su tutte tranne il determinante con la sua derivata nell'ultima riga. Se poi consideriamo, $\frac{dW}{dx} + p_{n-1}(x)W(x)$ vediamo che entrambi i termini contribuiscono ad espressioni polinomiali che coinvolgono y_n^n e $p_{n-1}y_n^{n-1}$, in modo tale che il raggruppamento in un nuovo determinante è possibile con questi termini raggruppati nella nuova ultima riga, come $y_n^n + p_{n-1}y_n^{n-1}$ ad esempio l'ultimo elemento dell'ultima riga. Poiché $(y_n^n + p_{n-1}y_n^{n-1}) + \cdots + p_0 y_0 = 0$, esiste una chiara dipendenza dal raggruppamento in termini di elementi di ordine inferiore (ottenibili dal raggruppamento di altre righe), quindi questo determinante sarà zero, e avremo:

$$\frac{dW}{dx} + p_{n-1}(x)W(x) = 0$$

come desiderato.

Esempio A.8. Trova la formula per la funzione di Green del terzo ordine in un'equazione lineare omogenea. Generalizza questa formula all'ennesimo ^{ordine}.

Soluzione
Ci sono tre condizioni:
(i) G è continuo in $x = a$.
(ii) dG è continuo in $x = a$.
(iii)$d^2 G|_{a^+} - d^2 G|_{a^-} = 1$
Così,

$$\begin{bmatrix} y_1(a) & y_2(a) & y_3(a) \\ y_1'(a) & y_2'(a) & y_3'(a) \\ y_1''(a) & y_2''(a) & y_3''(a) \end{bmatrix} \begin{bmatrix} B_1 - A_1 \\ B_2 - A_2 \\ B_3 - A_3 \end{bmatrix} = \begin{bmatrix} 0 \\ 0 \\ 1 \end{bmatrix}$$

di Cramer :

$$B_1 - A_1 = \frac{y_2(a)y_3'(a) - y_3(a)y_2'(a)}{\det W[y_1(a), y_2(a), y_3(a)]}, \quad etc.$$

È possibile scegliere altre tre condizioni per specificare le condizioni al contorno. Per n^{th} ordine W_j sia W con la j^{th} colonna sostituita da un vettore colonna con tutti zeri tranne l'ultima riga:

$$B_j - A_j = \frac{W_j}{\det W}$$

Esempio A.9. Trova una soluzione in forma chiusa della seguente equazione di Riccati :

$$xy' - 2y + ay^2 = bx^4.$$

Soluzione
Indovina $y = \sqrt{b/a}\, x^2$ (indicato dall'equilibrio dominante sugli ultimi termini), quindi verifica che funzioni, cosa che fa. Quindi, facendo la sostituzione, abbiamo un'equazione di Bernoulli

$$y(x) = \sqrt{\frac{b}{a}} x^2 + u(x).$$

Risolvendo l'equazione standard di Bernoulli si ottiene la soluzione generale:

$$y(x) = x^2 \left(\sqrt{\frac{b}{a}} + \frac{2}{Ce^{\sqrt{ab}\, x^2} - \sqrt{\frac{a}{b}}} \right).$$

Esempio A.10. I polinomi di Legendre $P_n(z)$ soddisfano l'equazione alle differenze

$$(n + 1)P_{n+1}(z) - (2n + 1)z\,P_n(z) + n\,P_{n-1}(z) = 0$$

Con $P_0(z) = 1$, $P_1(z) = z$.

a) Definire la funzione generatrice $f(x, y)$ di
$$f(x, z) = \sum_{n=0}^{\infty} P_n(z)\,x^n$$
Mostralo $f(x, z) = (1 - 2xz + x^2)^{-1/2}$.

b) Se $g(x, z) = \sum_{n=0}^{\infty} \frac{P_n(z)x^n}{n!}$ mostriamo che $g(x, z) =$

$e^{xz} J_0\big(x\sqrt{1 - z^2}\big)$ dov'è J_0 una funzione di Bessel che soddisfa: $ty'' + y' + ty = 0$ $with$ $y(0) = 1$ and $y'(0) = 0$.

Soluzione

(a) $f(x, z) = \sum_{n=0}^{\infty} P_n(z)\,x^n = \sum_{n=0}^{\infty} P_{n+1}(z)\,x^{n+1} + P_0(z)$ (dove $P_0(z) = 1$), mentre

$f'(x, z) = \sum_{n=0}^{\infty}(n + 1)P_{n+1}(z)\,x^n$ E $f''(x, z) = \sum_{n=0}^{\infty}(n + 1)(n + 2)P_{n+2}(z)\,x^n$. Pertanto, se spostiamo l'indicizzazione dell'equazione alle differenze ($n \rightarrow n + 1$) e moltiplichiamo l'equazione di ricorsione sopra per $(n + 1)x^n$ con la somma n=0 a ∞:

$$\sum_{n=0}^{\infty}[(n + 1)(n + 2)P_{n+2}(z)x^n - z(n + 1)(2n + 3)P_{n+1}(z)x^n$$
$$+ (n + 1)^2 P_n(z)x^n] = 0$$

diventa:

$$f''(x, z) + \sum_{n=0}^{\infty}[-z[3(n + 1) + 2n(n + 1)]P_{n+1}(z)x^n + [n(n - 1) + 3n$$
$$+ 1]P_n(z)x^n] = 0$$

che diventa:
$$f''(x, z) - z[3f'(x, z) + 2xf''(x, z)]$$
$$+ [x^2 f''(x, z) + 3xf'(x, z) + f(x, z)] = 0.$$

Così,

$$(1 - 2xz + x^2)f'' + (3x - 3z)f' + f = 0.$$

La sostituzione diretta di $f(x, z) = (1 - 2xz + x^2)^{-1/2}$ mostra che soddisfa l'equazione.

(b) Moltiplicare l'equazione spostata dell'indice (come prima) per $x^{n+1}/(n + 1)!$ con somma n=0 a ∞:

$$\sum_{n=0}^{\infty} \frac{(n+2)P_{n+2}(z)x^{n+1}}{(n+1)!} - \sum_{n+0}^{\infty} \frac{(2n+3)P_{n+1}(z)x^{n+1}}{(n+1)!}$$

$$+ \sum_{n=0}^{\infty} \frac{(n+1)P_n(z)x^{n+1}}{(n+1)!} = 0$$

Tirando fuori un 'd/dx', poi una seconda volta per il polinomio indicizzato (n+2), quindi moltiplicandolo per 'x' e utilizzando la $g(x,z) = \sum_{n=0}^{\infty} \frac{P_n(z)x^n}{n!}$ sostituzione:

$$xg'' + (1 - 2zx)g' + (x - z)g = 0 .$$

Se ora sostituiamo la possibile soluzione $g(x,z) = e^{xz}J_0\left(x\sqrt{1-z^2}\right)$, dove J_0 a questo punto è solo una funzione (vedremo presto che è la funzione di Bessel zero) e otteniamo la relazione:

$$x\sqrt{1-z^2}J_0''\left(x\sqrt{1-z^2}\right) + J_0'\left(x\sqrt{1-z^2}\right) + x\sqrt{1-z^2}J_0^{\square}\left(x\sqrt{1-z^2}\right).$$

Se sostituiamo $t = x\sqrt{1-z^2}$, allora abbiamo:

$$ty'' + y' + ty = 0,$$

dove questa è l'equazione di Bessel di ordine zero con soluzione y solitamente indicata J_0 come già scelta.

Esempio A.11 .

(a) Le funzioni di Bessel $J_n(z)$ soddisfano l'equazione alle differenze

$$J_{n+1}(z) - \frac{2n}{z}J_n(z) + J_{n-1}(z) = 0 \qquad (-\infty < n < \infty)$$

con e $J_0(0) = 1$ $J_n(0) = 0$. Definire la funzione generatrice $f(x,z)$ di

$$f(x,z) = \sum_{n=-\infty}^{\infty} x^n J_n(z) .$$

Mostralo $f(x,z) = exp\left(\frac{z}{2}(x - 1/x)\right)$.

(b) Mostralo $J_{-n}(z) = J_n(-z) = (-1)^n J_n(z)$.

(c) Mostralo $1 = J_0(z) + 2\sum_{n=1}^{\infty} J_{2n}(z)$.

Soluzione

(a) $J_{n+1}(z) - \frac{2n}{z}J_n(z) + J_{n-1}(z) = 0$ è raggruppato, utilizzando $f(x,z) = \sum_{n=-\infty}^{\infty} x^n J_n(z)$ come:

$$\left(\frac{1}{x} + x\right)f = \frac{2x}{z}f' \quad \rightarrow \quad f(x,z) = exp\left(\frac{z}{2}\left(x - \frac{1}{x}\right)\right)$$

(b) Utilizzeremo $ex\, p\left(\frac{z}{2}\left(x - \frac{1}{x}\right)\right) = \sum_{n=-\infty}^{\infty} x^n J_n(z)$:

$$\sum_{n=-\infty}^{\infty} x^n J_{-n}(z) = \sum_{n=-\infty}^{\infty} x^{-n} J_n(z) = \sum_{n=-\infty}^{\infty} x^n (-1)^n J_n(z)$$

$$\rightarrow \quad J_{-n}(z) = (-1)^n J_n(z)$$

Allo stesso modo,

$$\sum_{n=-\infty}^{\infty} x^n J_{-n}(z) = \sum_{n=-\infty}^{\infty} y^n J_n(z) = \exp\left(\frac{z}{2}\left(y - \frac{1}{y}\right)\right)$$

$$= \exp\left(\frac{z}{2}\left(\frac{1}{x} - x\right)\right) = \sum_{n=-\infty}^{\infty} x^n J_n(-z),$$

così $J_{-n}(z) = J_n(-z)$.

(C)

$$J_0(z) + 2\sum_{n=1}^{\infty} J_{2n}(z) = \sum_{n=-\infty}^{\infty} J_{2n}(z) = \sum_{n=-\infty}^{\infty} x^m J_m(z) \ (with\ m$$

$$= 2n\ and\ x = 1).$$

Così,

$$J_0(z) + 2\sum_{n=1}^{\infty} J_{2n}(z) = \exp\left(\frac{z}{2}\left(\frac{1}{1} - 1\right)\right) = 1,$$

quindi viene mostrato il risultato.

Esempio A.12 . Classificare tutti i punti singolari delle seguenti equazioni (Esaminare anche la singolarità all'infinito.):
(a) $x(1 - x)y'' + [c - (a + b + 1)x]y' - aby = 0$(l'equazione ipergeometrica).
(b) $y'' + (h - 2\theta \cos 2x)y = 0$(l'equazione di Mathieu).

Soluzione
(UN)

$$y'' + \left[\frac{c}{x(1 - x)} - \frac{(a + b + 1)}{1 - x}\right] y' - \frac{ab}{x(1 - x)} y = 0.$$

Nell'intorno dell'origine vediamo che x=1 è un punto singolare regolare e x= 0 è un punto singolare irregolare. Per esaminare il comportamento all'infinito sia $x = 1/t$:

$$y'' + \left(\frac{(2 - c)t + (a + b - 1)}{t(t - 1)}\right) y' - \frac{ab}{(t^2(t - 1)} y = 0.$$

Nell'intorno dell'origine t vediamo che t=1 è un punto singolare regolare (quindi x=1 è un punto singolare regolare) e t= 0 è un punto singolare irregolare (quindi x= ∞è un punto singolare irregolare).

(b) $y'' + (h - 2\theta \cos 2x)y = 0$non ha singolarità nelle vicinanze dell'origine. Se sostituiamo $x = 1/t$, otteniamo:

$$y'' + \frac{2}{t}y' + \frac{(h - 2\theta \cos 2/t)}{t^4}y = 0$$

Per questa equazione vediamo che t = 0 è un punto singolare irregolare (oscilla mentre esplode), quindi $x = \infty$ è un punto singolare irregolare.

Esempio A.13 . Utilizzando il metodo di Frobenius determinare lo sviluppo in serie per le due soluzioni dell'equazione di Bessel modificata:

$$y'' + \frac{1}{x}y' - \left(a + \frac{v^2}{x^2}\right)y = 0, \qquad with \ \ v = 1.$$

Soluzione: lasciata come esercizio.

Esempio A.14 . Trova i principali comportamenti asintotici a x → +∞ partire dalla seguente equazione

a) $\ y'' = \sqrt{x}\, y$

b) $\ y'' = \cosh xy'$

Soluzione

(a) Cominciamo con la sostituzione: $y = e^s \ \rightarrow \ y' = s'e^s \ \rightarrow \ y'' = s''e^s + (s')^2 e^s$. Così,

$$s'' + (s')^2 = \sqrt{x}$$

Primo caso: $s'' \ll (s')^2 \ \rightarrow \ s' = \pm x^{1/4}$. Poiché $s'' = \pm(1/4)x^{-3/4}$vediamo che questo è coerente con $s'' \ll (s')^2$quanto $x \rightarrow +\infty$.

Secondo caso: $s'' \gg (s')^2 \ \rightarrow \ s'' = \sqrt{x} \ \rightarrow \ s' = (\frac{2}{3})x^{3/2}$, che NON è coerente $s'' \gg (s')^2$con $x \rightarrow +\infty$.

Il comportamento asintotico principale è quindi $s' = \pm x^{1/4} \ \rightarrow \ s(x) = \pm\frac{4}{5}x^{5/4} + c(x)$. Una soluzione completa può essere ottenuta risolvendo c(x):

$$\pm\frac{1}{4}x^{-3/4} + c'' + c'(2x^{1/4} + c') = 0.$$

Usando nuovamente il metodo dell'equilibrio dominante, proviamo $c'' \ll c' \to c = -(1/8)\ln x$, che è coerente. Se ci proviamo $c' \ll c''$ non è coerente. La nostra soluzione è quindi:

$$y(x) = cx^{-1/8} \exp{(\pm\frac{4}{5}x^{5/4})}.$$

(b) Utilizzare la sostituzione: $y = e^s \to y' = s'e^s \to y'' = s''e^s + (s')^2 e^s$ come prima. Così,

$$s'' + (s')^2 = \cosh x \, s'.$$

Supponiamo $(s')^2 \gg s''$, quindi $s = \sinh x + c$, e come $x \to \infty$ abbiamo fatto $(\cosh x)^2 \gg \sinh x$, in modo così coerente. Se proviamo $(s')^2 \ll s''$ il risultato è incoerente. Dunque proviamo

$$s = \sinh x + c(x)$$

che dà alla sostituzione:

$$\sinh x + c'' + (\cosh x + 1)c' = 0.$$

Tentando nuovamente l'equilibrio dominante, otteniamo $c(x) \sim -\ln(\cosh x)$, quindi $s = \sinh x - \ln(\cosh x)$, e:

$$y(x) \sim c\frac{e^{\sinh x}}{\cosh x}.$$

Esempio A.15. (Problema di Bender e Orszag 3.45). Un modo per accertare il comportamento asintotico di alcuni integrali è trovare le equazioni differenziali che soddisfano e quindi eseguire un'analisi locale dell'equazione differenziale. Utilizza questa tecnica per studiare il comportamento dei seguenti integrali

   a) $y(x) = \int_0^x \exp(l^2) \, dt \ as \ x \to +1$
   b) $y(x) = \int_0^\infty \exp(-xt - 1/t) \, dt \ as \ x \to 0^+ \ and \ as \ x \to +\infty$

Soluzione
Lasciato al lettore.

Esempio A.16. Trova i primi tre termini nel comportamento locale $x \to \infty$ di una soluzione particolare

$$x^3 y'' + y = x^{-4}$$

Soluzione

Prova $y \gg x^3 y''$, quindi $y \sim x^{-4}$, che è coerente. Quindi sostituisci $y(x) = x^{-4} + c(x)$per ottenere:
$$c''x^3 + c = -20x^{-3}.$$
Prova $c \gg c''x^3$, quindi $c = -20x^{-3}$, che è coerente. Quindi sostituisci $y(x) = x^{-4} - 20x^{-3} + d(x)$:
$$x^3 d'' + d = 240x^{-2}.$$
Prova $d \gg x^3 d''$, quindi $d = 240x^{-2}$, che è coerente. Anche così
$$y(x) = x^{-4} - 20x^{-3} + 240x^{-2} + e(x).$$

Esempio A.17 . (Bender e Orszag 3,55). Trova la posizione della possibile linea stokes come $z \to \infty$per la seguente equazione differenziale
$$y'' = z^{1/3}y$$

Soluzione:
Comportamento locale:
$$y(z) \sim cz^{-1/12}\exp\left(\pm(6/7)\, z^{7/6}\right).$$
Comportamento principale:
$$e^{\left(\frac{6}{7}\right)z^{7/6}} \quad and \quad e^{-\left(\frac{6}{7}\right)z^{7/6}}.$$
Le linee di Stokes sono gli asintoti $z \to \infty$ delle curve
$$Re\left\{e^{\left(\frac{6}{7}\right)z^{\frac{7}{6}}} - \left(-e^{-\left(\frac{6}{7}\right)z^{\frac{7}{6}}}\right)\right\} = 0 \to \frac{12}{7}Re\left\{z^{\frac{7}{6}}\right\} = 0 \to e^{i\frac{7}{6}\theta} = 0.$$
Pertanto, le linee di Stokes si verificano per $z = re^{i\theta}$quando $\theta = \pm\frac{3}{7}(2n+1)\pi$.

Esempio A.18 . Consideriamo il problema del valore iniziale
$$y' = \frac{y^2}{1 - xy} \quad with \quad y(0) = 1.$$
(a) Dimostrare che $x = 0$esiste una soluzione in serie di Taylor della forma:
$$y = \sum_{n=0}^{\infty} A_n x^n$$
Dove$A_n = \frac{(n+1)^{n-1}}{n!}$.

(b) Mostrare che la soluzione soddisfa
$$y(x) = \exp(xy)$$

e che questa equazione può essere risolta iterativamente per y come limite di esponenziali annidati

$$y(x) = \lim_{n \to \infty} y_n(x)$$

Dove $y_{n+1}(x) = \exp(xy_n(x))$. Quindi, scegli $y_0 = 1$, $y_1 = \exp(x)$, $y_2 = \exp(x \exp(x))$, ... Mostrare che il limite esiste quando $-e \leq x \leq 1/e$.

Soluzione
(a) lasciato per esercizio.
(b) lasciato per esercizio.

Esempio A.19. L'operatore differenziale $y' = \cos(\pi xy)$è troppo difficile da risolvere analiticamente. Se le soluzioni tracciate per vari valori di y(0) si vedono raggrupparsi insieme all'aumentare di x. Ciò potrebbe essere previsto utilizzando gli asintotici? Trova i possibili comportamenti guida delle soluzioni come $x \to \infty$. Quali sono le correzioni a questi comportamenti guida?

Soluzione (parziale):
$y' = \cos(\pi xy)$

Allora$y(x) = \dfrac{1}{\pi x} u(x)$ $u' = \dfrac{u}{x} + \pi x \cos u$. Ora, come$x \to \infty$ abbiamo $u/x \ll \pi x \cos u$. Così:

$$u' \sim \pi x \cos u \quad or \quad \frac{du}{\cos u} \sim \pi x dx$$

Dal momento che $\ln(\sec u + \tan u) \sim \dfrac{\pi x^2}{2} + c$abbiamo

$$\left| 1 + \frac{\sin u}{\cos u} \right| \sim e^{\frac{\pi x^2}{2} + c}.$$

Dopo un po' di raggruppamento vediamo:

$$u \sim \sin^{-1} \left\{ \frac{-1 \pm \exp(\pi x^2 + 2c)}{1 + \exp(\pi x^2 + 2c)} \right\}$$

Così:

$$u \sim \begin{Bmatrix} \sin^{-1}(-1) \\ \sin^{-1}(1) \end{Bmatrix} \to \quad u \sim \begin{Bmatrix} \dfrac{-\pi}{2} + 2k\pi \\ \dfrac{\pi}{2} + 2k\pi \end{Bmatrix} \quad for \quad k = 0,1,2 \dots$$

Il resto è lasciato per esercizio.

Esempio A.20 . Per l'equazione $y'' = y^2 + e^x$ effettuare le sostituzioni $y = e^{x/2} u(x)$, $s = e^{x/4}$ e ottenere un'equazione le cui soluzioni per x asintoticamente grande si comportano come funzioni ellittiche di s. Dedurre che le singolarità di y(x) sono separate da una distanza proporzionale ad $e^{-x/4}$ as $x \to \infty$.

Soluzione

Abbiamo: $y'' = y^2 + e^x$; $y = e^{x/2}u(x)$; $s = e^{x/4}$. Da cui otteniamo

$$y' = e^{x/2}u'(x) + u(x) + \frac{1}{2}e^{x/2}$$

E

$$y'' = e^{x/2}u''(x) + e^{x/2}u'(x) + \frac{1}{4}e^{x/2}u(x)$$

Sostituendo otteniamo:

$$\frac{d^2u}{ds^2} + \frac{5}{s}\frac{du}{ds} + \frac{4}{s^2}u = 16(u^2 + 1)$$

Per $x \to \infty$, $s \to \infty$ e abbiamo approssimativamente:

$$\frac{d^2u}{ds^2} = (u^2 + 1)16.$$

Quest'ultima è un'equazione autonoma che risolviamo nel modo seguente:

$$\left(\frac{d^2u}{ds^2}\right)\frac{du}{ds} = 16[1 + u^2]\frac{du}{ds}$$

E

$$\frac{1}{2}\left[\frac{du}{ds}\right]^2 = 16[u + u^3/3 + c].$$

Questo diventa: $\pm 4s = \int \dfrac{du}{\sqrt{2u^3/3 + 2u + 2c}}$, che è una funzione ellittica di s. I poli sono separati dal periodo T: $s(x + \Delta) - s(x) \approx T \to e^{(x+\Delta)/4} - e^{x/4} \approx T \to e^{\Delta/4} \sim Te^{-x/4}$. Pertanto, le singolarità sono separate da una distanza proporzionale $e^{-x/4}$ a $x \to \infty$.

Esempio A.21 . Mostrare che il comportamento guida di una singolarità esplosiva dell'equazione di Thomas-Fermi $y'' = y^{3/2}x^{-1/2}$ è dato da:

$$y(x) \sim \frac{400a}{(x - a)^4} \quad as \ x \to a.$$

Soluzione

Lavorando con $y'' = y^{3/2}x^{-1/2}$ proviamo $y = A(x-a)^b$, nel qual caso abbiamo $y' = Ab(x-a)^{b-1}$ e $y'' = Ab(b-1)(x-a)^{b-2}$. Sostituendo questi otteniamo:

$$b(b-1)(x-a)^{-\frac{1}{2}b-2} = A^{\frac{1}{2}}x^{-\frac{1}{2}}.$$

Affinché questa equazione si equilibri asintoticamente $(x-a)^{-\frac{1}{2}b-2}$ deve essere una costante, quindi

$$-\frac{1}{2}b - 2 = 0 \quad \rightarrow \quad b = -4.$$

Bilanciando le costanti abbiamo allora A=400a, quindi abbiamo per soluzione in ordine principale:

$$y(x) \sim \frac{400a}{(x-a)^4} \quad as \; x \rightarrow a.$$

B . Lo staff LIGO nel 1988 circa (quando ero nello staff come studente laureato) era composto solo da circa 30 persone.

	Room	Phone		Room	Phone
Alex Abramovici	358W	4895 446-4169	Pat Lyon	130A	4597
Cynthia Akutagawa	357W	4098 714/594-6948	Bonde Moore	31A	4438 792-6406
Bill Althouse	30A	4481 449-6716	Fred Raab	354W	4053 249-6242
Midge Althouse	36A	2975 449-6716	Martin Regehr	360W	2190 568-1910
Fred Asiri	32A	2971 957-5058	Bob Spero	361W	4437 796-0682
Betty Behnke	102E	2129 446-4828	Kip Thorne	128A	4598
Andrej Čadeš	359W	4219 446-2668	Bert Tinker	365W	4610 805/492-5917
Ron Drever	355W	4291 796-0403	Massimo Tinto	358W	4018 449-2007
Ernie Fransgrote	102E	2131 449-5228	Steve Vass	365W	4610 355-9780
Yekta Gürsel	358W	2136 449-9238	Robbie Vogt	101E	3800 794-7823
Jeff Harman	365W	2160 805/495-2354	Steve Winters	354W	- 584-1931
Greg Hiscott	35A	2974 362-7306	Mike Zucker	356W	4017 789-4345
Larry Jones	32A	2970 805/265-9602			

MISC. PHONE NUMBERS

Bridge Lab	365W	4610	Tony Riews, JPL 144-201	41864
Roof Machine Shop		4894	Rai Weiss, MIT	617/253-3527
Citgrav Computer		449-6081	Susan Merullo, MIT	617/253-4894
CES Lab Control Room		3980	MIT Lab	617/253-4824
CES Lab Computer		3977		
CES Lab, Louie (North End)		3978		
CES Lab, Huey (East End)		3978		
CES Lab, Dewey (South End)		3979	FAX—MIT LIGO Project	617/258-7839
Conference Room	28A	2965	FAX—Caltech LIGO Project	818/304-9834

10/20/88

C. Primer per l'analisi dei dati
C.1 Errori aggiunti in quadratura
Esiste la vecchia massima sperimentale/statistica secondo cui *"Gli errori si aggiungono in quadratura"* , che ora è considerata vera (nella maggior parte dei casi) ed è dovuta alla propagazione delle incertezze. Questa descrizione ci fornirà anche un percorso alternativo per la derivazione del sigma del risultato medio sopra. Quindi, consideriamo la situazione in cui misuriamo indirettamente la quantità di interesse, ovvero vogliamo misurare 'z' ma abbiamo x,y ,... dove z =f(x,y ,...). Abbiamo quindi la relazione generale:

$$\Delta z = \frac{\partial f}{\partial x} \Delta x + \frac{\partial f}{\partial y} \Delta y + \cdots,$$

(C-1)

da cui possiamo elevare al quadrato e fare la media per ottenere:

$$\overline{(\Delta z)^2} = \left(\frac{\partial f}{\partial x}\right)^2 \overline{(\Delta x)^2} + \left(\frac{\partial f}{\partial y}\right)^2 \overline{(\Delta y)^2} + 2\left(\frac{\partial f}{\partial x}\right)\left(\frac{\partial f}{\partial y}\right) \overline{(\Delta x \Delta y)} + \cdots,$$

(C-2)

Dopo la media, i termini incrociati essendo lineari avranno la cancellazione del segno. Pertanto, riscrivendo la media dei termini al quadrato come notazione della varianza (o std dev quadrato) si chiarisce:

$$\sigma_z{}^2 = \left(\frac{\partial f}{\partial x}\right)^2 \sigma_x{}^2 + \left(\frac{\partial f}{\partial y}\right)^2 \sigma_y{}^2 + \cdots.$$

(C-3)

Ritornando al caso di misurazione ripetuta su iid rv , abbiamo $f = \bar{x}_N$ e questo è semplicemente:

$$\sigma_z{}^2 = (\sigma_x{}^2 + \sigma_y{}^2 + \cdots)/N^2.$$

(C-4)

e l'aggiunta dei termini di errore è in quadratura. Se usiamo gli errori aggiunti nella relazione di quadratura possiamo valutare direttamente il sigma della media come:

$$\sigma_z = \frac{\sigma}{\sqrt{N}}.$$

(C-5)

C.2 Distribuzioni
Esaminiamo ora alcune delle distribuzioni chiave che possono derivarne. Tutte le principali distribuzioni di interesse possono essere ottenute da una valutazione dell'entropia massima [24]. Ciò porta l'unificazione della meccanica statistica basata sulla distribuzione proposta da Maxwell a un nuovo livello (Jaynes [68]) e offre una maggiore comprensione delle basi distribuzionali dei sistemi fisici. Si ritiene che le famiglie di distribuzioni

definiscano una varietà (neurovarietà) e questo è discusso in [41] e [44]. Alcune distribuzioni sono speciali anche per altri aspetti, come rivela la loro ubiquità. A questo riguardo risalta in particolare la distribuzione gaussiana. La proprietà precedente che gli errori aggiungono in quadratura è la spiegazione di ciò poiché questa proprietà è alla base del modo in cui l'aggiunta di sorgenti di rumore gaussiano (o misurazioni ripetute) si tradurrà in una nuova gaussiana totale (con rumore gaussiano). Questo, a sua volta, si generalizza al punto in cui la misurazione ripetuta si trova con qualsiasi distribuzione di fondo, anche una che sta cambiando, darà origine a una misurazione totale che tende ad essere gaussiana.

La distribuzione geometrica (emergente tramite maxent)
Qui parliamo della probabilità di vedere qualcosa dopo k tentativi quando la probabilità di vedere quell'evento ad ogni tentativo è "p". Supponiamo di vedere un evento per la prima volta dopo k tentativi, ciò significa che i primi (k-1) tentativi erano non eventi (con probabilità (1-p) per ogni tentativo), e l'osservazione finale avviene quindi con probabilità p, dando origine alla classica formula per la distribuzione geometrica:

$$P(X=k) = (1-p)^{(k-1)} p$$

(C-6)

Per quanto riguarda la normalizzazione, ovvero tutti i risultati si sommano a uno, abbiamo:

Probabilità totale $= \Sigma_{k=1} (1-p)^{(k-1)} p = p[1+(1-p)+(1-p)^2+(1-p)^3+...] = p[1/(1-(1-p))]=1.$

Quindi la probabilità totale si somma già a uno senza che sia necessaria un'ulteriore normalizzazione. Nella Figura C.1 è riportata una distribuzione geometrica per il caso in cui p=0,8:

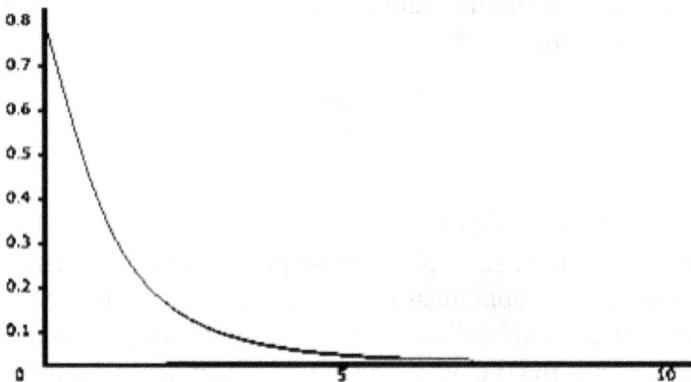

220

Figura C.1 La distribuzione geometrica , $P(X=k) = (1–p)^{(k-1)} p$, con p=0,8 .

La distribuzione gaussiana (nota anche come normale) (emergente tramite la relazione LLN e maxent)

$$N_x(\mu,\, \sigma^2) = exp(-(x- \mu)^2/(2\, \sigma^2))/ (2\, \pi\sigma^2)^{(1/2)}$$

Per la distribuzione Normale la normalizzazione è più semplice da ottenere tramite l'integrazione complessa (quindi lo salteremo). Con media zero e varianza uguale a uno (Figura C.2) otteniamo:

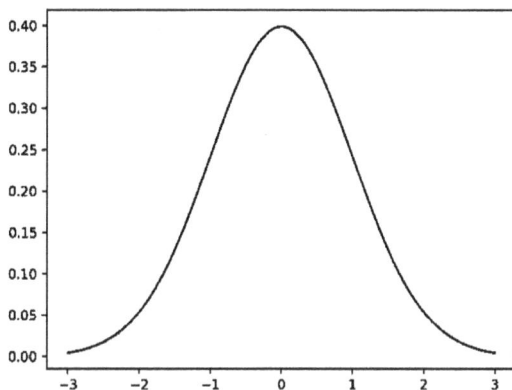

Figura C.2 La distribuzione gaussiana , detta Normale, mostrata con media nulla e varianza pari a uno: $N_x(\mu, \sigma^2) = N_x(0,1)$.

C.3. Martingale

Questa sezione fornisce una definizione dei processi Martingale e mostra quanti processi familiari sono Martingale. Quando parliamo di equilibrio, ergodicità o stazionarietà, di solito abbiamo a che fare con oggetti matematici che sono martingale. La proprietà dell'equilibrio, una convergenza tempestiva di un insieme di valori allo stato stazionario, ad esempio una convergenza, è una proprietà fondamentale delle martingale, da qui la loro frequente comparsa nella rappresentazione dei processi che arrivano all'equilibrio. I processi convergenti sono fondamentali per le descrizioni nella meccanica statistica ([44]) così come per le situazioni (con matematica simile) nelle aree dell'apprendimento statistico e dell'intelligenza artificiale [24].

Definizione di Martingala[69]

Un processo stocastico $\{X_n ; n=0,1, …\}$ è martingala se, per n=0,1, …,

1. $E[|X_n|] < \infty$
2. $E[X_{n+1}|X_0, ..., X_n] = X_n$

Def.: Sia $\{X_n ; n=0,1, ...\}$ e $\{Y_n ; n=0,1, ...\}$ siano processi stocastici.

Diciamo che $\{X_n\}$ è martingala rispetto a (rispetto) $\{Y_n\}$ se, per n=0,1, ...:

1. $E[|X_n|] < \infty$
2. $E[X_{n+1}|Y_0, ..., Y_n] = X_n$

Esempi di Martingale:

(a) Somme di variabili casuali indipendenti: $X_n = Y_1 + ... + Y_n$.

(b) Varianza di una somma $X_n = \left(\sum_{k=1}^{n} Y_k\right)^2 - n \sigma^2$

(c) Hai indotto Martingale con le catene di Markov! ....

(d) Per l'apprendimento HMM, le sequenze di rapporti di verosimiglianza sono martingala....

Il teorema di equipartizione asintotica (AEP) e le disuguaglianze di Hoeffding (fondamentali nell'apprendimento statistico [24]) sono stati entrambi generalizzati alle martingale.

Martingale indotte con catene di Markov[69]

Sia $\{Y_n ; n=0,1, ...\}$ un processo Markov Chain (MC) con matrice di probabilità di transizione $P=\|P_{ij}\|$. Sia f una successione regolare destra limitata per P:

$f(i)$ è non negativo e $f(i) = \sum_{k=1}^{n} P_{ij} f(j)$. Sia $X_n = f(Y_n) \rightarrow E[|X_n|] < \infty$ (poiché f è limitata). Ora hai:

$E[X_{n+1}|Y_0, ..., Y_n]$

$= E[f(Y_{n+1})|Y_0, ..., Y_n]$

$= E[f(Y_{n+1})|Y_n]$ (a causa di MC)

$= \sum_{k=1}^{n} P_{Y_n, j} f(j)$ (def. di P_{ij} e f)

$= f(Y_n)$

$= Xn$

Nell'apprendimento HMM ci sono sequenze di rapporti di verosimiglianza, che è una martingala, prova:

222

Sia Y_0, Y_1, ... iid rv.s e siano f_0 e f_1 funzioni di densità di probabilità. Un processo stocastico di fondamentale importanza nella teoria della verifica delle ipotesi statistiche è la sequenza dei rapporti di verosimiglianza:

$$X_n = \frac{f_1(Y_0)f_1(Y_1)...f_1(Yn)}{f_0(Y_0)f_0(Y_1)...f_0(Yn)}, \; n = 0,1, ...$$

Supponiamo $f_0(y) > 0$ per ogni y:

$$E[X_{n+1} \mid Y_0, ..., Y_n] = E[X_n \left(\frac{f_1(Y_{n+1})}{f_0(Y_{n+1})}\right) \mid Y_0, ..., Y_n] = X_n E[\frac{f_1(Y_{n+1})}{f_0(Y_{n+1})}]$$

Quando la distribuzione comune degli Yk (usata nella funzione 'E') ha f_0 come densità di probabilità, si ha:

$$E[\frac{f_1(Y_{n+1})}{f_0(Y_{n+1})}] = 1$$

Quindi, $E[X_{n+1} \mid Y_0, ..., Y_n] = X_n$

Quindi i rapporti di verosimiglianza sono martingala quando la distribuzione comune è f_0.

La passeggiata casuale è la Martingala [69, pagina 238]

Avere una prova per componente della passeggiata casuale per T_Em , sia teorica che computazionale per una varietà di emanatori nell'analisi zero-crossing sulla componente reale in [70]. Poiché la passeggiata casuale è Martingale (convergenza in media=sqrt(N)), il processo di Emanazione è il processo Martingale. In [45] vedremo che può esserci una teoria del propagatore unificato derivata dalla scelta della teoria dell'emanatore, dove tutte queste teorie sono martingala. Pertanto, viene fornita un'argomentazione sul motivo per cui la proiezione QFT del processo di emanazione dovrebbe avere processi che sono anche martingala. Le martingale quantistiche si riferirebbero quindi alle martingale classiche più familiari, compreso il loro ruolo nella meccanica statistica classica ([44]).

Supermartingale e Submartingale [69]

Sia $\{X_n ; n=0,1, ...\}$ e $\{Y_n ; n=0,1, ...\}$ siano processi stocastici. Allora $\{X_n\}$ è detta *supermartingala* rispetto a $\{Y_n\}$ se, per ogni n:

(i) $E[X_n^-] > -\infty$, dove $x^- = min\{x,0\}$

(ii) $E[X_{n+1} \mid Y_0, ..., Y_n] \leq X_n$

(iii) X_n è una funzione di $(Y_0, ..., Y_n)$ (esplicita a causa della disuguaglianza in (ii))

223

Il processo stocastico $\{X_n ; n=0,1, \ldots\}$ è detta **sottomartingala** rispetto a $\{Y_n\}$ se, per ogni n:

(i) $E[X_n^+] > -\infty$, dove $x^+ = \max\{x,0\}$

(ii) $E[X_{n+1}|Y_0, \ldots, Y_n] \geq X_n$

(iii) X_n è una funzione di $(Y_0, \ldots, Y_n)$

Con la disuguaglianza di Jensen per la funzione convessa φe le aspettative condizionate hanno:

$$E[\varphi(X)|Y_0, \ldots, Y_n] \geq \varphi(E[X|Y_0, \ldots, Y_n])$$

Quindi, hai i mezzi per costruire sottomartingale dalle martingale (con le supermartingale lo stesso a parte l'inversione del segno).

Teoremi della convergenza della martingala[69]

In condizioni molto generali, una martingala X_n convergerà verso una variabile casuale limite X all'aumentare di n.

Teorema

(a) Sia $\{X_n\}$ una sottomartingala soddisfacente

$$\sup_{n \geq 0} E[|X_n|] < \infty$$

Allora esiste una rv X_∞ alla quale $\{X_n\}$ converge con probabilità uno:

$$Prob\left(\lim_{n \to \infty} X_n = X_\infty\right) = 1$$

(b) Se $\{X_n\}$ è una martingala ed è uniformemente integrabile, allora, in aggiunta a quanto sopra, $\{X_n\}$ converge nella media:

$$\lim_{n \to \infty} E[|X_n - X_\infty|] = 0$$

E $E[X_\infty] = E[X_n]$, per ogni n.

Una successione è uniformemente intera se:

$$\lim_{c \to \infty} \sup_{n \geq 0} E[|X_n|I\{|X_n| > c\}] = 0$$

Dove I è la funzione indicatore: 1 se $|X_n|>$c, e 0 altrimenti.

Disuguaglianze "massime" per le martingale[69]

La disuguaglianza di Chebyshev applicata a una sequenza può essere "restringuta" a una disuguaglianza più fine nota come disuguaglianza di Kolmogorov in termini di massimo della sequenza. Questo si ripercuote sui Martingale:

Sia $\{X_n ; n=0,1, \ldots\}$ essere iid vv con $E[X_i]=0\forall$ i ed $E[(X_i)^2]= \sigma^2 < \infty$.
Definiamo $S_0 = 0$, $S_n = X_1 +\ldots+X_n$, per n ≥ 1. Dalla disuguaglianza di Chebyshev:

$$\varepsilon^2 Prob(|S_n| > \varepsilon) \leq n\sigma^2, \ \varepsilon > 0$$

È possibile una disuguaglianza più fine:

$$\varepsilon^2 Prob \left(\max_{0 \leq k \leq n} |S_n| > \varepsilon \right) \leq n\sigma^2, \ \varepsilon > 0$$

Nota come disuguaglianza di Kolmogorov, può essere generalizzata per fornire una disuguaglianza massima sulle submartingale :

Lemma 1 : Sia $\{X_n\}$ una sottomartingala per la quale $X_n \geq 0$ per tutti n. Quindi per qualsiasi positivo λ:

$$\lambda \, Prob \left(\max_{0 \leq k \leq n} |X_k| > l \right) \leq E[X_n]$$

Lemma 2 : Sia $\{X_{n\}\ una}$ supermartingala non negativa, allora per qualsiasi positivo λ:

$$\lambda \, Prob \left(\max_{0 \leq k \leq n} |X_k| > l \right) \leq E[X_0]$$

Teorema della convergenza medio-quadrata per le martingale[69]
Sia $\{X_n\}$ una sottomartingala rispetto a $\{Y_n\}$ che soddisfa, per qualche costante k, $E[(X_n)^2] \leq k < \infty$, per ogni n. Allora $\{X_n\}$ converge come n $\to \infty$ ad un limite rv X_∞ sia con probabilità uno che in media quadrata:

$$Prob \left(\lim_{n \to \infty} X_n = X_\infty \right) = 1, \text{ E } \lim_{n \to \infty} E[|Xn - X_\infty|^2] = 0,$$

Dove $E[X_\infty] = E[X_n] = E[X_0]$, per ogni n.

Formalismo martingale rispetto al campo σ
La revisione della teoria assiomatica della probabilità ha tre elementi fondamentali:

      (1) Lo spazio campionario, un insieme Ωi cui elementi ωcorrispondono ai possibili esiti di un esperimento;

      (2) La famiglia di elementi, una collezione *F* di sottoinsiemi *A* di Ω(i campi sigma). Diciamo che l'evento A si verifica se l'esito ωdell'esperimento è un elemento di A;

      (3) La misura di probabilità, una funzione P definita su *F* e che soddisfa:

          (i) $0 = P[\varnothing] \leq P[A] \leq P[\Omega] = 1$ per $A \in F$

(ii) $P[A_1 \cup A_2] = P[A_1] + P[A_2] - P[A_1 \cap A_2]$ per $A_i \in$

F

(iii) $P[\cup_{n=1}^{\infty} A_n] = \sum_{n=1}^{\infty} P[An]$se $A_i \in F$ sono tra loro

disgiunti.

Allora la tripla ($\Omega, F,$ P) è detta spazio di probabilità.

Definizione di Martingale all'indietro (rispetto ai sottocampi sigma)

Sia $\{Z_n\}$ delle var su uno spazio di probabilità ($\Omega, F,$ P) e sia $\{G_n;$ n=0,1, ...}essere una sequenza decrescente di campi sub-sigma di F, vale a dire,

$$F \supset F_n \supset F_{n+1}, \text{ per tutti n.}$$

Allora $\{Z_n\}$ è detta martingala all'indietro rispetto a $\{G_n\}$ se per n=0,1, ...:

    (i) Z_n è G_n-misurabile

    (ii) $E[|Z_n|] < \infty$, e

    (iii) $E[Z_n|G_{n+1}] < Z_{n+1}$

$\{Z_n\}$ è una martingala al contrario, sse $X_n = Z_{-n}$, n=0,-1,-2,... forma una martingala rispetto a $F_n = G_{-n}$, n=0,-1,-2,...

Teorema della convergenza della martingala all'indietro

Sia $\{Z_n\}$ una martingala all'indietro rispetto ad una sequenza decrescente di campi sub-sigma $\{G_n\}$. Poi:

$$Prob\left(\lim_{n\to\infty} Z_n = Z\right) = 1, E \lim_{n\to\infty} E[|Z - Z_n|] = 0,$$

ed $E[Z_n] = E[Z]$, per ogni n.

Dimostrazione della Legge Forte dei Grandi Numeri

Sia $\{X_n; n=1,2, ...\}$ essere iid rvs con $E[|X_1|] < \infty$. Sia $\mu = E[X_1]$, $S_0 = 0$, e $S_n = X_1 + ... + X_n$, per n $\geq$1. Sia G_n il campo sigma generato da $\{S_n, S_{n+1}, ...\}$. Possiamo ricavare la legge forte dei grandi numeri dall'osservazione che $Z_n = S_n /n$ ($Z_0 = \mu$), forma una martingala all'indietro rispetto a G_n. Avere $E[|Z_n|] < \infty$ e Z_n è G_n-misurabile per costruzione, quindi è sufficiente la relazione (iii):

$S_n \equiv E[S_n|S_n] = E[S_n|S_n, S_{n+1}, \ldots] = E[S_n|G_n] = \sum_{k=1}^{n} E[X_k|G_n] = n\, E[X_k|G_n],$

con l'ultima uguaglianza per $1 \leq k \leq n$, quindi:

$$Z_n = S_n/n = E[X_k|G_n]$$

Quindi, $E[Z_{n-1}|G_n] = (n-1)^{-1} E[S_{n-1}|G_n] = (n-1)^{-1} \sum_{k=1}^{n-1} E[X_k|G_n] = Z_n$!!!

Ora usa il teorema della convergenza della martingala all'indietro per mostrare la legge forte:

$$Prob\left(\lim_{n \to \infty} \frac{S_n}{n} = \mu\right) = 1$$

C.4. Processi stazionari

Un processo **stazionario** è un processo stocastico $\{X(t), t \in T\}$ con la proprietà che per ogni intero positivo 'k' e ogni punto $t_1, \ldots, t_k$ e h in T, la distribuzione congiunta di $\{X(t_1), \ldots X(t_k)\}$ è uguale alla distribuzione congiunta di $\{X(t_1 + h), \ldots X(t_k + h)\}$.

Un teorema ergodico fornisce le condizioni in cui una media nel tempo

$$\overline{x_n} = \frac{1}{n}(x_1 + \cdots + xn)$$

di un processo stocastico converge quando il numero n di periodi osservati diventa grande. La legge forte dei grandi numeri è uno di questi teoremi ergodici.

I processi stazionari forniscono un ambiente naturale per la generalizzazione della legge dei grandi numeri poiché per tali processi il valore medio è una costante $m = E[X_n]$, indipendente dal tempo. Proprio come esistono leggi forti e leggi deboli dei grandi numeri, esistono una varietà di teoremi ergodici.....

Teorema Ergodico Forte [69]

Sia $\{X_n; n=0,1, \ldots\}$ un processo strettamente stazionario avente media finita $m = E[X_n]$. Permettere

$$\overline{X_n} = \frac{1}{n}(X_0 + \cdots + X_{n-1})$$

essere la media del tempo di campionamento. Allora, con probabilità uno, la successione $\{\overline{X_n}\}$ converge a un limite rv indicato con $\bar{X}$:

$$Prob\left(\lim_{n \to \infty} \overline{X_n} = \bar{X}\right) = 1, \; E \lim_{n \to \infty} E[|\bar{X} - \overline{X_n}|] = 0,$$

ed $E[\overline{X_n}] = E[\bar{X}] = m.$

Proprietà di equipartizione asintotica (AEP)

$$\lim_{n\to\infty}\left[-\frac{1}{n}\log\, p(X_0,\dots,X_{n-1})\right] = H(\{X_n\})$$

Con probabilità uno, purché $\{X_n\}$ sia ergodico.

Dimostrazione: Per $\{X_n\}$ una catena di Markov ergodica stazionaria finita utilizzare la relazione che:

$$H(\{X_n\})= \lim_{k\to\infty} H(Xk|X_1,\dots,X_{k-1})\text{Oppure } H(\{X_n\})=\lim_{l\to\infty}\frac{1}{l}H(X_1,\dots,X_l)$$

$H(X_n|X_0,\dots,X_{n-1})= -\Sigma_{i,j}\,\pi(i)P_{ij}\,\,\log P_{ij}$, dove $\pi(i)$è il prior su X_i ed P_{ij}è la probabilità di transizione di passare da X_i a X_j. Così

$H(\{X_n\})= -\Sigma_{i,j}\,\pi(i)P_{ij}\,\,\log P_{ij}$, mentre,

$-\frac{1}{n}\log\, p(X_0,\dots,X_{n-1}) = \frac{1}{n}\,\Sigma_{i=0}^{n-2}\,W_i - \frac{1}{n}\log\pi(X_0)$, Dove$W_i = -\log P_{i,i+1}$

Vale il teorema ergodico:

$$\lim_{n\to\infty}\left[-\frac{1}{n}\log\, p(X_0,\dots,X_{n-1})\right] = E[W_0] = -\sum_{i,j}\pi(i)P_{ij}\,\,\log P_{ij}$$

$$= H(\{X_n\})$$

La dimostrazione AEP generale utilizza il teorema della convergenza della martingala all'indietro invece del teorema ergodico.

C.5. Somme di variabili casuali
Disuguaglianza di Hoeffding

di Hoeffding fornisce un limite superiore alla probabilità che la somma delle variabili casuali si discosti dal suo valore atteso (Wassily Hoeffding , 1963 [71]). È generalizzata alle differenze martingala da Azuma [72] e alle funzioni di variabili casuali$\{X_n\}$ con differenze limitate (dove la funzione è media empirica della sequenza di variabili: $\bar{X}=\frac{1}{n}(X_1+\dots+X_n)$ recupera il caso speciale di Hoeffding).

Richiamare:

Siano $X_1,\dots,X_n$ variabili casuali indipendenti. Supponiamo che gli X_i siano quasi sicuramente limitati: $P(X_i \in[a_i,b_i])=1$. Definire la media empirica della sequenza di variabili come:

$$\bar{X}=\frac{1}{n}(X1_+\dots+_{Xn})$$

Hoeffding (1963) dimostra quanto segue:

$$P(\bar{X}\text{-}E[\bar{X}] \geq k) \leq \exp\left(-\frac{2n^2k^2}{\sum_{i=1}^{n}(b_i-a_i)^2}\right)$$

$$P(|\bar{X}\text{-}E[\bar{X}]| \geq k) \leq 2\exp\left(-\frac{2n^2k^2}{\sum_{i=1}^{n}(b_i-a_i)^2}\right)$$

Per ogni X limitato esiste quasi sicuramente un'altra relazione se E(X)=0 nota come Lemma di Hoeffding :

$$E[e^{\lambda X}] \leq \exp\left(\frac{\lambda^2(b-a)^2}{8}\right)$$

La dimostrazione inizia mostrando il Lemma come la parte difficile.......

Dimostrazione del lemma di Hoeffding
Poiché $e^{\lambda X}$ è una funzione convessa, abbiamo

$$e^{\lambda X} \leq \frac{b-X}{b-a}e^{\lambda a} + \frac{X-a}{b-a}e^{\lambda b}, \quad \forall a \leq b \leq$$

COSÌ,

$E[e^{\lambda X}] \leq E\left[\frac{b-X}{b-a}e^{\lambda a} + \frac{X-a}{b-a}e^{\lambda b}\right] = \frac{b}{b-a}e^{\lambda a} + \frac{-a}{b-a}e^{\lambda b}$ (l'ultimo è da E[X]=0)

Il metodo della convessità prevede un'interpolazione di linee, passiamo a questi parametri con

p = -a/(ba) e introduciamo hp = -a λ(quindi abbiamo h = λ(ba)):

$$\frac{b}{b-a}e^{\lambda a} + \frac{-a}{b-a}e^{\lambda b} = e^{\lambda a}[1\text{-}p + p\,e^{\lambda(b-a)}] = e^{-hp}[1\text{-}p + p\,e^{h}]$$

$E[e^{\lambda X}] \leq e^{L(h)}$, dove L(h) = -hp + ln(1-p+p e^{h}) →L(0) = 0.

L '(h) = -p + p e^{h}/(1-p+p e^{h}) →L '(0) = 0.

L ''(h) = p(1-p)e^{h} →L ''(0) = p(1-p).

$L^{(n)}$(h) = p(1-p) e^{h} > 0

Utilizzando la serie di Taylor per L(h):

L(h) = L(0) + hL '(0) + $\frac{1}{2}$h^2 L ''(0) + (più termini positivi di ordine superiore in h)

L(h) ≤ $\frac{1}{2}$h^2 p(1-p)

Poiché abbiamo E[X]=0, abbiamo p=-a/(ba) è ∈[0,1], quindi la classica funzione logistica, dove il valore massimo di p(1-p) nell'intervallo [0,1] è ¼ (quando p=1/2), quindi:

L(h) ≤ $\frac{1}{8}$h^2 ed E[$e^{\lambda X}$] ≤ $e^{\frac{1}{8}\lambda^2(b-a)^2}$

Prova della disuguaglianza di Hoeffding (per ulteriori dettagli, vedere [71])

Considera la somma su iid X_i, dove $S_m = m \bar{X}$ dove $\bar{X}$ ha m termini nella sua media empirica:

$P(S_m\text{-}E[S_m] \geq k) \leq e^{-tk}E[e^{t(S_m-E[S_m])}]$ (Tecnica dei limiti di Chernoff)

$= \prod_{i=1}^{m} e^{-tk} E[e^{t(X_i-E[X_i])}](\{X_n\}$ sono iid)

$$\leq \prod_{i=1}^{m} e^{-tk} e^{\frac{1}{8}t^2(b_i-a_i)^2} \text{(Lemma di Hoeffding)}$$

$=e^{-tk} e^{\frac{1}{8}t^2 \sum_{i=1}^{m}(b_i-a_i)^2}$

Avere $f(t) = - tk + \frac{1}{8}t^2 \sum_{i=1}^{m}(b_i - a_i)^2$; Scegli t=4k/ $\sum_{i=1}^{m}(b_i - a_i)^2$ per ridurre al minimo il limite superiore per ottenere:

$$P(\mathbf{S_m}\text{-}E[\mathbf{S_m}] \geq k) \leq e^{-2k^2/\Sigma_{i=1}^{m}(b_i-a_i)^2}$$
$$P(\bar{X}\text{-}E[\bar{X}] \geq k) \leq e^{-2m^2k^2/\Sigma_{i=1}^{m}(b_i-a_i)^2}$$

(C-8)

Tecnica di delimitazione di Chernoff:

$P[Xk \geq] = P[e^{tX} \geq e^{tk}] \leq e^{-tk}E[e^{tX}]$ (Chernoff usa la disuguaglianza di Markov per ultima).

(C-9)

Riferimenti

[1] Newton, Isacco. " Philosophiæ Naturalis Principia Mathematica. 5 luglio 1687 (tre volumi in latino). Versione inglese: "The Mathematical Principles of Natural Philosophy", Encyclopædia Britannica, Londra. (1687).

[2] Leibniz, Gottfried Wilhelm Freiherr von; Gerhardt, Carl Immanuel (trad.) (1920). I primi manoscritti matematici di Leibniz. Editoria a Corte Aperta. P. 93. Estratto il 10 novembre 2013.

[3] Dirk Jan Struik , A Source Book in Mathematics (1969) pp. 282–28.

[4] Leibniz, Gottfried Wilhelm. Supplemento geometriae dimensioni , seu generalissima omnium tetragonismorum effectio per motum : costruzioni multiplex similiterque lineae ex data tangentium conditione , Acta Euriditorum (settembre 1693) pp. 385–392.

[5] Eulero, Leonardo. Meccanica sive motus scientia analitico esposizione ; 1736.

[6] Laplace, PS (1774), " Mémoires de Mathématique et de Physique, Tome Sixième " [Memoria sulla probabilità delle cause degli eventi.], Statistical Science, 1 (3): 366–367.

[7] D'Alembert, Jean Le Rond (1743). Traité de dynamique .

[8] Lagrange, JL, Mécanique analitica , vol. 1 (1788), vol. 2 (1789). Vol. ripubblicato ampliato. 1 1811 e vol. 2 1815.

[9] Lagrange, JL (1997). Meccanica analitica. vol. 1 (2a ed.). Traduzione inglese dell'edizione del 1811.

[10] William R. Hamilton. Su un metodo generale della dinamica; per cui lo studio dei moti di tutti i sistemi liberi di punti attrattivi o repulsivi si riduce alla ricerca e differenziazione di una relazione centrale, o funzione caratteristica. Transazioni filosofiche della Royal Society (parte II per il 1834, pp. 247-308).

[11] William R. Hamilton. Secondo saggio su un metodo generale in dinamica'. Questo fu pubblicato nelle Philosophical Transactions della Royal Society (parte I per il 1835, pp. 95-144).

[12] Hamilton, W. (1833). "Su un metodo generale per esprimere i percorsi della luce e dei pianeti mediante i coefficienti di una funzione caratteristica" (PDF) . Revisione dell'Università di Dublino: 795–826.

[13] Hamilton, W. (1834). "Sull'applicazione alla dinamica di un metodo matematico generale precedentemente applicato all'ottica" (PDF) . Rapporto dell'Associazione britannica: 513–518.

[14] WR Hamilton(1844-1850) Sui quaternioni o un nuovo sistema di immaginari in algebra, Philosophical Magazine,

[15]Simon L. Altmann (1989). "Hamilton, Rodrigues e lo scandalo dei quaternioni". Rivista di matematica. vol. 62, n. 5. pp. 291–308.

[16] Werner Heisenberg (1925). " Super quantintheoretische Umdeutung cinematico e meccanico Beziehungen ". Zeitschrift für Physik (in tedesco). 33 (1): 879–893. ("Reinterpretazione teorica quantistica delle relazioni cinematiche e meccaniche")

[17] Schrödinger, E. (1926). "Una teoria ondulatoria della meccanica degli atomi e delle molecole" (PDF) . Revisione fisica. 28 (6): 1049–1070.

[18] Dirac, Paul Adrien Maurice (1930). I principi della meccanica quantistica. Oxford: Clarendon Press.

[19] Feigenbaum, MJ (1976). "Universalità nella dinamica discreta complessa" (PDF) . Rapporto annuale della divisione teorica di Los Alamos 1975–1976.

[20] Morse, Marston (1934). Il calcolo delle variazioni nel grande. Pubblicazione dell'American Mathematical Society Colloquium. vol. 18. Nuova York.

[21] Milnor, John (1963). Teoria Morse. Stampa dell'Università di Princeton. ISBN 0-691-08008-9.

[22] Fizeau, H. (1851). "Sur les Hypothèses relatives à l'éther lumineux ". Comptes Rendus. 33: 349–355.

[23] Shankland, RS (1963). "Conversazioni con Albert Einstein". Giornale americano di fisica. 31 (1): 47–57.

[24] Winters-Hilt, S. Informatica e apprendimento automatico: dalle martingale alla metaeuristica. (2021) Wiley.

[25] Goldstein, Herbert (1980). Meccanica classica (2a ed.). Addison-Wesley.

[26] Neother , E. (1918). " Invariante Problema variazioni ". Nachrichten von der Gesellschaft der Wissenschaften zu Göttingen.Mathematisch-Physikalische Klasse.1918: 235-257.

[27] Landau, Lev D.; Lifshitz, Evgeny M. (1969). Meccanica. vol. 1 (2a ed.). Pergamo Press.

[28] Percival, IC e D. Richards. Introduzione alla dinamica. (1983) Stampa dell'Università di Cambridge.

[29] Fetter, AL e JD Walecka, Meccanica teorica delle particelle e del continuo, Dover (2003).

[30] Kapitza , PL "Stabilità dinamica del pendolo con punto di sospensione vibrante", Sov. Fis. JETP 21 (5), 588–597 (1951) (in russo).

[31] Lyapunov, AM Il problema generale della stabilità del movimento. 1892. Società matematica di Kharkiv, Kharkiv, 251p. (in russo).

[32] Arnold, VI Equazioni differenziali ordinarie. Stampa del MIT. (1978).

[33] Longair , MS Concetti teorici in fisica: una visione alternativa del ragionamento teorico in fisica. Stampa dell'Università di Cambridge. 2a edizione: 2003.

[34] Baker, GL e J. Gollub. Dinamiche caoriche : un'introduzione. Stampa dell'Università di Cambridge. 1990.

[35] Mandelbrot, Benoît (1982). La geometria frattale della natura. WH Freeman & Co.

[36] PJ Myrberg . Iterazione del riempimento Polinomo due gradi. III, Annales Acad. Sci Fenn A, U 336 (1963) n.3, 1-18, MR 27.

[37] Arnold, Vladimir I. (1989). Metodi matematici della meccanica classica (2a ed.). New York: Springer.

[38] Woodhouse, NMJ Introduzione alla dinamica analitica. Springer, 2a edizione . 2009.

[39] Bender, CM e SA Orszag. Metodi matematici avanzati per scienziati e ingegneri: metodi asintotici e teoria delle perturbazioni. Springer. 1999.

[40] Winters-Hilt, S. La dinamica di campi, fluidi e indicatori. (Serie di fisica: " Fisica dall'emanazione massima di informazioni" Libro 2.)

[41] Winters-Hilt, S. La dinamica delle varietà. (Serie di fisica: " Fisica dall'emanazione massima di informazioni" Libro 3.)

[42] Winters-Hilt, S. Meccanica quantistica, integrali del percorso e realtà algebrica. (Serie di fisica: " Fisica dall'emanazione massima di informazioni" Libro 4.)

[43] Winters-Hilt, S. Teoria quantistica dei campi e modello standard. (Serie di fisica: " Fisica dall'emanazione massima di informazioni" Libro 5.)

[44] Winters-Hilt, S. Meccanica termica e statistica e termodinamica dei buchi neri. (Serie di fisica: " Fisica dall'emanazione massima di informazioni" Libro 6.)

[45] Winters-Hilt, S. Emanation, Emergence ed Eucatastrophe. (Serie di fisica: " Fisica dall'emanazione massima di informazioni" Libro 7.)

[46] Winters-Hilt, S. Meccanica classica e caos. (Serie di fisica: " Fisica dall'emanazione massima di informazioni" Libro 1.)

[47] Winters-Hilt, S. Analisi dei dati, bioinformatica e apprendimento automatico. 2019.

[48] Feynman, RP e AR Hibbs. Meccanica quantistica e integrali del percorso. McGraw-Hill College. 1965.

[49] Landau, LD; Lifshitz, EM (1935). "Teoria della dispersione della permeabilità magnetica nei corpi ferromagnetici". Fis. Z. Sowjetunion . 8, 153.

[50] Landau, Lev D.; Lifshitz, Evgeny M. (1980). Fisica statistica. vol. 5 (3a ed.). Butterworth-Heinemann.

[51] Braginskii , VB Misurazione delle forze deboli negli esperimenti di fisica. (1977). Stampa dell'Università di Chicago.

[52] Drever, RWP; Sala, JL; Kowalski, FV; Hough, J.; Ford, direttore generale; Munley, AJ; Ward, H. (giugno 1983). "Stabilizzazione della fase e della frequenza del laser utilizzando un risonatore ottico" (PDF) . Fisica applicata B. 31 (2): 97–105.

[53] Bunimovich , VI Processi fluttuazionali nei radioricevitori . Gostekhizdat , URSS. 1950.

[54] Stratonovich , RL Problemi selezionati nella teoria delle fluttuazioni nella radiotecnologia. Radio sovietica, URSS.

[55] Papoulis, Atanasio; Pillai, S. Unnikrishna (2002). Probabilità, variabili casuali e processi stocastici (4a ed.). Boston: McGraw Hill.

[56] Reed, M e Simon, B. Metodi della moderna fisica matematica. III. Teoria della dispersione. Elsevier, 1979.

[57] Rutherford, E. (1911). "LXXIX. La dispersione delle particelle α e β da parte della materia e la struttura dell'atomo". Rivista filosofica e Journal of Science di Londra, Edimburgo e Dublino. 21 (125): 669–688.

[58] Sommerfeld, Arnold (1916). "Zur Quantentheorie der Spektrallinien ". Annalen der Physik . 4 (51): 51–52.

[59] Hibbeler, R. Ingegneria Meccanica: Dinamica. 14a edizione. 2015.

[60] Hibbeler, R. Ingegneria Meccanica: Statica e Dinamica. 14a edizione. 2015.

[61] Layek , GC Un'introduzione ai sistemi dinamici e al caos 1a ed. 2015. Springer.

[62] Lemons, DS Guida per studenti all'analisi dimensionale. Stampa dell'Università di Cambridge. 1a edizione: 2017.

[63] Langhaar , Analisi dimensionale HL e teoria dei modelli, Wiley 1951.

[64] Feynman, RP (1948). Il carattere della legge fisica. Stampa del MIT (1967).

[65] Ince, EL Equazioni differenziali ordinarie. Dover 1956.

[66] Abromowitz , M. e IA Stegun . Manuale delle funzioni matematiche. Dover 1965.

[67] Fuchs, LI Sulla teoria delle equazioni differenziali lineari a coefficienti variabili. 1866.

[68] Jaynes, Teoria della probabilità ET: la logica della scienza . Cambridge University Press, (2003).

[69] Karlin, S. e HM Taylor. Un primo corso sui processi stocastici 2a [ed]. Stampa accademica. 1975.

[70] Winters-Hilt, S. Teoria della propagazione unificata e una derivazione non sperimentale per la costante di struttura fine. Studi avanzati in fisica teorica, vol. 12, 2018, n. 5, 243-255.

[71] Wassily Hoeffding (1963) Disuguaglianze di probabilità per somme di variabili casuali limitate, *Journal of the American Statistical Association* , 58 (301), 13–30.

[72] Azuma, K. (1967). "Somme ponderate di alcune variabili casuali dipendenti" (PDF) . *Giornale matematico di Tôhoku* . **19** (3): 357–367.

[73] Compton, Arthur H. (maggio 1923). "Una teoria quantistica della diffusione dei raggi X da parte degli elementi luminosi". Revisione fisica . 21 (5): 483–502.

[74] Mason e Woodhouse. "Relatività ed elettromagnetismo" (PDF) . Estratto il 20 febbraio il 2021.

[75] Merzbach, Uta C .; Boyer, Carl B. (2011), *A History of Mathematics* (3a ed.), John Wiley & Sons.

[76] Robinson, Abraham (1963), Introduzione alla teoria dei modelli e alla metamatematica dell'algebra, Amsterdam: North-Holland, ISBN 978-0-7204-2222-1, MR 0153570

[77] Robinson, Abraham (1966), Analisi non standard, Princeton Landmarks in Mathematics (2a ed.), Princeton University Press, ISBN 978-0-691-04490-3, MR 0205854

[78] RD Richtmyer (1978), *Principi di fisica matematica avanzata* vol. 1 & 2, Springer-Verlag, New York.

[79] Tufillaro , N., T. Abbott e D. Griffiths. La macchina oscillante di Atwood. American Journal of Physics, 52, 895–903, 1984.

[80] https://en.wikipedia.org/wiki/Logistic_map

[81] Winters-Hilt S. Argomenti sulla gravità quantistica e teoria dei campi quantistici nello spaziotempo curvo. Tesi di dottorato dell'UWM, 1997.

[82] Winters-Hilt S, IH Redmount e L. Parker, "Distinzione fisica tra stati di vuoto alternativi nelle geometrie dello spaziotempo piatto", Phys. Rev. D 60, 124017 (1999).

[83] Friedman JL, J. Louko e S. Winters-Hilt, "Formalismo dello spazio di fase ridotto per geometria sfericamente simmetrica con un guscio di polvere massiccio", Phys. Rev. D 56, 7674-7691 (1997).

[84] Louko J e S. Winters-Hilt, "Termodinamica hamiltoniana del buco nero Reissner-Nordstrom-anti de Sitter", Phys. Rev. D 54, 2647-2663 (1996).

[85] Louko J, JZ Simon e S. Winters-Hilt, "Termodinamica hamiltoniana di un buco nero di Lovelock", Phys. Rev. D 55, 3525-3535 (1997).

[86] Amari, S. e H. Nagaoka. Metodi della Geometria dell'Informazione. La stampa dell'università di Oxford. 2000.

[87] Winters-Hilt, S. Feynman-Cayley Path Integrals seleziona Chiral Bi-Sedenions con propagazione spazio-temporale a 10 dimensioni. Studi avanzati in fisica teorica, vol. 9, 2015, n. 14, 667-683.

[88] Winters-Hilt, S. Le 22 lettere della realtà: proprietà bisedenion chirali per la massima propagazione delle informazioni. Studi avanzati in fisica teorica, vol. 12, 2018, n. 7, 301-318.

[89] Winters-Hilt, S. Fiat Numero : Teoria dell'emanazione del Trigintaduonion e la sua relazione con la costante di struttura fine α, la costante di Feigenbaum C $_\infty$e π. Studi avanzati in fisica teorica, vol. 15, 2021, n. 2, 71-98.

[90] Winters-Hilt, S. Chiral Trigintaduonion Emanation conduce al modello standard della fisica delle particelle e alla materia quantistica. Studi avanzati in fisica teorica, vol. 16, 2022, n. 3, 83-113.

[91] Robert L. Devaney. Un'introduzione ai sistemi dinamici caotici. Addison-Wesley.

[92] Landau, Lev D .; Lifshitz, Evgeny M. (1971). *La teoria classica dei campi* . vol. 2 (3a ed.). Stampa Pergamo .

[93] Penrose, Roger (1965), "Collasso gravitazionale e singolarità spazio-temporali", Phys. Rev. Lett., 14(3): 57.

[94] Hawking, Stephen & Ellis, GFR (1973). La struttura su larga scala dello spazio-tempo. Cambridge: Cambridge University Press.

[95] Peebles, PJE (1980). Struttura su larga scala dell'Universo. Stampa dell'Università di Princeton.

[96] B. Abi et al. Misura del momento magnetico anomalo del muone positivo a 0,46 ppm
Fis. Rev. Lett. 126, 141801 (2021).

[97] Einstein, A. "Su un punto di vista euristico concernente la produzione e la trasformazione della luce" (Ann. Phys., Lpz 17 132-148)

[98] Balmer, JJ (1885). " Notiz über die Spectrallinien des Wasserstoffs " [Nota sulle righe spettrali dell'idrogeno]. Annalen der Physik und Chemie . 3a serie (in tedesco). 25: 80–87.

[99] Bohr, N. (luglio 1913). "I. Sulla costituzione di atomi e molecole". Rivista filosofica e Journal of Science di Londra, Edimburgo e Dublino . 26 (151): 1–25. doi:10.1080/14786441308634955.

[100] Bohr, N. (settembre 1913). "XXXVII. Sulla costituzione di atomi e molecole". Rivista filosofica e Journal of Science di Londra, Edimburgo e

Dublino. 26 (153): 476–502. Codice Bib:1913PMag...26..476B. doi:10.1080/14786441308634993.

[101] Bohr, N. (1 novembre 1913). "LXXIII. Sulla costituzione di atomi e molecole". Rivista filosofica e Journal of Science di Londra, Edimburgo e Dublino. 26 (155): 857–875. doi:10.1080/14786441308635031.

[102] Bohr, N. (ottobre 1913). "Gli spettri di elio e idrogeno". Natura. 92 (2295): 231–232.

[103] Max Planck. Sulla legge di distribuzione dell'energia nello spettro normale. Annalen der Physik vol. 4, pag. 553 ss. (1901)

[104] Arthur H. Compton. Radiazioni secondarie prodotte dai raggi X. Bollettino del Consiglio Nazionale delle Ricerche, n. 20 (v. 4, pt. 2) ottobre 1922.

[105] Davisson, CJ; Germer, LH (1928). "Riflessione degli elettroni da parte di un cristallo di nichel". Atti dell'Accademia Nazionale delle Scienze degli Stati Uniti d'America. 14 (4): 317–322.

[106] Michael Eckert. Come Sommerfeld estese il modello dell'atomo di Bohr (1913-1916). Il giornale fisico europeo H.

[107] Max Nato; J. Robert Oppenheimer (1927). "Zur Quantentheorie der Molekeln " [Sulla teoria quantistica delle molecole]. Annalen der Physik (in tedesco). 389 (20): 457–484.

[108] Dirac, PAM (1928). "La teoria quantistica dell'elettrone" (PDF) . Atti della Royal Society A: scienze matematiche, fisiche e ingegneristiche. 117 (778): 610–624.

[109] Dirac, Paul AM (1933). "La Lagrangiana nella meccanica quantistica" (PDF) . Physikalische Zeitschrift der Sowjetunion . 3: 64–72.

[110] Feynman, Richard P. (1942). Il principio di minima azione nella meccanica quantistica (PDF) (PhD). Università di Princeton.

[111] Feynman, Richard P. (1948). "Approccio spazio-temporale alla meccanica quantistica non relativistica". Recensioni di fisica moderna. 20 (2): 367–387.

[112] Erdeyli , A. Espansioni asintotiche. 1956 Dover.

[113] Erdeyli , A. Espansioni asintotiche di equazioni differenziali con punti di svolta. Revisione della letteratura. Relazione tecnica 1, Contratto Nonr-220(11). Riferimento n. NR 043-121. Dipartimento di Matematica, California Institute of Technology, 1953.

[114] Carrier, GF, M. Crook e CE Pearson. Funzioni di variabile complessa. 1983 Hod Libri.

[115] Van Vleck, JH (1928). "Il principio di corrispondenza nell'interpretazione statistica della meccanica quantistica". Atti dell'Accademia Nazionale delle Scienze degli Stati Uniti d'America. 14 (2): 178–188.

[116] Chaichian , M.; Demichev , AP (2001). "Introduzione". Integrali del percorso in fisica Volume 1: Processo stocastico e meccanica quantistica. Taylor e Francesco. P. 1ss. ISBN 978-0-7503-0801-4.

[117] Vinokur, VM (2015-02-27). "Transizione dinamica del movimento del vortice"

[118] Hawking, SW (1974-03-01). Esplosioni di buchi neri? Natura. 248 (5443): 30–31.

[119] Birrell, ND e Davies, PCW (1982) Campi quantistici nello spazio curvo. Monografie Cambridge sulla fisica matematica. Cambridge University Press, Cambridge.

[120] Maldacena, Juan (1998). "Il limite Large N delle teorie dei campi superconformi e della supergravità". Progressi nella fisica teorica e matematica . 2 (4): 231–252.

[121] Witten, Edward (1998). "Spazio e olografia anti-de Sitter". Progressi nella fisica teorica e matematica . 2 (2): 253–291.

[122] Grotte, Carlton M.; Fuchs, Christopher A.; Schack, Ruediger (20 agosto 2002). "Stati quantistici sconosciuti: la rappresentazione quantistica di De Finetti ". Giornale di fisica matematica . 43 (9): 4537–4559.

[123] Jackson, JD Classical Electrodynamics, 2a edizione. Wiley 1975.

[124] Lorentz, Hendrik Antoon (1899), "Teoria semplificata dei fenomeni elettrici e ottici nei sistemi in movimento" , *Atti dell'Accademia reale olandese delle arti e delle scienze* , 1 : 427–442.

[125] Misner, Charles W., Thorne, KS e Wheeler, JA Gravitazione. Princeton University Press, 2017. ISBN: 9780691177793.

[126] Penrose, R., W. Rindler (1984) Volume 1: Calcolo a due spinori e campi relativistici, Cambridge University Press, Regno Unito.

[127] Tolkien, JRR (1990). *I mostri, i critici e altri saggi* . Londra: HarperCollinsPublisher .

Indice

239

cilindro, 74, 171

D

Smorzato, 98
smorzato, 84–86, 97–98, 142
Smorzamento, 84
smorzamento, 84–85, 92, 98, 142
Buio, 167
Decadimento, 111–112
decadimento, 111, 170, 172
decadente, 87, 172
deFinetti , 137
degenerato, 131
grado, 43, 64, 67–68, 142, 145, 158, 181
gradi, 28, 37, 65, 67, 74, 85, 117, 123, 129, 142–143
delineato, 103
delta, 12, 159, 181–182
derivato, 3–5, 12–13, 17, 19–23, 25, 27–28, 38, 44, 57, 69, 84, 94, 127, 136, 150–153, 197, 215
rilevabilità, 99
rilevabile, 97-101
rilevamento, 97, 99–103, 107, 110
rilevatore, 97, 102
determinante, 68, 80, 83, 197–198
Determinazione, 99
Devaney, 228
devia, 220
deviazione, 103
dispositivo, 97, 101–102
dispositivi, 106
dewiggler , 102
diagonale, 117
diagonalizzare, 68, 133
diametro, 52, 123–124, 172
diametralmente, 72

diffeomorfismi, 159
differenza, 86, 99, 147, 199–200
differenziabile, 146–147
Differenziale, 17, 177, 225–226
differenziale, 1–2, 4, 6, 9, 11, 17, 22, 26, 28, 37, 64–65, 85, 88, 90, 113, 128–130, 139, 141–142, 151–152, 156, 161, 163, 165, 175–177, 182, 184–185, 194, 203–205, 227, 229
Differenziazione, 223
differenziazione, 5, 28
diffrazione, 101
diffusione, 24
dilatazione, 43
dilatazioni, 43
dimensione, 15, 19, 24, 143, 154–155, 179
Dimensionale, 4, 117, 161, 163, 166, 226
dimensionale, 4, 8, 16–17, 20, 23–24, 27, 39, 45, 52, 60, 68, 163–164, 166, 228
dimensionalità, 45, 163, 165
dimensionalmente, 164
dimensionale , 166
Adimensionale, 163
adimensionale, 53, 101, 106, 163–164, 166, 171
Dimensioni, 164
dimensioni, 15, 19, 37, 45
Dirac, 12, 26, 155, 166, 224, 229
discontinuità, 86
discreto, 104, 141, 224
disgiunto, 217
disco, 28, 69, 72, 76
dispersione, 226
spostamento, 16–17, 38–39, 43, 64–65, 67–68, 78, 88, 97, 101, 124
cilindrate, 14, 67, 88, 170

243

l

Lagrange, 5–6, 16, 19–21, 23, 27, 35, 37–38, 42, 46, 60, 64, 67, 94, 120, 127, 170, 223
Lagrangiana, 1–2, 4, 6–7, 9, 15–17, 19–24, 26–31, 34–43, 45, 47, 53–54, 60, 62, 64–65, 67–70, 73, 75, 77, 79–80, 82, 90, 92, 106, 120–121, 127, 150, 154, 169–171, 175, 229
Lagrangiane , 29, 34
Landau, 2, 5, 17, 22, 224, 226, 228
Langhaar , 226
Laplace, 5–6, 51, 223
Laser, 226
laser, 101–102
laser, 101
Apprendimento, 9, 224–225
apprendimento, 2, 9, 213–214
Legendre, 6, 127, 151, 199
Leibler , 104
Leibniz, 5, 11-12
lunghezza, 15–16, 32, 34–35, 42–43, 50, 53, 69, 78, 82, 118–119, 123–124, 145, 164, 170–171, 174
Lenz, 51
librazione , 33
Menzogna, 159
Lifshitz, 2, 22, 224, 226, 228
LIGO, 97, 102, 209
probabilità, 214–215
limite, 1, 7, 49, 66, 98–99, 119, 128, 134–136, 143, 205, 216–217, 219, 230
limiti, 1, 46, 48, 97, 110, 142
linea, 13–14, 35, 40, 59, 80, 104, 169, 173, 204, 221
Lineare, 129–130, 136, 138, 177

lineare, 2, 16–17, 28, 44, 67, 84, 86–87, 92, 100, 111, 120, 123, 133, 135–136, 140–142, 145, 177, 181, 183–186, 198, 211, 227
linearità, 92
linearità, 141
linearizzato, 129, 133
linearmente, 66, 155, 178, 186, 190
righe, 15, 106, 129–131, 134, 138, 143, 204, 228
collegati, 37
Liouville, 3, 177, 195, 197
Lipschitz, 178, 180
LLN, 9, 105, 213
Locale, 204
locale, 7, 9, 13, 129, 133, 177–178, 197, 203–204
ceppo, 77, 104, 116, 219–220
logaritmico, 186
Logica, 227
Logistica, 144, 227
logistico, 145, 221
Longair , 225
Lorentz, 1, 8, 124, 176
Lorentziano, 175
Lovelock, 228
Ljapunov, 224

M

Magnetico, 228
magnetico, 172, 174, 226
magnitudo, 8, 23, 25, 51–52, 60, 90, 173
magnitudini, 67
Maldacena, 230
Mandelbrot, 225
Collettore, 176
molteplice, 7, 9, 159, 176, 211
Collettori, 225

osservatore, 125, 172, 174
Equazione differenziale
ordinaria, 1–4, 17, 22, 98, 128,
133, 161, 177, 180, 182–186,
197
operazione, 3
operazioni, 111
operatore, 8, 26, 110, 156, 177,
180, 184, 205
operatori, 155
Oppenheimer, 229
Ottico, 97, 101
ottico, 101–102, 226
Ottica, 223
ottimale, 9, 89, 103
ottimizzazione, 9
ottimizzato, 89
ottimale, 11
orbita, 44–45, 50–53, 55–56, 58–
59, 61, 63–64, 77, 113, 163, 170,
175
orbitale, 51, 54, 63–64, 163, 174
orbite, 41, 50–51, 53, 55–57, 61,
63, 77, 170
Ordine, 165
ordine, 2, 4–7, 17, 22–26, 28, 32,
42–43, 57, 61, 64–67, 76, 84,
88–91, 93, 129–130, 134, 136,
142– 145, 152, 156–158, 161–
163, 165–166, 177–178, 180,
182, 184–186, 188–192, 194,
198, 200, 207, 221
ordinato, 139–140
ordini, 161, 190, 193
orientamento, 64
orientato, 5
origine, 37, 59, 63, 73–74, 132–
133, 135, 140, 202
ortogonale, 102, 119

oscillazione, 4, 32, 34, 57, 63–
64, 66–69, 74–76, 82, 85–86, 99,
142–143, 146
Oscillazioni, 90
oscillazioni, 32, 42–43, 45, 55–
56, 60–61, 63–65, 67, 72–75,
77–78, 83–85, 92–94, 142, 144–
145, 170
Oscillatore, 129, 138
oscillatore, 64–65, 68, 86, 90–
91, 97–100, 142, 154
oscillatori, 68
oscillatorio, 6, 12, 25, 57, 78–79
risultato, 93, 103, 142, 217
risultati, 110, 212, 217
in uscita, 106–107, 110

P

coppia, 28, 137, 173, 176
paia, 22, 110
Palazzo, 7
Papuli, 226
parabole, 132
parabolico, 7, 51
paraboloide, 60, 122
parallelo, 75
parametro, 1, 16, 20, 23, 35, 43,
50, 52, 89, 103–104, 106, 108,
112, 114, 141–142, 145, 159,
161, 176
parametrizzazione, 19, 53–54,
146
parametrizzato, 20, 153
parametri, 9, 16, 50, 63, 87, 92,
101, 106–107, 140–142, 146,
166, 181, 191, 221
Parametrico, 87, 92
parametrico, 88-89
Particella, 56, 63, 228
particella, 1, 5–6, 12, 19, 23–24,
27–28, 47, 51–52, 55–56, 60–61,

172, 174–175, 178, 185–187, 189, 197, 200, 202, 224, 228
Poisson, 8, 158–159, 173
polare, 17, 33, 53–54, 77, 134
polo, 52, 186, 194
poli, 206
polinomio, 17, 145, 180–181, 198, 200
polinomi, 199
ponderabile, 106
popolazione, 145
posizione, 5, 8, 12, 19, 23, 39, 43, 47, 51–52, 62, 72–73, 75, 78, 80, 102, 117, 121, 133, 143, 169–171
positrone, 176
Potenziale, 130–131
potenziale, 14–15, 17, 27–29, 31, 33, 38, 40–41, 43–49, 53–57, 60, 63, 65, 67–68, 70, 73, 75, 77, 79, 82, 87, 92–93, 107–108, 110, 112, 114, 120, 129–132, 156–157, 161, 169, 173
potenziali, 27, 48–49, 109, 129
potere, 61
primo, 145
Primer, 211
primitivo, 11, 124
Priore, 11, 22
precedente, 91, 94–95, 143–144, 212, 219
Probabilità, 212, 226–227
probabilità, 99–100, 104–105, 107, 116, 212, 214–217, 219–220, 223
Processo, 103, 230
processo, 1, 9, 11–12, 42, 91, 99, 102–104, 107, 141, 166, 213–215, 218–219
Processi, 103, 213, 218, 226–227

processi, 9, 104, 213, 215, 219, 226
prodotto, 15, 163
Prodotti, 164
prodotti, 163–164
propagarsi, 19
propagazione, 8, 26–27, 64, 141–142, 211, 228
propagazioni, 141
Propagatore, 136, 227
propagatore, 5, 19, 26, 137, 140–141, 175, 215
propagatori, 111, 175
proporzionale, 50, 85, 206–207

Q

QFT, 215
Meccanica Quantistica, 3, 106, 111, 114, 116, 177
Quadratico, 130, 146
quadratico, 7, 43, 67, 146, 184
Quadratura, 211
quadratura, 211–212
quadrupolo, 102
Quantizzazione, 155, 158
quantizzazione, 26, 155, 158–159, 176
quantizzato, 158
Quantistici, 3, 159, 215, 224–225, 227–230
quanto, 1, 3–6, 8, 12, 19, 24–26, 97, 106–107, 111, 137, 155–156, 159, 175–177, 229–230
quaternione, 224
quaternioni, 1, 6, 224

R

radiale, 33–34, 39, 47, 77, 174
radiante, 163
radiazioni, 229
radiativo, 155

Struttura, 228
struttura, 106, 143, 166, 226–227
Struik , 5, 223
Sturm, 3, 177, 195, 197
sottomartingala , 215–217
sottosistemi, 37
Sole, 55
sole, 45, 53
superconforme , 230
supergravità, 230
supermartingala , 215, 217
Supermartingale , 215
supermartingale , 216
sovrapposizione, 68
apice, 14
soprainsieme, 111
SVM, 1, 9
simmetrico, 85, 108–109, 227
simmetrie, 37, 39, 43, 45, 111,
139
simmetria, 179
semplicittico , 159
simplectomorfismi , 159
Sistemi, 37, 43, 65–66, 136, 223,
226, 228
sistemi, 6–9, 19, 22–23, 26, 28–
29, 34, 38, 45, 53, 59, 63–64, 67,
92, 97, 100, 128–129, 134, 138–
139, 141–142, 144, 169, 175–
176, 211

T

Tabella, 40, 101
tabella, 4, 17, 40, 46, 165, 170
Temperatura, 163
temperatura, 100, 123–124
tensione, 32–36, 39–40, 118, 171
Termico, 225
termico, 97, 99–100, 123
termalità, 24
termalizzazione, 100

Termodinamica, 166, 225
termodinamica, 24, 166, 175,
228
termostellare , 167
soglia, 100
dipendente dal tempo , 89
arco temporale, 99
parametrizzato nel tempo , 21
volte, 5, 22, 47, 88, 121, 141,
171
topologia, 176
coppia, 13, 82
torsione, 82
torsionale, 82
torsioni, 117
traccia, 11, 155
traiettorie, 11, 106, 135, 143,
153–154
traiettoria, 6, 17, 93, 130, 132,
143
trasformare, 14, 66, 150–151
trasformazione, 6, 8, 14–15,
110–111, 127, 133, 137, 149,
151–152, 162, 184, 196, 228
transizione, 4, 106, 134, 144,
214, 219
traduzione, 5, 80, 223
trasmissione, 8, 27, 101
trasmesso, 101, 117
trasversale, 170
Trigintaduone, 228
trigintaduone, 24
trigonometrico, 89
trigonometria, 11
triplo, 217

U

Uniforme, 45, 129
uniforme, 34, 44, 82, 102, 108,
117, 120
Unico, 166